高等职业院校"双高计划"建设教材
"十四五"高等职业教育通信专业新形态一体化系列教材

现代通信技术

容　会　宋　浩　陈云川 ◎ 主　编

太梦思云　卢晶晶　陈　航　曾　秋　姚　远　潘宏斌 ◎ 副主编
杨　旭　傅正强　林　雨　訾永所　孙土土　欧阳志平

中国铁道出版社有限公司
CHINA RAILWAY PUBLISHING HOUSE CO., LTD.

内 容 简 介

本书由昆明冶金高等专科学校和北京华晟经世信息技术有限公司合作开发,内容注重知识性与实用性的有机结合,采用了"纸质教材+数字课程"的形式,并配有专业教学资源库,方便学生快速有效地掌握核心知识和技能。全书共8章,第1章主要介绍通信的基本概念,通信技术的发展历史;第2章从电话网的基本模型入手,概括介绍电信系统的整体架构、典型通信系统的通信过程及相关技术;第3~7章详细介绍数据通信、移动通信、光纤通信、微波及卫星通信、接入网的基本原理及关键技术;第8章介绍最新的通信技术发展情况。

本书的特色在于注重课程思政教学改革,深入挖掘思政元素并将其融入教材内容,讲述中国品牌、中国故事,激发青年学生的爱国热情,增强民族自豪感,使专业育人与思政育人同向而行,形成协同互促效应。

本书适合作为高等职业院校现代通信技术、计算机网络、物联网应用技术等专业的教材或职业本科院校电子信息类专业的教材,也可作为通信系统、网络工程相关工程技术人员或从业人员的参考书。

图书在版编目(CIP)数据

现代通信技术/容会,宋浩,陈云川主编. —北京:中国铁道出版社有限公司,2023.12
高等职业院校"双高计划"建设教材 "十四五"高等职业教育通信专业新形态一体化系列教材
ISBN 978-7-113-30646-5

Ⅰ.①现… Ⅱ.①容… ②宋… ③陈… Ⅲ.①通信技术-高等职业教育-教材 Ⅳ.①TN91

中国国家版本馆 CIP 数据核字(2023)第 205338 号

书　　　名:	现代通信技术
作　　　者:	容　会　宋　浩　陈云川
责任编辑:	潘星泉　王占清　　　　编辑部电话:(010)51873371
封面设计:	郑春鹏
责任校对:	苗　丹
责任印制:	樊启鹏
出版发行:	中国铁道出版社有限公司(100054,北京市西城区右安门西街8号)
网　　　址:	http://www.tdpress.com/51eds/
印　　　刷:	三河市燕山印刷有限公司
版　　　次:	2023年12月第1版　2023年12月第1次印刷
开　　　本:	787 mm×1 092 mm　1/16　印张:16.5　字数:399千
书　　　号:	ISBN 978-7-113-30646-5
定　　　价:	49.80元

版权所有　侵权必究

凡购买铁道版图书,如有印制质量问题,请与本社教材图书营销部联系调换。电话:(010)63550836
打击盗版举报电话:(010)63549461

前　言

近年来,作为信息化时代的关键技术,通信技术的发展日新月异,使我们的日常生活和工农业生产方式产生了巨变。掌握相关的通信技术已不再限于通信技术专业的技术人员,电子信息、计算机应用等专业的技术人员熟悉现代通信的相关基本理论知识、了解通信技术发展的前沿领域及其在实践中的应用已成为必要。为了满足高职院校现代通信技术、计算机网络、物联网应用技术等专业的教学需求,编者组织编写了本书。

本书为昆明冶金高等专科学校和北京华晟经世信息技术有限公司"校企双元"合作开发教材,注重知识性与实用性的有机结合。企业专家负责各章的方案设计、教学情境开发和企业案例提供,学校教师负责内容文本的汇总、编写与开发。为了让学生能够快速且有效地掌握核心知识和技能,也方便教师在夯实传统教法的基础上,引入翻转课堂等教学模式,本书采用"纸质教材+数字课程"的形式,配有专业教学资源库,包括PPT教学课件、微课、动画、授课计划、电子教案、习题库等。本书深入挖掘思政元素并将其融入教材内容,讲述中国品牌、中国故事,激发青年学生的爱国热情,增强民族自豪感,使专业育人与思政育人同向而行,形成协同互促效应。同时,本书还配备英文讲义,也可作为学习相关专业的国际留学生课程用书。

希望读者通过对本书的学习,达到以下目标：

(1)拓宽专业知识面,继而引发对专业的兴趣,也为进一步的学习指明方向。

(2)提高实践能力、综合分析能力和学习能力。

本书所介绍的部分通信技术,涉及面广,对于初学者可能较抽象、难理解,所以我们对各种概念、原理阐述力求深入浅出,尽量用贴近生活、贴近实际的实例进行讲解,以求达到最理想的教学效果。

本书由昆明冶金高等专科学校容会、宋浩、陈云川任主编,昆明冶金高等专科学校太梦思云、潘宏斌、杨旭、傅正强、林雨、訾永所、孙土土、欧阳志平和北京华晟经世信息信息技术有限公司昆明冶金项目部卢晶晶、陈航、曾秋、姚远任副主编。容会负责全书的统稿工作。

本书在编写过程中参考了有关教材和部分网站的资料,在此对相关教材的作者和网站资料的提供者表示衷心的感谢。由于编者水平有限,书中难免存在疏漏和不足之处,恳请广大读者批评指正。

编　者

2023 年 5 月

目 录

第 1 章　认识通信 ······ 1
1.1　通信的基本概念、根本任务和通信系统 ··· 2
1.1.1　通信的基本概念 ······ 2
1.1.2　信号传输技术分类 ······ 4
1.1.3　简单通信系统 ······ 6
1.2　通信技术发展史 ······ 8
1.2.1　通信技术发展历程 ······ 8
1.2.2　通信技术发展趋势 ······ 15
1.2.3　我国通信行业发展 ······ 16
1.3　通信网络介绍 ······ 18
1.3.1　通信网络的概念及构成要素 ······ 18
1.3.2　通信网络的分层结构 ······ 20
1.3.3　通信网络的分类 ······ 22
1.3.4　通信网络的质量要求 ······ 23
1.3.5　通信网络的发展趋势 ······ 28

第 2 章　电话通信 ······ 33
2.1　电话通信概述 ······ 33
2.2　电话通信过程 ······ 35
2.3　PCM 技术 ······ 36
2.3.1　PCM 原理 ······ 36
2.3.2　标准 PCM 时分复用系统 ······ 47
2.4　数字复接 ······ 50
2.4.1　数字复接的概念和原理 ······ 50
2.4.2　数字复接的方式 ······ 50
2.4.3　准同步数字系列（PDH） ······ 51
2.4.4　同步数字系列 ······ 52
2.5　电话交换技术 ······ 52
2.5.1　交换技术 ······ 52
2.5.2　数字程控交换机的构成 ······ 53
2.5.3　电话通信的交换方式 ······ 54
2.5.4　公共交换电话网 ······ 55
2.6　信令网 ······ 57
2.6.1　信令的概念和分类 ······ 57
2.6.2　电话交换过程的基本信令流程 ······ 57
2.6.3　No.7 信令系统 ······ 58
2.6.4　信令网和电话网的对应关系 ······ 59

第 3 章　数据通信技术 ······ 60
3.1　计算机网络简介 ······ 61
3.1.1　计算机网络系统的组成 ······ 62
3.1.2　局域网组网方式 ······ 66
3.2　OSI 参考模型与 TCP/IP 参考模型 ······ 70
3.2.1　OSI 参考模型 ······ 71
3.2.2　TCP/IP 参考模型 ······ 75
3.3　IP 地址 ······ 78
3.3.1　IP 地址基础知识 ······ 78
3.3.2　IP 地址的分类 ······ 81

3.4 数据编码 ……………………………… 87
    3.4.1 信源编码 …………………………… 87
    3.4.2 信道编码 …………………………… 88
3.5 数据传输 ……………………………… 90
    3.5.1 数据传输类型及方式 …………… 90
    3.5.2 数据通信系统的主要质量指标 … 95

第4章 移动通信技术 …………………… 98

4.1 移动通信概述及典型系统介绍 ……… 98
    4.1.1 蜂窝移动通信系统 ……………… 100
    4.1.2 无绳电话系统 …………………… 108
    4.1.3 专用业务移动通信技术的演变 … 110
    4.1.4 卫星移动通信系统 ……………… 112
    4.1.5 无线数据网络 …………………… 114
4.2 移动通信的特点 ……………………… 117
4.3 移动通信中信号的基本处理过程 …… 120
4.4 移动通信基本技术概述 ……………… 126
    4.4.1 无线区域覆盖结构 ……………… 126
    4.4.2 频谱利用 ………………………… 130
    4.4.3 频谱管理 ………………………… 131
    4.4.4 同频复用 ………………………… 133
    4.4.5 多址技术 ………………………… 134
4.5 移动通信中的控制与交换 …………… 140
    4.5.1 移动交换系统的特殊要求 ……… 140
    4.5.2 移动通信中主要的控制与交换
          技术 ……………………………… 141

第5章 光纤通信技术 …………………… 144

5.1 光纤通信概念 ………………………… 144
    5.1.1 光纤通信发展简史 ……………… 144

5.1.2 光纤通信的基本概念 …………… 146
5.1.3 光纤通信系统的基本结构 ……… 147
5.2 光纤的结构与分类 …………………… 148
    5.2.1 光纤的结构 ……………………… 148
    5.2.2 光纤的分类 ……………………… 149
5.3 波分复用技术 ………………………… 154
    5.3.1 波分复用的分类 ………………… 154
    5.3.2 DWDM 技术的特点 …………… 158
    5.3.3 DWDM 技术的应用 …………… 159
5.4 数字光纤通信系统 …………………… 159
    5.4.1 数字光纤通信系统的特点 ……… 160
    5.4.2 传统的两种传输机制 …………… 160
    5.4.3 多业务传送平台 ………………… 164
    5.4.4 分组传送网 ……………………… 165
5.5 全光网络 ……………………………… 167
    5.5.1 全光网络的构成 ………………… 168
    5.5.2 全光网络与传统电信网络对比 … 169
    5.5.3 全光网络组网示例 ……………… 169

第6章 接入网技术 ……………………… 173

6.1 接入网技术概述 ……………………… 174
    6.1.1 接入网的定义 …………………… 174
    6.1.2 接入网的功能结构 ……………… 174
    6.1.3 接入网的特点 …………………… 176
6.2 接入网的发展和分类 ………………… 176
    6.2.1 接入网的演变 …………………… 176
    6.2.2 接入网的分类 …………………… 178
    6.2.3 接入网的发展趋势 ……………… 179
6.3 光纤接入网技术 ……………………… 179
    6.3.1 光纤接入网应用场景 …………… 179

6.3.2 无源光网络(PON)技术 …………… 181
6.3.3 光纤接入网的方案设计 …………… 184
6.4 无线接入网 …………………………………… 185
6.4.1 无线接入技术分类 ………………… 186
6.4.2 新型无线接入技术 ………………… 189
6.4.3 无线接入技术的发展 ……………… 192

第7章 微波与卫星通信 …………………… 194
7.1 微波通信 ……………………………………… 195
7.2 卫星通信系统介绍 …………………………… 198
7.2.1 卫星通信系统组成 ………………… 200
7.2.2 卫星通信网络拓扑结构 …………… 202
7.2.3 卫星通信中的频率选择 …………… 204
7.3 卫星通信体制与关键技术 …………………… 205
7.3.1 卫星通信体制 ……………………… 205
7.3.2 卫星通信传输技术 ………………… 207
7.3.3 卫星通信多址连接方式 …………… 209
7.3.4 卫星通信信道分配方式 …………… 212
7.4 国际卫星通信系统 …………………………… 213
7.4.1 国际通信卫星系统介绍 …………… 214
7.4.2 各代"国际通信卫星"特点 ……… 215
7.4.3 "铱星"卫星通信系统 …………… 216
7.4.4 "全球星"卫星通信系统 ………… 218
7.5 我国卫星通信系统 …………………………… 219
7.5.1 我国通信卫星工程各阶段成就 …… 219
7.5.2 我国通信卫星发展的广阔前景 …… 221

7.5.3 我国"东方红"卫星平台的发展历程 …………………………… 222
7.5.4 北斗导航系统及北斗精神 ………… 225

第8章 电信新技术 ………………………… 229
8.1 AIoT 技术 …………………………………… 230
8.1.1 AIoT 概述 ………………………… 230
8.1.2 AIoT 体系架构 …………………… 230
8.1.3 AIoT 技术的种类 ………………… 231
8.1.4 AIoT 应用 ………………………… 236
8.2 云计算与大数据 ……………………………… 241
8.2.1 云计算概述 ………………………… 241
8.2.2 云计算体系结构 …………………… 241
8.2.3 云计算应用 ………………………… 242
8.2.4 大数据概述 ………………………… 243
8.3 人工智能 ……………………………………… 246
8.3.1 人工智能概述 ……………………… 246
8.3.2 强人工智能和弱人工智能 ………… 248
8.3.3 人工智能的思考和发展 …………… 249
8.4 未来通信发展 ………………………………… 250
8.4.1 电子通信发展现状 ………………… 250
8.4.2 未来电子通信发展趋势 …………… 250
8.4.3 网络的新型模型 …………………… 251
8.4.4 通信发展方向 ……………………… 252

参考文献 …………………………………………… 255

第 0 章 认识通信

本章导读

通信技术的发展过程,体现了人类文明从低级到高级的进化过程,也反映了人类不断探索、执着追求的进取精神,在这一漫长过程中涌现了大量可歌可泣的动人事迹。追溯这段历史,不仅有利于对通信领域所涉及相关技术的整体理解,还有利于后人精进技术,为人类进步贡献自己的力量。通信技术发展到今天,其原动力在于人类的好奇心、对现状的永不满足,这促使人类不断探索、不断创新、不断前进。

本章主要从通信的基本概念、信号传输技术的分类、简单的通信系统、通信系统发展历史、通信技术的发展趋势、通信网络的概念及构成要素、通信网络的分类及质量要求等方面介绍通信体系中所涉及的基础知识,并以此展示通信技术的整体面貌。

学习目标

(1) 掌握通信的基本概念。
(2) 熟悉信号传输技术的分类。
(3) 掌握简单通信系统的构成要素。
(4) 了解通信技术的发展历史与趋势。
(5) 了解我国通信行业发展的现状与趋势。
(6) 掌握通信网络的概念及构成要素。
(7) 熟悉通信网络的分类和质量要求。
(8) 了解通信网络的发展趋势。

1.1 通信的基本概念、根本任务和通信系统

1.1.1 通信的基本概念

现代社会,几乎每个人都享受着通信为日常生活带来的便利,"通信"一词对于大多数人来说也耳熟能详,但也常存在一些认识上的盲区,下面对于一些通信的基本概念加以说明。

1. 消息

消息(message)是以标记、文字、图片、声音、影像等表现人们对世界的感知和认识,或用某种自然方式所表达的某一事件的发生。

2. 信号

信号(signal)是运载消息的工具,是消息的载体。信号通常以电、磁、光、波等形式表现标记、文字、图片、声音、影像等内容,是消息的电磁表现形式。

例如,古代人利用点燃烽火台而产生的滚滚狼烟,向远方军队传递敌人入侵的消息。这里,"有敌入侵"是要传递的消息,"滚滚狼烟"是信号,是消息的载体,属于光信号。当人们说话时,声波传递到别人的耳朵,使别人了解自己的意图,这里说话的内容是消息,声波是信号,属于声信号。同样,各种无线电波、四通八达的电话网中的电流等,是用变化的电波或电流等来向远方表达各种消息,属于电信号。人们通过对光、声、电信号进行接收,获取对方所要表达的消息。

3. 信息

信息(information)泛指人类社会传播的一切内容。对不同的人而言,不同的信息的价值是不同的。信息是可以用数量来表示的,根据香农定理,不太被人们所了解或知道的消息所含信息的量值就大;反之,如果消息中的内容已被人们所了解,则该消息就不含信息,或该消息所含信息量低。

信息具有如下特征:

1)信息与载体不可分割

信息需要某种载体来承载其中所要表达的内涵,但信息的内容又与物质载体无关。

2)信息的客观性

无论借助何种载体,信息都不会改变反映对象的属性。

3)信息的价值性

信息是一种特殊的资源,具有使用价值。信息的价值性依赖于对信息进行正确地选择、理解和使用,只有在与某种有目的的活动联系时,其价值才能够得以体现。

4)信息的时效性

信息的时效性是指从信息发出、接收到进入利用的时间间隔及其效率。信息的时效性与价值性密不可分。任何有价值的信息,只在一定条件下才起作用,离开限定条件,信息将会失

去应有的价值。

5) 信息的可扩充与可压缩性

随着时间的推移和事物的运动、发展、变化,信息经过不断地开发利用,会扩充、增值,成为重要的资源。同时,经过加工整理、精炼、浓缩,可将信息内容物化在不同的物质载体上,因此,信息又有可压缩性。

6) 信息的可替代性

信息的可替代性一方面指信息的物质载体形态是可以相互替代的,如语言信息经过记录变成文字信息,就是文字信息替代了语言信息;另一方面是指信息的利用可以替代资本、劳动力和物质资料。

7) 信息的可传递性与可扩散性

信息的可传递性是指信息可以借助一定的物质载体传递给感受者、接收者的特性。信息可以进行空间和时间上的传输,传输速度越快,效用就越大。信息的可扩散性与信息传递技术的发展密切相关,传递技术发展得越快,信息扩散的速度越快。随着信息传播手段和技术的提高,信息的扩散性表现得越来越突出。

8) 信息的无形性与无损耗性

信息的无形性是指信息看不见、摸不着、不占空间、容易积累。信息的无损耗性是指信息不是物质实体,在使用的过程中没有物质损耗,信息本身的损耗在于随着时间的增长,信息被人们获取后,信息量减少。

9) 信息的可开发性

虽然信息客观存在,但它的质量高低、适用程度和效用大小取决于信息资源的利用度,取决于对无效信息的过滤、有效信息的获取及提炼水平等。经过筛选、整理、概括、归纳、补充,可以使信息更精炼,含量更丰富,价值更高。

10) 信息的共享性

信息广泛地存在于自然界和人类社会,可以通过传递,迅速为大多数人接收、掌握和利用。

4. 通信

广义上对通信的解释是:人与人或人与自然之间通过某种行为或媒介进行的信息交流与传递,无论采用何种方法,使用何种媒质,将信息从一个地方准确、安全地传送到另一个地方。

实现通信的手段包括:以视觉、声音传递为主的古代的烽火台、击鼓、旗语等,以书信传递为主的古代驿站快马接力、信鸽、邮政等和以现代电信号方式进行的通信等。

通信专业中所讲的"通信",基本上采用"电信"这个概念中所指的通信内涵。但随着现代技术的发展,电信概念中所指的通信已不能完整反映通信所面临的新问题。因为电信概念中所涉及的只是电磁系统,并没有包括非电磁系统,如声学系统,这样水下声通信系统就不属于通信的范畴。

因此对通信更广泛的认识可以这样定义:通信是指将信息源端获取的信号转换为电信号并进行某种电的处理,使之适合于特定的传输信道,在信宿端再将信号还原为原来信号的过程。

5. 电信

国际电信联盟(International Telecommunication Union, ITU), 简称国际电联, 对电信的定义为: 使用有线电、无线电、光或其他电磁系统的通信。利用任何电磁系统, 包括有线电信系统、无线电信系统、光学通信系统及其他电磁系统, 采用任何表示形式, 包括符号、文字、声音、图像及由这些形式组合而成的各种可视、可听或可用的信号, 从发信者向一个或多个接收者发送信息的过程, 都称为电信。因此, 电信是通信的一种方式。

1.1.2 信号传输技术分类

通信的根本任务是远距离传递信息, 因而如何准确地传输信息是通信系统的一个重要组成部分。信号传输技术根据被传递信号是模拟的还是数字的分成模拟传输技术与数字传输技术两大类。在历史上, 模拟传输技术扮演过重要角色, 并且目前还继续被使用。

1. 模拟传输技术

根据信号在传输时是否经过调制(即载波频率搬移), 完成模拟信号传输的系统分为两大类: 一类是基带模拟传输系统; 另一类是高频窄带模拟传输系统。

1) 基带模拟传输系统

若模拟传输系统不对传输的信号进行任何频率变换(调制), 则称该系统为基带传输系统。自然界的任何非电量信息 $m(t)$, 经过非电/电量变换后的通信信号 $f(t)$, 其频率成分分布在接近 0 Hz 频率到某一频率的有限频段范围内, 因此称为基带信号, 如人类的语音信号大部分频率成分在 0~10 kHz 范围内, 是有限带宽的信号。若某传输系统直接传输 $f(t)$ 信号, 不再进行其他变换, 则称该系统为基带模拟传输系统, 如图 1-1 所示。对于基带模拟传输系统传输的信号 $f(t)$, 在接收端要经过相应的电/非电的反变换, 由 $f(t)$ 变换成 $m(t)$, 才便于人耳的接收。

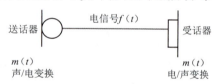

图 1-1 基带模拟传输系统

基带模拟传输所涉及的技术十分简单, 如日常使用的本地电话, 电话机中的送话器和受话器进行的 $m(t)/f(t)$、$f(t)/m(t)$ 变换, 不再有其他变换。

2) 高频窄带模拟传输系统

对信源端发出的电信号进行一些调制的变换, 将频率搬移到某高频率载波附近, 使 $f(t)$ 成为已调信号 $s(t)$ 的传输系统, 成为高频窄带模拟传输系统, 如图 1-2 所示。高频窄带所用的典型技术是调制解调技术。

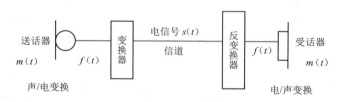

图 1-2 高频窄带模拟传输系统

调制/解调技术的基本部件是调制解调器, 如图 1-3 所示, 其由本地振荡器、低通滤波器、相乘器组成。

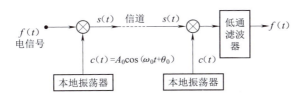

图 1-3 调制/解调器

设消息信号为 $m(t)$，经非电/电变换后信号为 $f(t)$，在调制/解调技术中，称 $f(t)$ 为调制信号。本地振荡器产生的正弦信号 $c(t)=A_0\cos(\omega_0 t+\theta_0)$，$c(t)$ 称为被调信号，其中 A_0、ω_0、θ_0 分别为振幅、频率和相位参数。

调幅：用电信号 $f(t)$ 去调制载波信号 $c(t)$ 的振幅 A_0 的调制技术。

调频：用电信号 $f(t)$ 去调制载波信号 $c(t)$ 的角频率 ω_0 的调制技术。

调相：用电信号 $f(t)$ 去调制载波信号 $c(t)$ 的相位 θ_0 的调制技术。

在电话等信息业务中，模拟传输调制技术常用的是调幅和调频。

2. 数字传输技术

由于数字电路在集成化、小型化和综合化方面远比模拟电路方便，此外，由于数字通信抗噪声干扰能力强，无噪声积累，数字信号便于集成、加密和处理，因此，数字传输技术高速发展，在信息的长途传输中，数字化率超过 99%，数字化成为现代通信最为基本的特征之一。

数字终端设备送出的数字信号码流，是按一定规律（按帧结构）输出的。这些信号要放到各种数字信道上去传输，还需要经过一系列的变换才能与信道特性、抗干扰能力匹配达到最佳传输。数字传输技术可分为数字基带传输和数字频带传输两大类。

所谓基带传输，是指不经过调制而直接将原始基带信号送到线路上进行传输的一种方式。信源端的模拟信号经过脉冲编码调制（pulse code modulation，PCM）数字化编码后，输出的数字信号是基群（低次群）的码流，该码流可不经调制，直接在电缆上做短距离传输，这称为基带传输，在此信道上传输的数字信号称为数字基带信号。

所谓频带传输，是指原始电信号在发送端先经过调制后，再送到线路上传输，接收端则要进行相应解调才能恢复出原来的基带信号。在无线信道（如短波、数字微波、卫星、移动通信等）和光纤信道中，数字基带信号必须通过频带调制后才能在信道中传输，这里将信号频谱搬移到高频段的过程称为调制。调制的作用是把消息置入消息载体，便于传输或处理。调制是各种通信系统的基础技术，也广泛用于广播、电视、雷达、测量仪等电子设备。在通信系统中为了适应不同的信道情况（如数字信道或模拟信道、单路信道或多路信道等），常常要在发信端对原始信号进行调制，接收端完成调制的逆过程解调，还原出原始信号。完成调制与解调任务的设备称为频带调制解调器（modem）。

1）数字信号的无线传输

数字信号通过空间以电磁波为载体传输给对方，称为无线传输。通常把要传送的数字信号称为数字基带信号。携带数字基带信号的电磁波为振荡波，通常称为载波，最简单的就是正弦波或余弦波，$f(t)=A\sin(\omega t+\varphi)$。把数字基带信号变换为载波的过程称为调制。经过调制的数字信号称为数字频带信号。

2）数字信号的基本调制与解调

载波可用正弦波 $f(t)=A\sin(\omega t+\varphi)$ 中的振幅 A、频率 ω 及相位 φ 这三个参量来携带数字信号。

调制是通过改变一个高频率信号的某些特征物理量或参数（如幅度、频率、相位等）的过程，这一高频信号即为载波，它一般由载波振荡器（如振荡电路、激光器等）产生。

如图1-4所示为频带传输系统简化框图，它显示了调制信号、高频载波及已调波间的关系。信息信号与载波在调制器中组合产生已调波。信号可以是模拟或数字形式，调制器可以完成模拟调制或数字调制。调制过程常伴有频率转换，将一个频率或频带变换到频谱上的另外两个位置的过程称为频率转换（一般信号在发射机中从低频上变频到高频，而在接收机中则从高频下变频为低频）。频率转换是电子系统的一个复杂的部分，因为信号在通过信道系统传送时要上下变换多次。已调信号通过传输系统传送到接收机，在接收机中被放大、下变频，然后解调以恢复原始的信源。

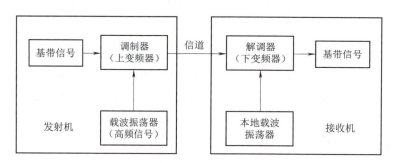

图1-4　频带传输系统简化框图

1.1.3　简单通信系统

通信系统是用以完成信号采集、信号传输、信号路由交换及信号还原等通信过程中所包括的各个环节的总称。

按照通信使用的信道的不同，通信系统又可分为有线通信系统和无线通信系统。

如图1-5所示为通信系统的组成，包括信源、发信设备、信道、交换设备、接信设备、信宿及传输过程中受到噪声干扰。

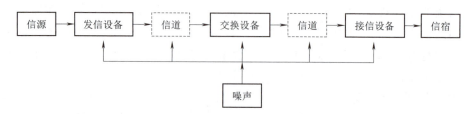

图1-5　通信系统的组成

1. 信源

信源是指产生各种信息(如语音、文字、图像及数据等)的信息源。信源可以是人,也可以是机器(如计算机等)。

2. 发信设备

发信设备的作用是将信源发出的信息变换成适合在信道中传输的信号。对应不同的信源和不同的通信系统,变换器有不同的组成和变换功能。例如,对于数字电话通信系统,变换器则包括送话器和模/数变换器等。模/数变换器的作用是将送话器输出的模拟话音信号经过模/数变换和时分复用等处理后,变换成适合于在数字信道中传输的信号。

3. 信道

信道是信号的传输介质。信道按传输介质的种类可以分为有线信道和无线信道。在有线信道中电磁信号(或光信号)约束在某种传输线(电缆、光缆等)上传输;在无线信道中电磁信号沿空间(大气层、对流层、电离层等)传输。如果按传输信号的形式分,信道又可以分为模拟信道和数字信道。

4. 接信设备

接信设备的作用是将从信道上接收的信号变换成信息接收者可以接收的信息。反变换器的作用与变换器正好相反,起着还原的作用。

5. 信宿

信宿是信息的接收者,可以是人或机器。

6. 噪声源

噪声源是系统内各种干扰影响的等效结果,系统的噪声来自各个部分,从发出和接收信息的周围环境、各种设备的电子器件,到信道所受到的外部电磁场干扰,都会对信号形成噪声影响。为了分析问题方便,将系统内所存在的干扰均折合到信道中,用噪声源表示。

以上所述的通信系统只能实现两用户之间的单向通信,要实现双向通信还需要另一个通信系统完成相反方向的信息传送工作。而要实现多用户间的通信,则需要将多个通信系统有机地组成一个整体,使它们能协同工作,即形成通信网。

在图1-5所示的通信系统的组成中,包含了终端系统、传输系统和交换系统三大要素。其中,信源和信宿为终端系统。广义的终端系统包括电话机、手机、计算机、掌上电脑(personal digtal assistant,PDA)、电视机、收音机、电台、传感器等;发信/接信设备及信道为传输系统,传输系统包括光纤传输系统、无线传输系统、卫星传输系统等;交换系统包括程控交换机、帧中继(frame relay,FR)/异步传输模式(asynchronous transfer mode,ATM)交换机、路由器等。

在通信系统的组成中,除了可见的硬件设备,还包括协调这些设备进行有序化工作的规程和约定,如各种信令、协议、标准等。

通信系统的任务是对通信系统组成部分中的各要件进行研究,以实现最可靠、最有效、最方便、最经济的通信目标。

1.2 通信技术发展史

1.2.1 通信技术发展历程

1. 古代通信

在远古时代,人类的祖先就已经能够在一定范围内借助于呼叫、打手势或采取以物示意的办法来相互传递一些简单的信息,至今在人们的生活中仍然能找到这些方式的影子,如旗语(通过各色旗子的舞动)、号角、灯塔、喇叭、击鼓敲锣、风、信号树、信鸽等。

我国是世界上最早建立有组织的传递信息系统的国家之一。驿传是早期有组织的通信方式,就是通过骑马接力送信的方法,将文书一个驿站接一个驿站地传递下去。驿站是古代接待传递公文的差役和来访官员途中休息、换马的处所,它在我国古代信息传递中有着重要的地位和作用,在通信手段十分原始的情况下,担负着政治、经济、文化、军事等方面的信息传递任务。中国信息文化的发源地之一的嘉峪关,其火车站广场有一"驿使"雕塑,驿使手举简牍文书,驿马四足腾空,就是对当时驿传的描绘。

烽火通信作为一种原始的声光通信手段,是通过烽火区时传递军事信息的,远在周代时就服务于国家军事战争。烽火台的布局十分重要,它分布在高山险岭或峰回路转的地方,而且必须是要三个台都能相互望见,以便于看见烽火和传递信息。从边境到国都及边防线上,每隔一定距离就要筑起一座烽火台,台上有桔槔,桔槔头上有装着柴草的笼子,敌人入侵时,烽火台一个接一个地燃放烟火传递警报,一直传到军营。每逢夜间预警,守台人点燃笼中柴草并把它举高,靠火光给邻台传递信息,称为"烽";白天预警则点燃台上积存的柴草,以烟示急,称为"燧"。古人为了使烟直而不弯,以便远远就能望见,还常以狼粪代替柴草,所以又别称"狼烟"。新疆库车县克孜尔尕哈的汉代烽火台遗址如图 1-6 所示,展现了距今 2 000 多年前我国西北边陲"谨候望,通烽火"的历史遗迹。

图 1-6 汉代烽火台遗址

古代通信的方式虽然非常简单,但它基本上满足了当时人们的生活需要。由于社会的不断发展,对通信的需求越来越迫切,为此,人们不断地进行通信方面的探索和研究,从而拉开了近代通信的序幕。

2. 近代通信

1)电报与电话的发明

1832 年,电报之父塞缪尔·莫尔斯(见图 1-7)由电磁铁很快联想到:既然电流可以瞬息通过导线,那能不能用电流来传递信息呢?为此,他立志要完成用电来传递信息的发明。这位对电一无所知的画家放弃了绘画,全身心地投入到对电报的研制工作中。他拜著名

图 1-7 塞缪尔·莫尔斯

的电磁学家亨利为师,从头开始学习电磁学知识。他买来了各种各样的实验仪器和电工工具,把画室改为实验室夜以继日地埋头苦干,经历过一次又一次实验,最终在1835年研制出电磁电报机的样机。

1836年,莫尔斯找到了新方法,他发现电流只要停止片刻,就会出现火花。有火花出现可以看成是一种符号,没有火花出现是另一种符号,没有火花的时间长度又是一种符号。这三种符号组合起来可代表字母和数字,就可以通过导线来传递文字。这样,只要发出两种电符号就可以传递信息,大大简化了设计和装置。莫尔斯的奇特构想,即著名的"莫尔斯电码",这是电信史上最早的编码,也是电报发明史上的重大突破。

1837年9月4日,经过不断地改进,莫尔斯制造出了发报装置由电键和一组电池组成的电报机。当按下电键,便有电流通过。按的时间短促表示点信号,按的时间长些表示横线信号。莫尔斯的收报装置由一只电磁铁及有关附件组成。当有电流通过时,电磁铁便产生磁性,这样由电磁铁控制的笔也就在纸上记录下点或横线。这台电报机的有效工作距离为500 m。之后,莫尔斯又对这台电报机进行了改进。

1844年5月24日,莫尔斯在华盛顿国会大厦联邦最高法院会议厅里发出了世界上第一份电报,远在64 km外的巴尔的摩城收到由"嘀""嗒"声组成的世界上第一份电报。莫尔斯电报的成功轰动了美国、英国和世界其他各国,他的电报很快风靡全球。

电报的发明拉开了近代通信时代的序幕,由于有电作为载体,信息传递的速度大大加快。"嘀嗒"一声(1 s),它便可以载着信息绕地球7圈半,这是以往任何通信工具都望尘莫及的。

电报传送的是符号,发送一份电报,必须先将报文译成电码,再用电报机发送出去。在收报一方,要经过相反的过程,即先将收到的电码译成报文,然后再送到收报人的手中。这不仅手续麻烦,而且还不能及时进行双向的信息交流。针对电报的这些不足,永不知倦的科学家们又进行了新的开拓,开始探索一种能直接传送人类声音的通信方式,这就是现在无人不晓的"电话"。

1876年,电话发明家亚历山大·格雷厄姆·贝尔利用电磁感应原理发明了如图1-8所示的电话。贝尔进行了大量研究,探索语音的组成,并在精密仪器上分析声音的振动。在实验仪器上,他使振动膜上的振动传送到用炭涂黑的玻璃片上,振动就可以被"看见"了。随后贝尔开始思考有没有可能将声音振动转化成随声音变化的电流,这样就可以通过线路传递声音了。通过几年的努力,贝尔发明了一套能通过一根线路同时传送几条信息的机器的想法。他设想通过几

图1-8 贝尔和他发明的电话

片衔铁协调不同频率,在发送端,这些衔铁会在某一频率截断电流,并以特定频率发送一系列脉冲。在接收端,只有与该脉冲频率相匹配的衔铁才能被激活。在实验中,贝尔偶然发现沿线路传送电磁波可以传输声音信号。最初,贝尔在由于声音而振动的薄金属片上安装电磁开关,用电磁开关把电路断开,形成一开一闭的脉冲信号。

1875年6月2日,贝尔和沃森特正在进行模型的最后设计和改进,沃森特在紧闭了门窗的另一房间把耳朵贴在音箱上准备接听,贝尔在最后操作时不小心把硫酸溅到自己的腿上,他疼痛地叫了起来:"沃森特先生,快来帮我啊!"这句话通过他实验中的电话传到了在另一个房间工作的沃森特的耳朵里。这句极普通的话也就成为人类第一句通过电话传送的话音而记入史册。

1877年,在波士顿和纽约之间架设的300 km的第一条电话线路开通。第一部私人电话安装在查理斯·威廉姆斯于波士顿的办公室与马萨诸塞州的住宅之间。一年之内,贝尔共安装了230部电话,建立了贝尔电话公司,这是美国电话电报公司(AT&T)的前身。在此后的发展过程中电话被不断改进。如图1-8所示为贝尔和他发明的电话。

1879年,第一个专用人工电话交换系统投入运行。电话传入我国是在1881年,英籍电气技师皮晓浦在上海十六铺沿街架起一对露天电话,花费36文钱可通话一次,这是我国的第一部电话。1882年2月,丹麦大北电报公司在上海外滩扬子天路办起我国第一个电话局,用户25家。1889年,安徽省安庆州候补知州彭名保,自行设计了一部电话,包括自制的五六十种大小零件,成为我国第一部自行设计制造的电话。最初的电话并没有拨号盘,所有的通话都是通过接线员进行,由接线员为通话人接上正确的线路。晚清时期中国的电话交换局如图1-9所示。

图1-9 晚清时期中国的电话交换局

电话的发明让人们可以随时用附近的电话与等候在另一端的亲友进行可靠、清晰的对话,这一发明的社会价值是不言而喻的,人们开始大规模架设电线,敷设电缆,以求尽可能地扩大通信的范围和覆盖率。

电报和电话的相继发明,使人类获得了远距离传送信息的手段。

2) 无线电通信的诞生

电报、电话的电信号都是通过金属线传送的,由于地理环境、人为等因素无法架设线路的地方,就无法实现有线通信,因此人们又开始探索不受金属线限制的无线电通信。

1864年,英国科学家麦克斯韦发表了电磁场理论,成为人类历史上第一个预言电磁波存在的人。1887年,德国物理学家赫兹通过实验证实了电磁波的存在,并得出电磁能量可以越过空间进行传播的理论,这也为日后电磁波的广泛应用铺平了道路。

1895年,年仅20岁的意大利青年马可尼发明了无线电报机。虽然当时的通信距离只有2.4 km,但他开创了人类利用电磁波进行通信的历史。1896年年末,马可尼取得了世界上第一个无线电报系统领域的专利。他在伦敦、萨尔斯堡平原及跨越布里斯托尔湾成功地演示了他的通信装置。1897年7月成立了"无线电报及电信有限公司",1900年改名为"马可尼无线电报有限公司"。这年马可尼改进了无线电传送和接收设备,在布里斯托尔海峡进行无线电通信取得成功,把信息传播了12 km。1898年,英国举行了一次游艇赛,终点设在离岸20英里的海上。《都柏林快报》特聘马可尼为信息员。他在赛程的终点用自己发明的无线电报机向岸上的观众及时通报了比赛的结果,引起了很大的轰动。这被认为是无线电通信的第一次实际应用。如图 1-10 所示为马可尼和他发明的无线电装置。

1901 年 12 月,马可尼为证明无线电波不受地球表面弯曲影响,进行了横跨大西洋的无线电报试验。当时许多人认为无线电波应该和光一样是直线传播的,而大西洋跨越 3 700 km,这样弯曲的地球表面无论如何也不可能直接传递无线电波。可是马可尼从远距离无线电波的成功实践和发射台一端接地的事实出发,坚信有可能是定向电波沿地球表面传播。他使用 800 kHz 中波信号,第一次使无线电波越过了康沃尔郡的波特休和纽芬兰省的圣约翰斯之间的大西洋,距离为 3 381 km。试验中,马可尼在加拿大用风筝牵引天线,成功地接收到了大西洋彼岸的无线电报。试验成功的消息轰动全球。1902 年,他在美国"费拉德尔菲亚"号邮轮的航程中试验了无线电报通信的"白昼效应",同年取得了"磁检波器"的专利,以后的许多年中它成为标准的无线电收报机。

图 1-10　马可尼和他发明的无线电装置

从 1903 年开始,从美国向英国《泰晤士报》用无线电传递新闻,当天见报。1905 年,马可尼又取得了水平定向天线的专利,1912 年发明了产生连续电波的"间断火花"系统。到了 1909 年无线电报已经在通信事业上大显身手。在这以后许多国家的军事要塞、海港船舰大都装备有无线电设备,无线电报成了全球性的事业。同年,马可尼和布劳恩一起获得诺贝尔物理学奖。

无线电通信为人类开辟了一个潜力巨大的新领域无线通信领域,无线电波传播信息不仅极大地降低了有限通信面临的架线成本和覆盖面的问题,还使人类通信开始走向无限空间。

无线电技术也被广泛地应用于战争,特别是在第二次世界大战中,它发挥了巨大的威力,以至于有人把第二次世界大战称为"无线电战争"。其中特别值得一提的便是雷达的发明和应用。1935 年英国皇家无线电研究所所长沃森·瓦特等研制成功了世界上第一部雷达。20 世纪 40 年代初,雷达在英、美等国军队中获得广泛应用,被人称为"千里眼"。后来,雷达也被广泛应用于气象、航海等民用领域。

3）广播与电视的出现

19 世纪,人类在发明无线电报之后,希望进一步使用电磁波来传送声音。要实现这一愿望,首先需要解决的是如何把电信号放大的问题。1906 年,继英国工程师弗莱明发明真空二极管之后,美国人德弗雷斯特又制造出了世界上第一个真空三极管,它解决了电信号的放大问题,为无线电广播和远距离无线电通信的实现铺平了道路。如图 1-11 所示为德弗雷斯特和他发明的真空三极管。

图 1-11　德弗雷斯特和他发明的真空三极管

1886年，美国人巴纳特·史特波斐德开始无线电研究，经过十几年不懈努力，1902年试验获得了成功。之后又在费城进行了广播，并获得了专利权。现在，州立穆雷大学仍然树有"无线电广播之父巴纳特·史特波斐德"的纪念碑。

1906年12月24日美国物理学家费森登主持和组织了人类历史上第一次无线电广播。费森登花了4年的时间设计出这套广播设备，包括特殊的高频交流无线电发射机和能调制电波振幅的系统。

1920年，美国匹兹堡的KDKA广播电台进行了首次商业无线电广播。广播很快成为一种重要的信息媒体，受到了各国的重视。

1921年，美国人德弗雷斯特、阿姆斯特朗与费森登分别发明了再生式、外差式与超外差式电路，为现代接收机的发明奠定了重要基础。同年，美国和欧洲的无线电业余爱好者最先进行短波无线电广播。

1925年，美国人惠勒发明真空二极管音量自动控制电路。

1927年，美国人布莱克发明反馈电路，5年后普遍应用于收音机。

1933年，阿姆斯特朗发明宽带调频原理，首次进行调频制广播。

1935年，收音机上开始出现称为电眼的阴极射线调谐指示器。

1952年，英国人巴克桑达尔发明收音机的负反馈音调控制电路。同年，纽约的WQXR电台开始立体声的FM广播。

20世纪60年代，蒙特利尔广播站首次应用赖纳德·康的系统进行立体声广播。

20世纪70年代，多波段收音机开始流行。

20世纪80年代，电调谐收音机开始大行其道。80年代中期，微处理器进入收音机，形成电脑全自动化。这类收音机普遍带有液晶数字化频率的显示电脑控制，只需7 s就可以完成全频段的搜索选台。80年代末，荷兰飞利浦公司研制出一只图钉大小的硅芯片调频收音机，它包含了除了输入天线和扬声器外的收音机的全部电路元件。

20世纪90年代初，美国庄逊电子公司研制成功一种永久电源收音机，只要在收音机顶端的圆孔内注入少量盐水，便可持续收听使用，电池寿命为1万小时，特殊情况也可用啤酒、苏打水、天然水等液体来代替盐水。

1995年4月，香港本地公司推出其声称为全球最小的FM收音机，体积为1.5英寸×0.5英寸×0.25英寸，可挂在耳背收听，质量约为一元硬币的质量。该收音机附有一个耳夹，可挂在耳背上，方便跑步或骑自行车时使用，尤其适用于户外活动。

如今，单一功能的收音机正被人们渐渐淡忘，但仍有存在的必要，常以附加功能的方式被配置于日用电子设备中，如手机、汽车、玩具等，收音机正以新的形式获得生机。

1817年，瑞典科学家布尔兹列斯发现了化学元素硒。56年后，英国科学家约瑟夫·梅又在无意中发现了硒元素的电光作用特性，即硒能将光能（光波）转变为电能（电波），从而预示了把光变成电信号发射出去的可能性。这两大发现，为后人研究发明电视提供了现实条件和理论依据。

1906年，18岁的英国青年贝尔德雄心勃勃地开始研究电视机。由于当时贝尔德家境贫寒，没钱购置研究器材，只得就地取材，他把一只盥洗盆与从旧货摊寻觅来的茶叶箱相连作为实验的基础设备。箱子上安放着一台旧马达,用它来转动"扫描圆盘"。扫描圆盘是用马粪纸做成的,四周戳着一个个小孔,可以把场景分成许多明暗程度不同的小光点发射出去。这样,一台最原始的、只值几英镑的电视机便问世了。

  1924 年春天,贝尔德把一朵"十字花"发射到 3 m 远的屏幕上,虽然图像忽隐忽现,十分不稳定,但是,它却是世界上第一套电视发射机和接收机。后续经过不断探索,1925 年 10 月 2 日,贝尔德的实验有了突破,随着马达转速的增加,他终于从另一个房间的映像接收机里,清晰地收到了一个叫比尔的表演用的玩偶的脸,而且十分逼真,眼睛、嘴巴甚至眉毛和头发都清晰可见。一台有实用意义的电视机宣告诞生了。紧接着,贝尔德说服富有的公司老板戈登·塞尔弗里奇为他提供赞助,更加专心地进行对电视的研究。

  1926 年 1 月,贝尔德发明的机器有了明显的改善。当贝尔德演示从一个房间把比尔的脸和其他人的脸传送到另一个房间时,应邀前来的专家们一致认为,这是一件难以置信的伟大发明。赞助者也很快意识到了这项发明的市场前景是广阔的,于是纷纷投资,成立了好几家公司。1928 年春,贝尔德研制出彩色电视机,成功地把图像传送到大西洋彼岸,成为卫星电视的前奏。一个月后,他又把电波传送到"贝伦卡里"号邮轮,使所有的乘客都十分激动和惊讶。如图 1-12 所示为贝尔德和他发明的电视机。

图 1-12 贝尔德和他发明的电视机

  在贝尔德的发明成功后,曾申请在英国开创电视广播事业,英国广播公司不愿意,后经议会决定才获准。1936 年秋,英国广播公司开始在伦敦播放电视节目。然而好景不长,1936 年贝尔德遇到了强有力的竞争对手,电气和乐器工业公司发明了全电子系统的电视。经过一段时间的比较,专家于 1937 年 2 月得出结论:贝尔德的机械扫描系统不如电气和乐器工业公司的全电子系统好,贝尔德只好另找市场。1941 年,贝尔德又成功研制出全电子系统的彩色电视机。贝尔德发明的第一台电视机现陈列在英国南肯辛顿科学博物馆中。

3. 现代通信

  电话、电报从其发明的时候起,就开始改变人类的经济和社会生活。但是,只有在以计算机和数字通信融合为代表的信息技术,特别是通信信息网络进入商业化以后,才完成了近代通信技术向现代通信技术的转变。1946 年,世界上第一台通用电子计算机问世。伴随着计算机技术发展的 4 个阶段,即从 20 世纪 50 年代到 80 年代的主机时代、80 年代的小型机时代、90

年的个人计算机(personal computer, PC)时代及 90 年代中期开始的网络时代,通信技术也经历了飞速发展的过程。

1947 年,晶体管在贝尔实验室问世,为通信器件的进步创造了条件。1948 年,克劳德·香农(见图 1-13)提出了信息论,建立了通信统计理论。信息论将信息的传递作为一种统计现象来考虑,给出了估算通信信道容量的方法。信息传输和信息压缩是信息论研究中的两大领域。这两个方面又由信息传输定理、信源-信道隔离定理相互联系。人们通常将香农于 1948 年 10 月发表于《贝尔系统技术学报》上的论文 A Mathematical Theory of Communication(通信的数学理论)作为现代信息论研究的开端。在该文中,香农给出了信息熵的定义。

图 1-13 "信息论之父"
克劳德·香农

1951 年,直拨长途电话开通;1956 年,铺设越洋通信电缆;1958 年,发射第一颗通信卫星,1959 年美国的基尔比和诺伊斯发明了集成电路,从此微电子技术诞生了;1962 年,发射第一颗同步通信卫星,开通国际卫星电话;脉冲编码调制进入实用阶段;1967 年,大规模集成电路诞生,一块米粒般大小的硅晶片上可以集成一千多个晶体管的线路;1977 年,美国、日本科学家制成超大规模集成电路,30 mm^2 的硅晶片上集成了 13 万个晶体管。微电子技术极大地推动了电子计算机的更新换代使电子计算机显示了前所未有的信息处理功能,成为现代高新科技的重要标志。20 世纪 60 年代,阿波罗宇宙飞船登月,数字传输理论与技术得到迅速发展。20 世纪 70 年代,商用卫星通信、程控数字交换机、光纤通信系统投入使用,为了解决资源共享问题,单一计算机很快发展成联网计算机,实现了计算机之间的数据通信、数据共享,一些公司制定了计算机网络体系结构。通信介质从普通导线、同轴电缆发展到双绞线、光纤导线光缆。电子计算机的输入/输出设备,如扫描仪、绘图仪、音频视频设备等也飞速发展起来,使计算机如虎添翼,可以处理更多的复杂问题。20 世纪 80 年代,开通数字网络的公用业务;个人计算机和计算机局域网出现;网络体系结构的国际标准陆续制定。多媒体技术的兴起,使计算机具备了综合处理文字、声音、图像、影视等各种形式信息的能力,日益成为信息处理重要且必不可少的工具。20 世纪 90 年代,蜂窝电话系统开通,各种无线通信技术不断涌现,光纤通信得到迅速普遍的应用,国际计算机互联网得到极大发展。程控电话、移动电话、可视电话、传真通信、数据通信、互联网络、电子邮件、卫星通信、光纤通信等都为人们的生活带来了极大的方便。这一时期,通信的发展达到了前所未有的高度。

近代通信主要产生的电报、电话、无线电通信、电视等,尚属于模拟通信的范畴。到了 20 世纪 60 年代出现了数字通信的变革,特别是计算机技术在通信中的广泛应用使通信进入了现代通信阶段。至此,可以认为以微电子和光电技术为基础,以计算机和通信技术为支撑,以信息处理技术为主题的信息技术(information technology,IT)正在改变着人们的生活,数字化信息时代已经到来。

1.2.2 通信技术发展趋势

通信技术的发展趋势主要体现在大数据技术、微电子技术、计算机技术、空间技术等方面。

1. 大数据技术

由于数据信息的不断增加,日常的计算机储存已无法满足生活及生产的需求。因此就产生了大数据技术,该技术的产生使原有数据的整理、储存等更便捷,同时储存量也得到极大提升,在一定程度上,人们整理数据的效率得以提高,需处理的数据量较以往也有很大增加。在此背景下,通信技术不断创新发展,首先,要不断提升自身的兼容性,通过全球范围的标准化,提高国际通信能力,融入国际社会,实现多设备的链接与协同工作,加强通信效果,更好发挥通信优势;其次,通信的发展需要根据不同用户的不同需求,提供更加多样化、具有针对性的服务,满足不同用户的个性需求;最后,未来的通信技术应当具有优秀的抗干扰能力,这样不仅能够确保数据传输的速度,而且能够保障数据信息的真实可靠性,提高数据的使用效率。

2. 微电子技术

电子学,特别是微电子学,是信息技术的关键,是现代通信产业的重要基础,它在很大程度上决定着硬件设备的运行能力。衡量微电子技术发展程度的一个重要指标,是在指甲大小的硅芯片上能集成的元器件数目。近年来,元器件集成的数目已达到 10 亿个。由于其设计和生产工艺水平的不断改进,如采用了电子射线蚀刻技术等先进工艺,大大提高了集成电路的集成度,使芯片集成度按摩尔定律发展,即它以 9~18 个月翻一番的速度上升,发展到纳米级(0.1~100 nm),可在一片芯片上集成上百亿个元器件,并正在向极限挑战。将来会把整个通信设备集成在一块芯片上,这为通信设备和计算机微型化奠定了基础。

3. 计算机技术

电话交换技术与计算机技术紧密结合,使交换技术数字程控化。通信与计算机融为一体,这使通信技术得到了飞跃发展,人们把数字通信与计算机技术的融合称为现代通信。随着微电子技术的发展,计算机越来越微型化,计算机运算速度越来越快,到 2014 年,个人计算机每秒可执行上亿条指令,并行处理的核数也越来越多,由最初的单核逐渐发展到双核、四核、八核,甚至十六核,另外其软件处理能力也越来越强。现代数字程控交换机及同步数字系列(synchronous digital hierarchy,SDH)光传输系统大量采用了计算机及软件技术进行控制和管理。随着光子计算机、生物计算机、神经元计算机及超导计算机等智能计算机在通信装备中的应用,加之智能媒介计算机识别、神经网络等信息技术的采用,宽带 ATM 交换技术的成熟,互联网协议(internet protocol,IP)技术的应用与发展,包交换、软交换已是大势所趋,光交换已出现曙光。这对传统的数字程控电话交换技术提出了严峻的挑战,同时也将使通信领域变得更为活跃,通信技术得到更大发展。

4. 空间技术

航天技术的发展,促进了现代空间通信的发展。自 1957 年苏联发射第一颗人造地球卫星以来,火箭、航天飞机等空间技术发展非常迅速。把通信卫星送到各种轨道的技术已经成熟,3 颗同步卫星的通信范围即可覆盖全球。现在人们已经利用各种卫星获取了大量信息,并将这些信息广泛应用于航天、航海、气象、定位、救灾等方面。卫星通信、卫星电视已经遍及全世界。通信卫星正向大容量、长寿命方面发展。低轨道卫星通信系统的利用,将使地面、空间的通信系统连成一体。这为真正的全球个人通信奠定了基础,即人们在地球上的任何地方(包括陆地、森林、沙漠、湖泊、高山、海洋)都可以随时与任何人和机器进行信息交流。

1.2.3 我国通信行业发展

我国通信行业发展较为迅速,但是过去由于经济实力和技术水平的限制,我国通信行业建设相较于西方国家整体起步较晚。1949年,我国的电话普及率不到0.05%,全国的电话总用户数只有26万。电话交换机主要以人工交换机为主,步进制交换机为辅。同年,中华人民共和国邮电部正式成立,统一管理中华人民共和国的邮政和电信业务。1987年11月,中国的第一代模拟移动通信系统(1G)在广东第六届全运会上开通并正式商用。经过近32年的发展,我国经历了由1G网络向4G网络过渡的发展历程。2019年6月,工信部正式向中国电信、中国移动、中国联通、中国广电发放5G商用牌照,中国正式进入5G商用元年。

近年来,国务院、国家发改委、工信部等多部门都陆续印发了支持、规范通信行业的发展政策,内容涉及5G网络建设、终端IPv6升级改造、"双千兆"网络基础设施、工业互联网建设等内容;根据我国国民经济"八五"计划至"十四五"规划,国家对通信行业的支持政策经历了从"适当发展"到"提高服务水平和确保信息安全"再到"积极推进发展"的变化。目前我国通信行业主要发展现状如下所示。

1. 电信业务收入和发展质量平稳增长

工信部发布的《2022年通信业统计公报》显示:2022年我国通信行业保持稳中向好运行态势,电信业务收入稳步提升,累计完成1.58万亿元,比2021年增长8.0%。按照上年不变单价计算,全年电信业务总量较快增长,完成1.75万亿元,比2021年增长21.3%。

2. 通信设备制造行业市场规模逐年递增

根据《中国电子信息产业统计年鉴》,2014—2019年全国规模以上通信设备制造业营业收入持续增长。根据工信部数据,2020年,通信设备制造业营业收入同比增长4.7%,则通信设备制造业营业收入初步估计达39 729亿元。

2016—2020年,全国通信设备零售营业收入呈波动递增趋势,年复合增长率2.01%;2020年受疫情影响,营业收入增速有所放缓。2020年全国通信设备零售营业收入达1 363.5亿元,同比增长0.78%。面对激烈变化的内外部环境和新一轮通信技术的变革,我国通信设备产业在保持已有产品集成创新和低成本研发比较优势的基础上,亟须把握产业融合发展的新形势和新机遇,加强产业的横向协作和纵向整合,以继续扩大市场规模。

3. 电话用户数量逐年增多

2013—2022年全国电话用户数和移动电话用户数总体呈增加趋势变动,其中移动电话用户数增加量明显。2022年,全国电话用户净增3 933万户,总数达到18.63亿户。其中,移动电话用户总数16.83亿户,全年净增4 062万户,普及率为119.2部/百人,比上年末提高2.9部/百人。其中,5G移动电话用户达到5.61亿户,占移动电话用户的33.3%,比上年末提高 11.7 个百分点。固定电话用户总数 1.79 亿户，全年净减 128.6 万户，普及率为 12.7 部/百人，比上年末下降 0.1 部/百人。

4. 互联网普及率不断提升，网民数量全球最多

我国互联网网络规模持续扩大，网络升级加速。根据中国互联网络信息中心发布的第 47 次《中国互联网络发展状况统计报告》数据显示，截至 2020 年 12 月，我国的网民总体规模已占全球网民的 1/5 左右。"十三五"期间，我国网民规模从 6.88 亿增长至 9.89 亿，五年增长了 43.7%。截至 2022 年 12 月，我国网民规模为 10.67 亿，较 2020 年 12 月新增网民 7 800 万，互联网普及率达 76.2%，较 2020 年 12 月提升 5.8 个百分点。

中国互联网络信息中心发布的第 48 次《中国互联网络发展状况统计报告》显示，截至 2021 年 6 月，我国网民规模达 10.11 亿，较 2020 年 12 月增长 2 175 万，互联网普及率达 71.6%。10 亿用户接入互联网，形成了全球最为庞大、生机勃勃的数字社会。

5. 移动电话基站总数逐年递增，5G 基站总量占全球 60% 以上

根据工信部统计，2022 年，全国移动通信基站总数达 1 083 万个，全年净增 87 万个。其中 4G 基站达 851.8 万个，5G 基站为 231.2 万个，全年新建 5G 基站超 88.7 万个，我国已开通 5G 基站数量全球排名第一。

由于经济较发达地区人口基数较大，对移动通信的需求也较大，目前我国电信业务主要集中在东南部经济较发达地区。截至 2020 年年末，北京市电信业务总量全国最多，为 3 251.1 亿元，进入前十的城市还包括广州、深圳、重庆、上海、成都、郑州、武汉、佛山和南京。

2021 年 11 月 1 日，工信部发布了《"十四五"信息通信行业发展规划》（以下简称《规划》）。《规划》描绘了信息通信行业的发展蓝图，是未来五年加快建设网络强国和数字中国、推进信息通信行业高质量发展、引导市场主体行为、配置政府公共资源的指导性文件。

"十四五"期间，基础设施已从以信息传输为核心的传统电信网络设施，拓展为融感知、传输、存储、计算、处理为一体的，包括"双千兆"网络等新一代通信网络基础设施、数据中心等数据和算力设施，以及工业互联网等融合基础设施在内的新型数字基础设施体系。网络和信息服务也从电信服务、互联网信息服务、物联网服务、卫星通信服务、云计算及大数据等面向政企和公众用户开展的各类服务向工业云服务、智慧医疗、智能交通等数字化生产和数字化治理服务新业态扩展。

未来我国信息通信行业发展面临 5 个"新"形势，即新使命、新动能、新空间、新要求、新挑战，这是基于国家宏观环境、行业自身定位和行业发展态势做出的综合判断。从宏观环境看，我国发展仍然处于重要战略机遇期，同时，国际环境日趋复杂，不稳定性和不确定性明显增加，国家发展将进入高质量发展阶段，将加快构建"双循环"新发展格局，行业发展必须融入这一战略大局，承担起相应的使命责任。从行业自身看，随着信息通信技术与经济社会融合步伐的加快，信息通信行业在经济社会发展中的地位和作用更加凸显，新阶段、新特征和国家战略新安排，要求信息通信行业承担攻克相关领域技术难题、培育壮大国内新型消费市场、促进全球信息通信领域紧密联动的历史使命，成为夯实数字社会的新底座，成为满足人民美好生活需要、驱动新一轮内生性增长的新动能。在加快新型数字基础设施建设、支撑全社会数字化转型过程中,行业将打开新的增长空间,同时在新兴业态的跨领域协同监管及网络安全保障能力提升等方面也将面临一些新要求、新挑战。

近年来,通信业呈现出以互联网为主导的发展趋势,技术和业务变革融合速度日益加快,涉及领域不断延展,渗透程度越来越深,为行业持续发展带来新的增长空间。从整体来看,未来我国通信行业将显著提高基础设施建设、数据与算力设施服务及网络数据安全治理等方面的能力,向国际一流水平迈进。

1.3 通信网络介绍

通信网络(简称通信网)是指在分处异地的用户之间传递信息的系统。通信网是社会的"神经系统",已成为社会活动的主要机能之一。通信网配有功能强大的通信终端,可为用户提供便捷的使用体验,实现安全、可靠的信息传递,以及富有感情色彩的多媒体信息交流,从而拉近人们之间的距离。

1.3.1 通信网络的概念及构成要素

1. 通信网的概念

通信网是由一定数量的节点(包括传送在网节点、核心节点、接入节点、终端等)和连接这些节点的传输系统有机地组织在一起,按约定的信令或协议完成任意用户间信息交换的通信体系。也就是说,通信网是由相互依存、相互制约的许多要素组成的有机整体,用以完成规定的功能。通信网的功能就是适应用户通信的要求,以用户满意的效果传输网内任意两个或多个用户之间的信息。在通信网中,信息的交换可以在两个用户间进行,在两个计算机进程间进行,还可以在用户和设备间进行。交换的信息包括用户信息(如语音、数据、图像等)、控制信息(如信令信息、路由信息等)和网络管理信息三类。由于信息在网上通常以电或光信号的形式进行传输,因而现代通信网又称电信网。

2. 通信网的构成要素

实际的通信网是由软件和硬件按特定方式构成的一个通信系统,每一次通信都需要软、硬件设施的协调配合来完成。从硬件构成来看,通信网由终端设备、交换及路由设备和传输系统构成,它们完成通信网的基本功能:接入、交换和传输。软件设施则包括信令、协议、控制、管理、计费等,它们主要完成通信网的控制、管理、运营和维护,实现通信网的智能化。下面重点介绍构成通信网的硬件设备,通信系统的构成模型如图 1-14 所示。

图 1-14 通信系统的构成模型

终端设备是用户与通信网之间的接口设备,它包括图 1-14 所示的信源、信宿、变换器、反变换器的一部分。最常见的终端设备有模拟电话机、手机、传真机、PC、PDA 及特殊行业应用终端等。终端设备的功能有以下三种。

(1)将待传送的信息和传输链路上传送的信息进行相互转换。在发送端,将信源产生的信息转换成适合在传输链路上传送的信号;在接收端则完成相反的转换。

(2)将信号与传输链路相匹配,由信号处理单元完成。

(3)信令的产生、识别及通信协议的处理,以完成一系列控制功能。

交换及路由设备是构成通信网的核心要素,它的基本功能是负责集中、转发终端节点产生的用户信息,或转发其他交换节点需要转接的信息,完成呼叫控制、媒体网关接入控制、协议处理、路由等功能,实现一个呼叫终端(用户)和它所要求的另一个或多个用户终端之间路由选择的连接。

最常见的交换及路由设备有电话交换机、分组交换机、软交换机、路由器、转发器等。软交换的基本结构如图 1-15 所示,其各组成部分相应的功能如下所示。

(1)业务/应用层服务器:存放并执行业务逻辑和业务数据,向用户提供各种增值业务。

(2)软交换机:完成各种呼叫流程的控制,并负责相应业务处理信息的传送。

(3)核心分组网:为业务媒体流和控制信息流提供统一的、保证服务质量(quality of service,QoS)的高速分组传送平台。

(4)信令网关:实现软交换设备与信令网的互通。

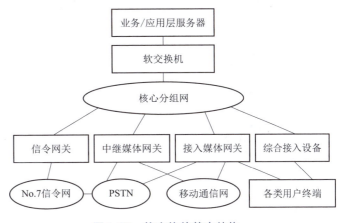

图 1-15 软交换的基本结构

(5)中继媒体网关:完成中继线路传送媒体格式的转换和互通操作。

(6)接入媒体网关:负责模拟用户接入、移动通信用户接入的媒体转换功能。

(7)综合接入设备:完成终端用户的语音、数据、图像等业务的综合接入。

传输系统即传输链路,是信息的传输通道,是连接网络节点的媒介。它一般包括图 1-14 所示的信道与变换器、反变换器的一部分。信道有狭义信道和广义信道之分,狭义信道是单纯的传输媒质(如光缆、自由空间、双绞线电缆、同轴电缆等);广义信道是除了传输媒质,还包括相应的变换设备。由此可见,我们这里所说的传输链路指的是广义信道。传输链路可以分为不同的类型,其各有不同的实现方式和适用范围,如中继链路、介入链路等。

传输系统一个主要的设计目标就是如何提高物理线路的使用效率,因此通常传输系统都采用了多路复用技术,如频分复用、时分复用、波分复用等。常用的传输设备有波分复用(wavelength division multiplexing,WDM)设备、同步数字体系(synchronous digital hierarchy,SDH)/多业务传送平台(multi-service transprot platform,MSTP)设备、分组传送网(packet transport network,PTN)设备、光传送网(optical transport network,OTN)交叉设备、无源光网络(passive optical network,PON)传输网元、数字配线架(digital distribution frame,DDF)、光纤配线架(optical distribution frame,ODF)、无线发射/接收机、网桥和集线器等。

1.3.2 通信网络的分层结构

1. 网络的总体结构

随着通信技术的发展和用户需求的日益多样化,现代通信网正处于变革与发展之中,网络类型及所提供的业务种类不断增加和更新,形成了复杂的通信网络体系。网络总体结构如图 1-16 所示,各部分的含义如下所示。

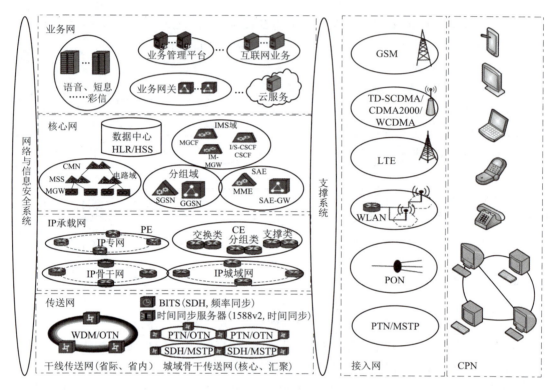

图 1-16 网络总体结构

(1)接入网:用户终端(含用户驻地网)接入到网络的各种接入方式的总称,包括无线接入网和有线接入网。其中无线接入网包括全球移动通信系统(global system for mobile communication,GSM)/通用分组无线服务(general packet radio service,GPRS)/增强数据率 GSM 服务(enhanced data rate for GSM evolution,EDGE)、时分同步码分多路访问(time division-synchronous code division multiple access,TD-SCDMA)、宽带码分多路访问(wideband code division multiple access,WCDMA)、长期演进技术(long term evolution,LTE)、无限局限网(wireless local area network,WLAN)等,有线接入网络 PON、PTN、MSTP、以太网等。

(2)传送网和 IP 承载网:传送网包括省际干线传送网(一级干线)、省内干线传送网(二级干线)、城域骨干传送网及同步网;IP 承载网分为 IP 骨干网和 IP 城域网。同步网是通信网的重要组成部分,包括频率同步网和相位/时间同步网,同步信号主要通过传送网进行传递。

(3)核心网:承载于传送网和 IP 承载网之上,是为业务提供承载和控制的网络。核心网包括电路域、分组域和 IP 多媒体子系统(IP multimedia subsystem,IMS)域三部分。

(4) 业务网:承载于核心网之上,是提供业务接入和业务管理的网络。

(5) 支撑系统:为支持运营、管理的 IT 系统的总称,包括运营支撑系统、业务支撑系统和管理支撑系统。

(6) 网络与信息安全系统:以保护通信网、业务系统、支撑系统安全运行为目的,侧重防黑客、病毒及防垃圾邮件、垃圾短信、非法 VoIP 等内容安全。该子系统将逐步建立安全技术防护体系、安全标准体系、安全运行维护体系。

(7) 用户驻地网(customer premises network,CPN):指个人、家庭、集团的用户终端或用户网络。

2. 网络的分层结构

为了更清晰地描述现代通信的网络结构,在此引入网络的分层结构。网络的分层使网络规范与具体实施方法无关,从而简化了网络的规划和设计,使各层的功能相对独立。

网络的垂直分层结构是网络演进的争论焦点之一,开放系统互连(open systems interconnection,OSI)模型曾是人们普遍认可的分层方式,但它不是唯一的标准。OSI 模型过于复杂,目前尚无完全按照七层模型构建的通信网。对于图 1-16 的通信网络,在垂直结构上,根据功能我们可以将其简化为业务网、核心网和传送网。垂直观点的网络结构如图 1-17 所示。

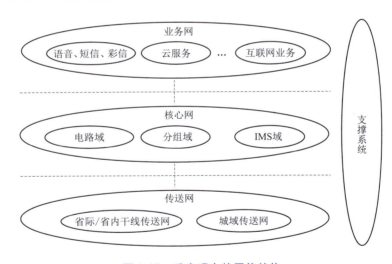

图 1-17 垂直观点的网络结构

在这一体系结构中,业务网层面表示各种信息应用与服务种类,同时表示支持各种信息服务的业务提供手段与装备。核心网层面表示为业务提供承载和控制的设施。传送网层面表示支持核心网的传送技术和基础设施,包括省际/省内干线传送网和城域传送网,其中城域传送网分为城域骨干传送网和接入网。此外还有支撑系统用以支持三个层面的全部工作,提供保证通信网有效正常运行的各种控制和管理能力。支撑系统包括运营支撑系统、业务支撑系统和管理支撑系统。

除了考虑通信网的垂直分层结构,还可以从水平的角度对图 1-16 所示的通信网络进行描述。水平描述是基于用户接入网络实际的物理连接来划分的,可分为用户驻地网(customer premises network,CPN)、接入网（access network,AN）和核心网（center network,CN），或分为局域网（local area network,LAN）、城域网（metropolitan area network,MAN）和广域网（wide area network,WAN）等。水平观点的网络结构如图1-18所示。

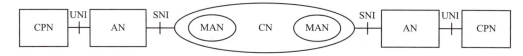

图 1-18　水平观点的网络结构

如图1-18所示，CPN指用户终端到用户网络接口（user network interface,UNI）之间包含的机线设备，是属于用户自己的网络。CPN在规模、终端数量和业务需求方面差异很大，可以大至公司、企业和大学校园，由局域网等设备组成；也可以小至普通居民住宅，仅由一部电话机和一对双绞线组成。SNI（service node interface）为业务节点接口。接入网位于SNI和UNI接口之间，即核心网和用户驻地网之间，它包含了连接两者的所有设施设备与线路，被称为通信网的"最后一公里"。

综合上述垂直观点和水平观点的网络分层结构，通信网综合分层架构如图1-19所示，骨干传送网是指省际/省内干线传送网和城域骨干传送网。

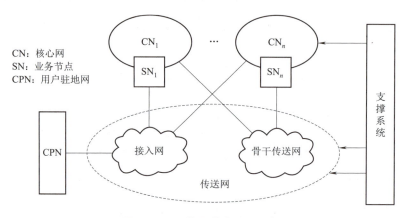

图 1-19　通信网综合分层架构

1.3.3　通信网络的分类

通信网络可以从不同的角度进行分类。

1. 按功能分类

按功能划分，通信网可分为业务网、信令网、同步网、管理网。

（1）业务网：即用户信息网，是通信网的主体，是向用户提供各种通信业务（如电话、电报、数据、移动电话、图像等）的网络。

（2）信令网：实现网络节点间信令的传输和转接的网络。

（3）同步网：实现数字设备之间时钟信号同步的网络。

(4) 管理网：实现整个通信网络管理的网络。

其中，后三种网络又统一称为支撑网。

2. 按业务类型分类

按业务类型划分，通信网可分为电话网、广播电视网、数据通信网。

(1) 电话网：传输电话业务的网络。

(2) 广播电视网：传输广播电视业务的网络。

(3) 数据通信网：传输数据业务的网络。

3. 按服务范围分类

按服务范围划分，通信网可分为本地通信网、长途通信网和国际通信网，或局域网、城域网和广域网等。

4. 按所传输的信号形式分类

按所传输的信号形式划分，通信网可分为模拟网和数字网。

(1) 模拟网：传输和交换的是模拟信号。

(2) 数字网：传输和交换的是数字信号。

5. 按传输介质分类

按传输介质划分，通信网可分为有线通信网和无线通信网。

(1) 有线通信网：使用双绞线、同轴电缆和光纤等传输信号的通信网。

(2) 无线通信网：使用无线电波等在空间传输信号的通信网，根据电磁波波长的不同又可以分为长波通信网、中波通信网、短波通信网、微波通信网、卫星通信网等。

6. 按运营方式分类

按运营方式划分，通信网可分为公用通信网和专用通信网。

(1) 公用通信网：由电信运营商组建的网络，网络内的传输和转接装置可供任何部门使用。

(2) 专用通信网：某个部门为本系统的特殊业务工作的需要而建造的网络，这种网络不向本系统以外的人提供服务，即不允许其他部门和单位使用。

为使通信网能快速、有效且可靠地为用户提供服务，充分发挥其作用，对通信网必须提出质量要求，用以评价一个新建或已经存在的通信网是否合理或应如何改进。

1.3.4 通信网络的质量要求

目前，固定电话网、移动通信网及计算机网等多种网络共存协同发展。这些网络提供的业务不尽相同，各个网络对网络质量的要求也有所差异。各种网络质量的评价指标具体如下所示。

1. 对于一般通信网的质量要求

1) 连接的任意性与快速性

连接的任意性与快速性是对通信网的最基本要求。连接的任意性与快速性是指针对语音等实时业务,网内的一个用户应能快速地接通网内的任一其他用户。针对数据等非实时业务,网内的一个用户能够快速地通过通信网获得互联网(Internet)服务。

影响连接的任意性与快速性的主要因素包括以下3点。

(1)通信网的拓扑结构。网络拓扑结构不合理会增加转接次数,使阻塞率上升、时延增大。

(2)通信网的网络资源。网络资源不充足的后果是阻塞率上升,导致数据业务的通信时延变大,无法享受正常的通信服务。

(3)通信网的可靠性。可靠性降低会造成网络设备出现故障,丧失通信网络应有的功能。

2)数据传输的高速性与传输质量的一致性

随着通信技术的快速发展,现有的通信网不仅能够使人们可以随时随地进行通信,而且可以提供高速的数据业务服务。传输质量的一致性是指网内任何用户通信时,不论这两个用户的远近,应具有相同或相仿的传输质量,而与用户之间的距离无关。通信网的传输质量直接影响通信的效果,因此要制定传输质量标准并进行合理分配,使网中的各部分均满足传输质量指标的要求。

通信网组网时,不仅需要考虑人们对高速服务的需求,同时还要考虑高速率业务下的服务质量。因此应根据实际需要考虑数据的高速传输与传输质量对网络的影响。

3)网络的可靠性与经济合理性

可靠性对通信网至关重要,一个不可靠的或经常中断的网络是不能用的。但绝对可靠的网络也是不存在的。通信网组网时要考虑设备的稳定性和兼容性以保证通信网的可靠性。监测网络要尽可能依靠设备和软件,减少人为干预。同时强化标准的执行,因为规范的标准是实现高质量低价格的重要途径。所谓的可靠是指在概率的意义上,使平均故障间隔时间(mean time between failures,MTBF)达到要求。另外,通信容量的冗余度要进一步加大,以适应各地方人群的突发话务量。

经济合理性与用户的要求有关,一个网的投资常常分阶段进行,以便达到最大的经济效益。每个阶段网络容量的建设与需求的预测有密切的关系,建多了会导致设备闲置,造成经济损失;建少了则不能满足要求而丧失了产生效益的机会,因此两者在经济上都是不合理的。由此可见,建设一个网络要做到经济上的合理,既复杂又重要。

4)网络的无缝覆盖

通信网需要更全面的覆盖,尤其是无线网络。网络覆盖也要智能化监测,及时布点、补点。就目前网络来说,实现无线通信网的无缝覆盖主要需解决以下三种特殊区域的无缝覆盖:建筑物室内覆盖(包括高楼、宾馆、大型购物商场、停车场等建筑物内)、地铁和隧道的室覆盖及高速公路和铁路沿线的覆盖。总的来说,实现以上三种特殊区域的覆盖主要有以下几种方法。

(1)宏蜂窝直接覆盖:这是常用的室外覆盖方式,同时又可以通过直接穿透实现最简单的室内覆盖,但是当室内覆盖范围大而复杂或穿透损耗过大时效果较差。

(2)微蜂窝直接覆盖:典型应用是对宏蜂窝室外覆盖的补充和一定区域内的室内覆盖,可以灵活选择内置、外置天线,充分发挥安装简便、吸收大话务量的特性,但是覆盖面积有限。

(3)信号源+分布式天线系统:可以采用宏蜂窝、微蜂窝和直放站为信号源,利用有源或无源同轴电缆、光纤、泄漏电缆等分布式传输媒质对无线信号进行室内分配,是种极为灵活的覆盖方式,能够很好地满足较大区域室内覆盖及地铁、隧道的覆盖。

2. 对固定电话网的质量要求

电话通信是用户最基本的业务需求,固定电话网从接续质量、传输质量等方面定义了质量要求。

1)接续质量

接续质量是指固网接续用户通话的速度和难易程度,通常用接续损失(呼叫损失率,简称呼损)、故障率和接续时延来度量。固网的接续标准定义为:呼损小于0.042(市区电话)或0.054(长途电话);故障率小于1.5×10^{-6}(用户设备)或$(2 \sim 6) \times 10^{-5}$(交换设备、线路);接续时延小于1 min。这当然不是绝对的,这里只给出应达到的下限指标。

2)传输质量

传输质量是针对固定电话业务传输话音信号的准确程度,通常用响度、清晰度、逼真度三个指标来衡量。实际中上述三个指标一般由用户主观来评定。

(1)响度:话音音量,指收听到的话音音量的大小程度。

(2)清晰度:话音可懂度,指收听到的话音的清晰可懂程度。

(3)逼真度:话音音色,指收听到的话音音色和特征的不失真程度。

3. 对移动通信网的质量要求

1)平均主观评分语音质量

平均主观评分(mean opinion score,MOS)语音质量指标是通过人们的主观评测来对人们接听和感知的语音质量进行量化。接听何种级别质量的语音,得到多少 MOS 值,人们将起主要的反映作用。移动通信网中采用 MOS 方法评价语音质量,该评测方法由 ITU-T P.800 标准定义。不同级别的 MOS 值见表1-1。

表1-1 不同级别的 MOS 值

级别 MOS 值	MOS 值	用户满意度
优	4.0~5.0	很好,听得清楚,延迟很小,交流通畅
良	3.5~4.0	稍差,听得清楚,延迟小,交流欠缺顺畅,有点杂音
中	3.0~3.5	还可以,听不太清,有一定延迟,可以交流
差	1.5~3.0	勉强,听不太清,延迟较大,交流重复多次
劣	0~1.5	极差,听不懂,延迟大,交流不通畅

MOS 语音质量指标是广泛认同的语音质量量化标准。无论采用何种测量方法,都必须将其得到的结果对应表1-1来确定 MOS 值。例如,实际中采用的客观语音质量评估(perceptual evaluation of speech quality,PESQ),具体如下所示。PESQ 用来计算语音样本的 MOS-LQO(mean opinion score-listening quality objective)值。PESQ 把信号通过传输设备时提取的输出信号与参照信号进行比较,计算出差异值。一般情况下,输出信号和参照信号的差异越大,计算出的 MOS 参数值就越低。实验证明 PESQ 的计算结果和主观评分结果基本一致。PESQ 模型

的结构图如图 1-20 所示,开始时两个信号都通过电平调整,再用输入滤波器模拟标准电话听筒进行滤波。然后对这两个信号进行时间上的校准,并通过听觉变换,再输入认知模型,最后得到质量评分。

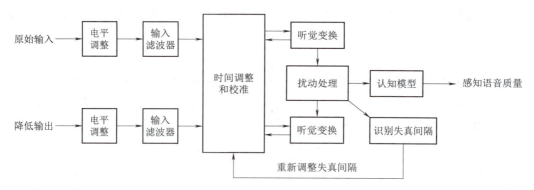

图 1-20 PESQ 模型的结构图

(1)电平调整:各个待测系统的增益一般差别比较大,而且对参考信号没有确定的校准电平,所以有必要将二者调整到统一、恒定的电平上来。

(2)输入滤波器:感知模型必须考虑人听到的实际声音,在 PESQ 中使用了滤波器,起到模拟电话手柄的作用。

(3)时间调整和校准:假设系统的延时是分段恒定的,在静默期间和说话期间延时可以改变,对每一段话语都给出延时估计,然后得出听觉变换要用的一帧一帧的延时。

(4)听觉变换:是一个生理声学模型,它对信号进行时间-频率映射,以及频率和强度偏差处理,变化成时间-频率可感知的响度表达。

(5)扰动处理:计算参考信号与失真信号间的绝对差值。

(6)计算 PESQ 得分:处理的结果经认知模型,最终给出了客观语音质量的评估得分。PESQ 的值一般落在 1.0~4.5 之间,在失真情况严重时,得分可能会低于 1.0,但这种情况很少见。

2)误码率

由于种种原因,数字信号在传输过程中不可避免地会产生差错。例如,在传输过程中受到外界的干扰,或者在通信系统内部由于各个组成部分的质量不理想而使传送的信号发生畸变等,当受到的干扰或信号畸变达到一定程度时,就会产生差错。

误码率(symbol error rate,SER)是衡量数据在规定时间内传输精确性的指标。它表示错误传输的码数占传输总码数的比例。误码率指标同样适用于计算机网络。在计算机网络中一般要求数字信号误码率低于 10^{-6}。

3)无线利用率

无线利用率,即实际话务量和话务容量的比值,是考查网络资源利用情况的一个重要指标。该比值越高,说明无线资源利用越充分。

无线利用率和网络拥塞有一定关系。采用拆闲补忙的方式可以在无线利用率很高的情况下避免网络拥塞。

4）无线接通率

无线接通率是衡量移动通信网网络质量的一个关键指标,无线接通率越高说明网络质量越好。例如,在 GSM 网络中,无线接通率是指手机成功占用控制信道(stand-alone dedicated control channel,SDCCH)和业务信道(traffic channel,TCH)的百分比。干扰、上下行不平衡等都会影响无线接通率。即使 SDCCH 和 TCH 拥塞率(不包括切换)都是 0,无线接通率也不一定是 100%。在 WCDMA 网络中,无线接通率是指无线接入承载(Radio Access Bearer,RAB)建立成功和无线资源控制协议(radio resource control,RRC)连接成功的百分比;在 LTE 网络中,无线接通率是指演进的无线接入承载(evolved radio access bearer,E-RAB)建立成功和 RRC 连接成功的百分比。

5）无线掉话率

无线掉话率是指在移动通信的过程中,通信意外中断的概率。无线掉话的高低在一定程度上体现了移动网通信质量的优劣。无线网络中的掉话情况有以下三种。

(1)无线射频掉话:主要指受地形地貌、建筑物的影响,导致信号衰落快而引起的掉话。

(2)切换过程中的掉话:包括局间切换、小区之间切换等引起的掉话。

(3)干扰掉话:同频或邻频干扰都有可能造成掉话。

6）切换成功率

切换成功率是无线网络中一项重要的统计指标。切换的成功率高,表明网络运转正常。提高切换成功率是网络优化中关键的工作项目之一。切换成功率受以下因素影响。

(1)硬件设备:当切换成功率非常低时,硬件故障可能性较大。

(2)相邻小区关系问题:相邻小区是同构网时,切换成功的概率较大。

(3)邻小区负荷:邻小区负载过重会降低成功切换的概率。

(4)无线环境:良好的无线环境能够提高切换成功的概率。

7）最坏小区数量

最坏小区是指每线话务量在 0.12 Erl 以上并且掉话率大于 3% 或 TCH 拥塞率大于 5% 的小区。不同的通信运营商对该指标的定义可能会有所不同。

在网络优化工作中,对最坏小区个数的统计是相当重要的。解决最坏小区的掉话和拥塞等问题将直接改善网络的服务质量。因此,最坏小区的统计、处理和跟踪对网络具有很大的实际应用价值。

4. 对计算机网的质量要求

1）信道容量

信道容量有时也表示为单位时间内可传输的二进制的位数(称为信道的数据传输速率),以 bit/s 形式表示,简记为 b/s。对于固定的信道,总存在一种信源(某种输入概率分布),使信道平均传输一个符号时接收端获得的信息量最大,也就是说对于每个固定信道都有一个最大的信息传输率,这个最大的信息传输率即为信道容量,而相应的输入概率分布称为最佳输入分布。信道容量是信道传送信息的最大能力的度量,信道实际传送的信息量必然不会大于信道容量。

2）带宽

带宽的本意是指某个信号具有的频带宽度,但是对于数字信道,带宽是指在信道上(或一段链路上)能够传送的数字信号的速率,即数据传输速率或比特率。带宽代表数字信号的发送速率,带宽有时也称为吞吐量,它评价了网络链路对数据的传输能力。人们通常更倾向于用"吞吐量"一词来表示一个系统的测试性能,因为吞吐量指标衡量了实际网络中各种因素对通信的影响。

宽带业务是综合信息服务和多媒体信息服务的基础,是固网的优势所在。美国联邦通信委员会(federal communications commission,FCC)2015 年 1 月 7 日所做的年度宽带进程报告对"宽带"进行了重新定义,原定的下行传输速率 4 Mbit/s 调整成 25 Mbit/s,原定的上行传输速率 1 Mbit/s 调整成 3 Mbit/s。目前,用户一般采用通信运营商提供的宽带业务接入互联网,同时可根据自身需求办理不同带宽的宽带业务。

3）丢包率

丢包率(packet loss rate)是指测试中所失数据包数量占所发送数据包数量的比例。丢包率衡量了信号衰减、网络质量等诸多因素对数据传输的影响。丢包率的计算方法如下：

$$丢包率 = (输入包个数 - 输出包个数)/输入包个数 \times 100\%$$

丢包率与数据包长度及包发送频率相关。通常,千兆网卡在流量大于 200 Mbit/s 时,丢包率小于万分之五;百兆网卡在流量大于 60 Mbit/s 时,丢包率小于万分之一。

4）时延

时延是指一个数据包从网络的一端传送到另一端所需要的时间,包括发送时延、传播时延、处理时延、排队时延。不同的业务对时延的要求不一样,一般人们能忍受小于 250 ms 的时延。时延若太长,就会使通信双方都不舒服。此外,时延还会造成回波,时延越长所需的用于消除回波的计算机指令的时间就越长。

5）抖动

变化的时延称为抖动(jitter)。抖动大多起源于网络中的队列或缓冲,尤其是在低速链路上。抖动的产生是随机的,如无法预测在语音包前的数据包的大小,即便使用低时延排队,当语音分组到达时,如果大数据包正在传输,语音分组还是要等待数据包发送完。在低速的链路中,语音数据混传,抖动是不可避免的。

非实时业务对抖动不敏感,而语音、视频等实时业务对抖动性能的要求较高。

1.3.5 通信网络的发展趋势

电话、广播电视、互联网先后走进人们的生活,信息交流和传输的方法已经超出了人们以往单纯所指的以电话为主体的电话通信。移动通信网、计算机网、物联网等通信网络的出现和融合给人们带来了丰富多彩的生活体验。

1. 移动通信网

移动通信网是相对于固定通信网的另一种通信网络。所谓移动通信,是指网络中的通信双方或至少有一方处于运动中进行信息交换的通信方式。移动通信网包括无绳电话、无线寻呼、陆地蜂窝移动通信和卫星移动通信等。相比固定电话网,移动通信网电波传播条件复杂,噪声和干扰严重,系统和网络结构复杂,要求频带利用率高、设备性能好。

移动通信技术已进入 5G 时代,其通信方式更灵活、通信终端更多样、通信速率更高速、带宽更大、时延更低。

2. 互联网

互联网是利用通信设备和线路将地理位置不同、功能独立的多个计算机系统连接起来,以功能完善的网络软件实现网络的硬件、软件及资源共享和信息传递的系统。互联网又称网际网络,是计算机网络之间连成的庞大网络,这些网络以一组通用的协议相连,形成逻辑上的单一巨大国际网络。这种将计算机网络互相连接在一起的方法可称为"网络互连"。以互联网为主体的计算机网的特点是网络结构简单,采用分组交换形式,适于传送数据业务。互联网发展速度快、业务成本低,可提供包括实时语音业务在内的各种通信业务。

"互联网+"是我国提出的在创新 2.0 下互联网与传统行业融合发展的新形态、新业态。"互联网+"代表一种新的经济形态,即充分发挥互联网在生产要素配置中的优化和集成作用,将互联网的创新成果深度融合于经济社会各领域之中,提升实体经济的创新力和生产力,形成更广泛的以互联网为基础设施和实现工具的经济发展新形态,"互联网+"行动计划将重点促进以云计算、物联网、大数据为代表的新一代信息技术与现代制造业、生产性服务业等的融合创新。比如"互联网+工业""互联网+商业""互联网+服务业"等,这种融合不是简单的叠加,而是互联网新技术与传统行业的全面融合。在不久的将来,这种融合可以发展壮大新兴业态,为大众创业、万众创新提供环境,为产业智能化提供支撑,增强新的经济发展动力,促进国民经济提质增效升级。

3. 移动互联网

移动互联网是移动通信网和互联网的融合,是互联网的技术、平台、商业模式和应用与移动通信技术结合并实践的活动的总称。

移动互联网通过智能移动终端,采用移动无线通信方式获取业务和服务,包含终端、软件和应用三个层面。终端层包括智能手机、平板电脑、电子书等;软件层包括操作系统、中间件数据库和安全软件等;应用层包括休闲娱乐类、工具媒体类、商务财经类等不同应用与服务。随着技术和产业的发展,LTE 和近场通信(near field communication,NFC)等网络传输层关键技术也将被纳入移动互联网的范畴之内。移动互联网系列产品引导移动通信技术发展,能够满足用户需要,并提供有竞争力的服务。移动互联网的出现使直播、移动电子商务、移动支付等行业得到了快速发展。

4. 多跳无线通信网

多跳无线网包括无线 Ad Hoc 网络、无线传感器网络(wireless sensor networks,WSN)、无线网状网络(wireless mesh networks,WMN)和混合无线网络。Ad Hoc 网络主要指网络拓扑变化很快的无固定基础设施的网络。WSN 由很多小的传感器节点组成,这些节点能够收集物理参数并将其传送给中心监控节点,可以使用无线单跳进行通信,也可以使用无线多跳进行通信。

WMN 是一种高容量、高速率的分布式网络,不同于传统的无线网络,它可以看成是一种 WLAN 和 Ad Hoc 网络的融合,相比于 WLAN 组网更灵活,相比于 WSN 和 Ad Hoc 网络性能更稳定,因而得到了广泛的应用。混合无线网络在传统的单跳无线通信网络中(如蜂窝网络的无线本地环路)同时使用单跳和多跳通信。

相比于星形结构的蜂窝网络,具有分布式结构的多跳无线通信网有更高的可靠性。多跳无线通信网具有高速稳定的数据传输能力,可以为用户提供高速便捷的数据服务。

5. 物联网

物联网就是物物相连的互联网。它利用局部网络或互联网等通信技术把传感器、控制器、机器、人员和物等通过新的方式连接在一起,通过网络实现信息的传输、协同和处理,从而实现广域的人与物、物与物之间的信息交换。物联网是新一代信息技术的重要组成部分,也是"信息化"时代的重要发展阶段。

就像互联网需要解决"最后一公里"的问题,物联网需要解决的是"最后 100 米"的问题,在最后 100 m 可连接设备的密度远远超过"最后一公里"特别是在家庭,家庭物联网应用(智能家居)和共享经济背景下的万物互联已经成为各国物联网企业全力抢占的制高点。

6. NGN

随着网络体系结构的演变和宽带技术的发展,传统网络将向下一代网络(next generation network,NGN)演进。

NGN 的概念已经提出多年,业界存在诸多不同的解释。在 2004 年国际电联 NGN 会议上,经过激烈的辩论,NGN 的定义终于有了定论:NGN 是基于分组的网络,能够提供电信业务;利用多种宽带能力和业务 OS 保证的传送技术;其业务相关功能与其传送技术相独立。NGN 使用户可以自由接入不同的业务提供商,NGN 支持通用移动性。从 NGN 的定义可以看出,它应是一个以 IP 为中心,同时支持语音、数据和多媒体业务的融合网络,应具有传统电话网的普遍性和可靠性、互联网的灵活性、以太网的运作简单性、ATM 的低时延、光网络的带宽、蜂窝网的移动性和有线电视网的丰富内容。NGN 具有如下特点:

(1)开放分布式网络结构。采用软交换(sot switch)技术,将传统的交换机功能模块分离为独立网络部件,各部件按相应功能划分独立发展。

(2)高速分组化的核心网。核心网采用高速包交换网络,可实现电话网、计算机网和有线电视网三网融合,同时支持语音、数据和视频等业务。

(3)独立的网络控制层。网络控制层即软交换,采用独立开放的计算机平台,将呼叫控制从媒体网关中分离出来,通过软件实现基本呼叫控制功能,包括呼叫选路、管理控制和信令互通,使业务提供者可自由结合承载业务与控制协议,提供开放的应用程序编程接口(application programming interface,API),从而可使第三方快速、灵活、有效地实现业务提供。

(4)网络互通和网络设备网关化。通过接入媒体网关、中继媒体网关和信令网关,可实现与现有的公用电话交换网(public switched telephone network,PSTN)、公用陆地移动网(public land mobile network,PLMN)、Internet 等网络的互通,有效地继承原有网络的业务。

(5)多样化接入方式。普通用户可通过智能分组语音终端、多媒体终端接入。NGN 提供接入媒体网关、综合接入设备来满足用户的语音、数据和视频业务的共存需求。

7. 泛在网

泛在网是指基于个人和社会的需求,实现人与人、人与物、物与物之间按需进行的信息获取、信息传递、信息存储及信息处理,具有环境感知、内容感知能力和智能性,为个人和社会提供泛在的、无所不含的信息服务和应用的网络。面向泛在综合服务的融合信息平台体系架构如图 1-21 所示,其特征有以下六个方面。

图 1-21　面向泛在综合服务的融合信息平台体系架构

(1)异构网络融合:多种接入方式、多种承载方式融合在一起,实现无缝接入。任何对象(人或设备等)无论何时、何地都能通过合适的方式获得永久在线的宽带服务,可以随时随地存取所需信息。

(2)频谱资源共享:随着无线通信业务需求的日益增长,有限的无线频谱资源给网络的发展造成了限制。泛在网络在时间和空间上最大程度地实现频谱资源的共享,提高频谱利用率。

(3)网络环境感知:人们未来的生活四周将出现各式各样的智慧型接口,网络能够感知用户及周边环境场景信息,自动选择合适的传送方式,将正确的服务传递给正确的用户。

(4)综合数据管理:数字化、多媒体化的信息服务将融入人们日常工作、生活中,并起到方便生活、提升效率之功效。信息整合和服务协同是泛在网服务的核心。

(5)海量信息处理:"大数据"随着近年来互联网和信息行业的发展而引起人们关注。泛在网络采用大数据的分析技术,可以对海量信息进行处理。

(6)综合服务管理:为加强和创新网络管理,整合电信网、互联网、电视网等多种网络于一体,随时随地为用户提供多样化的综合服务。

随着国民经济的迅速发展,人们已步入信息化社会,对信息服务的要求在不断提高,通信的重要性越来越突出。现阶段通信网不但在容量和规模上逐步扩大,而且还处于升级换代的关键时期,各种通信网之间实现技术的兼容、融合和集成,已是必然趋势。综合来看,未来的通信网正向着融合化、智能化、安全化、多样化、个人化、高速化的方向发展。

网络融合在现阶段并不意味着电话网、计算机网和广播电视网等通信网络的物理合一,而主要是指高层业务应用的融合。其表现为技术上相互吸收并逐渐趋向一致;网络层上可以实现互联互通,形成无缝覆盖;业务层上互相渗透和交叉;应用层上使用统一的通信协议;在经营上互相竞争、互相合作,朝着向用户提供多样化、多媒体化、个性化服务的同一目标发展并逐渐交汇在一起;行业管制和政策方面也逐渐趋向统一。多种网络通过技术改造,能够提供包括语音、数据、图像等综合多媒体的通信业务。移动通信网和互联网的融合,不仅可以为用户提供电视、电话服务和图像、视频等多媒体业务,而且可以提供移动电子商务、智能搜索等服务。未来移动互联网将更多地基于云和云计算的应用上,当终端、应用、平台,以及网络在技术和速率提升之后,将是泛在网发展的关键阶段。

第 2 章 电话通信

本章导读

通信作为社会的基础设施,也是经济发展的基本要素,得到了世界各国的高度重视和大力发展。随着通信技术的迅速发展,数字程控交换技术不断进步,用户电话网持续建设,全球通信发展迅猛,对社会的各行业带来了诸多便利。

通过学习电话通信的发展、流程、技术原理、架构和应用等内容,将会对通信专业有更加深刻的认识,对以后从事通信专业工作打下基础。本章将从电话通信概述、电话通信过程、PCM 技术、数字复接技术、电话交换技术、信令网等方面进行介绍。

学习目标

(1) 掌握电话通信的基本概念,了解电话机和电话通信的发展史。
(2) 熟悉电话通信的过程和原理。
(3) 熟悉 PCM 技术的原理。
(4) 了解数字复接技术的原理。
(5) 了解电话交换的关键技术,包括电路交换技术、数字程控交换技术等。
(6) 了解电话网的架构及我国电话网的分级结构等。
(7) 了解信令网的架构及 No.7 信令网架构。

2.1 电话通信概述

电话通信是利用电信网实时传送双向语音以进行会话的一种通信方式,是世界范围内电信业务量最大的一种通信。它的本质是通过声能与电能的相互转换,利用电信号来传输语音信号。

在人类历史上,飞鸽传书、烽火台、邮政信件及电报曾是通信的重要方式。随着电话的出现，人类通信历史迈入了新的里程。在传统的通信方式中，邮政信件无法实时沟通，电报通信则需要报文编解码，通信效率低，而电话通信可以实现实时通信，避免了报文编解码的烦琐，同时也可以传递双方用户的音色和语气，大大提高了沟通质量和沟通效率。

电话机是电话通信系统中的重要终端设备，它的发展主要经历了三个阶段：人工、机械和电子式电话机。

第一代电话机是人工电话机，一般不带有拨号装置，往往需要与人工交换机配合使用。话务员通过手工接线和拆线完成话路接续，如图2-1所示。电话在通话过程中利用直流电源供电，按电源的供给方式，第一代电话机分为磁石式和共电式两种。1879年，爱迪生发明了炭精送话器。贝尔发明的电话机存在通话距离短，通话质量差的问题，炭精送话器使通话声音变得更清晰，通话效率提高，同时诱导线路技术让通话距离变得更长。磁石式电话机主要由送话器、受话器、手摇发电机、电铃和3 V干电池组成，手摇发电

图2-1 话务员通过手工接线和拆线完成话路接续

机上有两块永久磁铁，当用户想要通信时，电话机内的手摇发电机向人工交换机发送呼叫信号，通话时，电话机内的3 V干电池向送话器直流供电。这种手摇式的电话机具有噪声小和稳定性高的优点，20世纪70年代在我国得到了广泛的应用。1880年出现了共电式电话机，也属于人工式电话机。共电式电话机内部结构与磁石式电话机的内部结构类似，但省去了电话机内部的手摇发电机和干电池供电，而统一由交换机集中供电。

1891年，出现了第二代电话机旋转拨号盘式电话机（见图2-2），用户不再通过手摇拨号，而是通过旋转机械拨号盘控制自动交换机选择被叫用户完成自动接续。这种方式不再需要话务员手动接线和拆线，而是由自动交换机进行连接线路，极大提高了通话效率，降低了人力成本，将电话通信推向一个新高度。

20世纪60年代末，出现了第三代电话机——按键式电话机（见图2-3），也叫全自动电话机。按键式电话机通过按键拨

图2-2 旋转拨号盘式电话机

号来接通线路，分为脉冲按键式电话机、音频按键式电话机和脉冲/音频兼容按键式电话机。

图2-3 按键式电话机

脉冲按键式电话机利用电子脉冲信号进行拨号。音频按键式电话机也叫作双音多频电话机或双音频电话机，是通过双音多频信号控制交换机进行接线。脉冲/音频兼容按键式电话机支持采用脉冲模式拨号或双音多频模式信号拨号，在电话机侧面设有转换开关进行模式切换。按键式电话机比旋转拨号盘式电话机使用更加便捷，并且拥有很多辅助功能，如号码存储、通讯录管理等，它也成为目前使用最广泛的电话机。

从最初的人工式电话机到现在的全自动电话机,电话机的发展变革离不开科技的高速发展。通信技术的发展逐步改变着人们的生活,极大地促进了社会进步。

2.2　电话通信过程

使用电话进行通信时,声音究竟是如何进行传输的呢?

声音是由物体振动产生的声波,人的声音是由人的声带振动而产生的。我们打电话时能从电话机的听筒中听到声音,是因为听筒内有一块膜片在振动。通常用振幅、周期和频率参数来描述物体振动的特性,振幅大的声波声音大;频率高的声波音调高,频率低的声波音调低,且低频部分包含的能量大,高频部分包含的能量小。一般人的话音频率范围为 80 Hz ~ 8 kHz。为了兼顾声音质量和处理设备的简易度,1938 年国际电联的前身国际电报电话咨询委员会(CCITT)建议电话机采用 300 ~ 3 400 Hz 范围的工作频带。

电话机是电话通信中的一个重要设备,它由送话器、受话器、拨号盘、振铃器、电源线、线绳等辅助器件共同组成。

送话器也称话筒,是一种声电转换器,可以实现将声能转换成电能。当人对着送话器发出声音时,声波作用在送话器上使之产生电流,并且电流能够按照声压变化规律产生相应变化的电流。在 2.1 节中也介绍到,炭精送话器是在电话机发展初期使用的送话器,它是通过声音压力的不同使炭精颗粒之间的接触电阻产生变化,使流过送话器的电流跟着变化。而随着科学技术的发展,炭精送话器被逐步淘汰,目前在按键式电话机中常用的送话器有驻极体送话器、动圈式送话器、电磁式送话器和压电陶瓷送话器。

受话器也称听筒,功能与送话器相反,可以实现将电能转换成声能,是一种电声转换器。受话器可分为电磁式受话器、压电式受话器和动圈式受话器三种,我国最早生产的受话器是电磁式受话器。后来压电式受话器和动圈式受话器得到发展和应用,但动圈式受话器具有较高的性价比,且生产工艺相对成熟,成为目前电话机受话器中的主流器件。它的工作原理是通过变化的音频电信号带动受话器内的音圈振动,从而带动振动膜片振动而产生声波。

拨号盘又称发号器,可以实现将选择信号发送给交换机,交换机进一步识别被叫用户进行话路接续。拨号盘分为机械旋转式拨号盘和按键式拨号盘。机械旋转式拨号盘上有 10 个指孔,分别对应数字 0 ~ 9。当拨号时,电话机内部的齿轮转动,每转过一个齿就送出一个断续电流,机械旋转式拨号盘就用直流脉冲的个数表示相应的号码,从而将拨动的号码传达给交换机。机械旋转式拨号盘使用不方便,且容易出故障。按键式拨号盘用按键代替了旋转指孔,它通过内部的集成电路发出脉冲或双音频信号完成号码的传送,操作简单且发送速度快,成为目前广泛使用的拨号盘类型。

除了终端设备,电话通信系统还需要交换设备和传输设备。交换设备一般为交换机,其基本功能是实现终端设备的信号交换和接续,实现用户终端间的相互通话。传输设备是终端设备和交换设备之间及交换设备之间的连接设备,根据传输媒介可分为光纤和电缆等,根据功能可分为用户线路、中继线路和长途线路等。

在电话通信系统中,模拟电话终端通过用户线路连接到交换机,而交换机之间利用传输电路传输的是数字信号。信源(发送端)发出的声音通过固定电话的送话器变成电信号(声/电转换),由于声音信号是模拟信号,要经过模/数(A/D)变换转换成数字信号,通过信道传输后,接收端经过数/模(D/A)变换。将数字信号转换成模拟信号送给受话器,再完成电/声转换,最终恢复出声音信号送给信宿(接收端)。电话的通信过程如图2-4所示。

图 2-4 电话的通信过程

具体的电话通信步骤解析如下所示。

(1) 发送端的声/电变换。信源发出的声音信号经过电话机的送话器转换成电信号。

(2) 模数转换。模数转换也是信源编码的过程。电信传输网络目前广泛采用数字传输系统,由于语音信号为模拟信号,要经过模数转换成数字信号后才能在数字信道中传输。模拟的电信号首先经过抽样将时间上连续的信号变成时间上离散的信号,再经过量化和编码,将信号的幅值离散化,就转换成了数字信号。将模拟信号进行抽样、量化和编码的过程通常采用PCM技术,具体内容将在下一节进行介绍。

(3) 信道传输。PCM编码后的信号通过码型变换转换成适合信道传输的码型进行传输。

(4) 数模转换。二进制码元需要还原成原始话音的模拟信号,即进行解码。同时,电话传输时只传输300~3 400 Hz频段的信号,而人的语音频率范围平均为80~8 000 Hz,通常需要使用低通滤波器(LFP)来取出相应频段的信号,如图2-5所示。

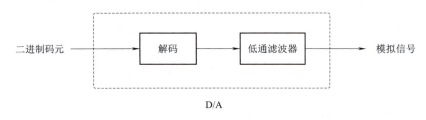

图 2-5 数模转换

(5) 接收端的电/声变换。模拟信号经接收端的受话器进行电/声变换后,恢复出语音信号。

2.3 PCM 技 术

2.3.1 PCM 原理

将模拟信号转换为数字信号的方法通常有脉冲编码调制、差分编码调制(differential pulse code modulation,DPCM)、自适应差分编码调制(adaptive differential pulse code modulation,

ADPCM)及增量调制(delta modulation,DM)。

PCM 技术由里弗斯于 1937 年提出,是数字通信中的重要技术。PCM 技术抽样、量化、编码步骤图 2-6 所示。

图 2-6　PCM 技术的步骤

1. 抽样

抽样是模拟信号数字化的第一步。模拟信号是电平连续变化的信号,抽样就按一定的时间间隔,将模拟信号的电平幅度值取出来作为样值,从而将时间上连续的信号变成了时间上离散的信号。

通过抽样得到的在时间上离散的信号称为样值序列,这些样值序列也称作脉冲幅度调制(pulse amplitude modulation,PAM)信号。如图 2-7 所示,连续的模拟信号 $f(t)$ 通过抽样变成了离散的信号 $f(t_0),f(t_1),f(t_2),f(t_3),\ldots$ 这些脉冲幅度调制信号的包络线与原模拟信号波形相似。

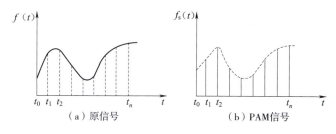

图 2-7　抽样前后的信号

奈奎斯特抽样定理:要从抽样信号中无失真地恢复原信号,抽样频率应大于 2 倍信号最高频率。设时间连续信号 $f(t)$ 的最高截止频率为 f_m,要从样值序列无失真地恢复原信号,抽样频率要满足 $f_s \geq 2f_m$。

在 2.2 节介绍过,1938 年国际电联的前身国际电报电话咨询委员会(CCITT)建议采用 300~3 400 Hz 的频带范围作为人的话音信号频率,因为该频段为低频信号部分,包含的能量大,且清晰度可达到 90%。这一建议被世界各国普遍采用,我国各种制式的电话机的话音信号频率为 300~3 400 Hz,为了能无失真地恢复出语音信号,抽样频率就要满足抽样定理,具体为 $f_s \geq 6\ 800$ Hz。再预留一定的防卫带,CCITT 规定话音信号的抽样频率 $f_s = 8\ 000$ Hz,即抽样周期 $T = 125$ μs。

抽样具体是由抽样门完成,抽样过程如图 2-8 所示,$f(t)$ 为原始的模拟信号,$s(t)$ 为脉冲信号,是一个等时间间隔 ΔT 且幅度为 1 的信号,它用于控制开关 K 的通断,每间隔 ΔT 时间控制开关闭合一次,就可以实现对信号 $f(t)$ 的抽样。

2. 量化

量化就是把经过抽样得到的瞬时值将其幅度进行离散处理,将信号的连续取值近似为有限多个离散值的过程。量化过程如图 2-9 所示。

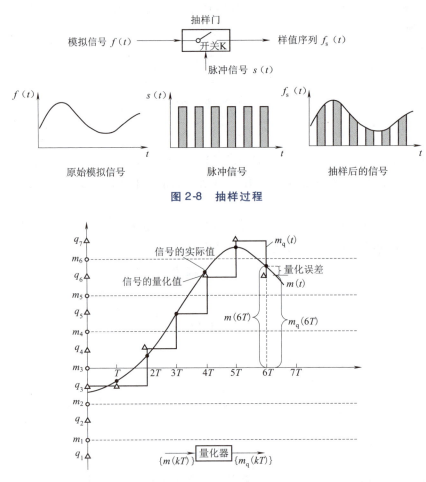

图 2-8 抽样过程

图 2-9 量化过程

抽样信号在幅度域上划分为若干个互不重叠的子区间也叫作量化分级,级数分得越多,取值的近似程度也就越精细。量化误差是指量化前后信号之差,即抽样值与量化值之差,也称为量化噪声。相对量化误差是量化误差的相对值,为量化误差和量化值之比。可以看出,级数分得越多量化误差越小,通信质量也越高,但设备结构和电路处理就越复杂。兼顾通信质量和设备简易度,目前量化分级通常采用 256 级。

量化信噪比用来衡量量化噪声对信号的影响,为量化信号功率与量化噪声功率之比,是衡量量化性能好坏的最常用的指标。

各个划分区间的间隔称为量化间隔,按照量化间隔是否均匀,量化分为均匀量化和非均匀量化,如图 2-10 所示。

如图 2-10(a)中,均匀量化是各量化间隔相等的量化方式,量化间隔均为 Δ。假设信号幅值范围为 $0 \sim U$,N 为量化级数,量化间隔为 Δ,均匀量化就是将 $0 \sim U$ 范围内均匀等分为 N 个量化间隔,量化值取每一量化间隔的中间值,其中量化间隔 $\Delta = U/N$,最大量化误差为 $\Delta/2$。

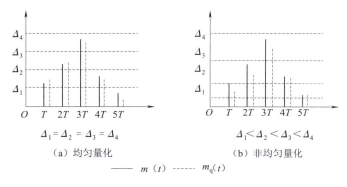

图 2-10　均匀量化和非均匀量化

均匀量化的量化间隔是固定值,它不能随信号幅度的变化而变化,同时量化噪声功率也是确定的。因此在均匀量化中,信号样值幅度越大,相对量化误差越小,量化信噪比越大;信号样值幅度越小,相对量化误差越大,量化信噪比越小,即大信号采用均匀量化时信噪比大,小信号采用均匀量化时信噪比小。因此均匀量化方式操作处理信号简单,但从量化性能好坏来看,它对传输大信号有利,对传输小信号不利。

在语音信号的幅度分布中,大信号出现的概率小,小信号出现的概率大,因此均匀量化对传输语音信号是不利的。在通话时声音越小,也就是语音信号的幅度越小,经过均匀量化处理后的信号受噪声影响越大,传到接收方时信号质量会很差。

为了提高小信号时的量化信噪比,减小小信号时的量化误差,在实际传输中常采用非均匀量化,使大信号和小信号的量化信噪比尽可能优化。当信号幅度区间小时,想要提高小信号的量化信噪比,就要使量化间隔 Δ 小些,即分层细一些;信号幅度区间大时,就要使量化间隔 Δ 大些,即分层粗一些。如图 2-11 所示为非均匀量化的处理过程,采用一个非线性电路(压缩器)将输入电压 x 变换成输出电压 $y=f(x)$,即将抽样值先压缩成信号 y,再将压缩信号 y 进行均匀量化。通过压缩器,小信号被放大,大信号被压缩。在接收端,对应使用与压缩特性相反的扩张器来恢复信号。

图 2-11　非均匀量化过程

具体地,采用压缩扩张技术来实现对抽样信号非均匀量化,压缩扩张技术就是对大信号进行压缩,对小信号进行放大的过程。如图 2-12(a)所示,对大信号实现了压缩,如图 2-12(b)所示,对小信号实现了放大。

目前国际上广泛采用两种不同标准的压缩律,即 A 压缩律(A 律)和 μ 压缩律(μ 律)。英国、法国、德国等欧洲各国的 PCM 设备主要采用 A 压缩律,我国也采用 A 压缩律。美国、日本和加拿大等国的 PCM 设备主要采用 μ 压缩律。

A 压缩律的公式如下:

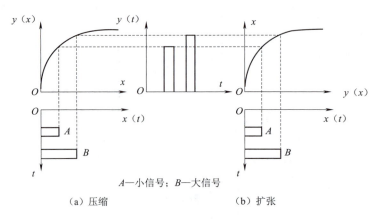

A—小信号；B—大信号

（a）压缩　　　　　　　　　　　（b）扩张

图 2-12　压缩扩张技术

$$y = \begin{cases} \dfrac{Ax}{1+\ln A} & 0 \leqslant |x| \leqslant \dfrac{1}{A} \\ \pm \dfrac{1+\ln A|x|}{1+\ln A} & \dfrac{1}{A} < |x| \leqslant 1 \end{cases}$$

式中，x 和 y 分别是归一化的压缩器输入和输出电压；A 为压缩系数，表示压缩程度；y 是 x 的二段函数，A 为大于 1 的常数。

由上式可知，如果式子中取 $A=1$ 时，则 $y=x$，即无压缩，也就是均匀量化的情况。

如图 2-13 为 A 压缩律曲线，A 的取值越大，在小信号处斜率就越大，对提高小信号的信噪比就越有利。但在实际应用中，一般利用大量数字电路实现压扩特性，此时形成的压扩曲线为若干根折线，通常选择 A 律十三折线，它的特性近似 A 等于 87.6 的 A 律压扩特性。

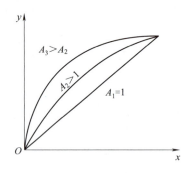

图 2-13　A 律压缩律曲线

设在直角坐标系中，x 轴和 y 轴分别表示输入信号和输出信号，且输入信号和输出信号都是归一化的，取值范围为 $[-1,1]$。把 x 轴的区间 $[-1,1]$ 不均匀地分成 16 大段，正半轴 8 大段，负半轴 8 大段。以正半轴为例。A 律十三折线的横坐标取值见表 2-1。

再将以上分好的每一段均匀地进行 16 等分，并将每一等份代表一个量化级，如图 2-14 所示为 x 轴正半轴的划分，同样对 x 轴负半轴也做同样的分段处理。因此 x 轴正半轴和负半轴都被分成了 128 个非均匀量化级，使输入信号的抽样值进行非均匀量化，x 轴正半轴和负半轴共有 256 个非均匀量化级。

表 2-1 A 律十三折线的横坐标取值

段 号	输入信号 $x[0,1]$	区间长度 L_x
8	[1/2,1]	1/2
7	[1/4,1/2]	1/4
6	[1/8,1/4]	1/8
5	[1/16,1/8]	1/9
4	[1/32,1/16]	1/32
3	[1/64,1/32]	1/64
2	[1/128,1/64]	1/128
1	[0,1/128]	1/128

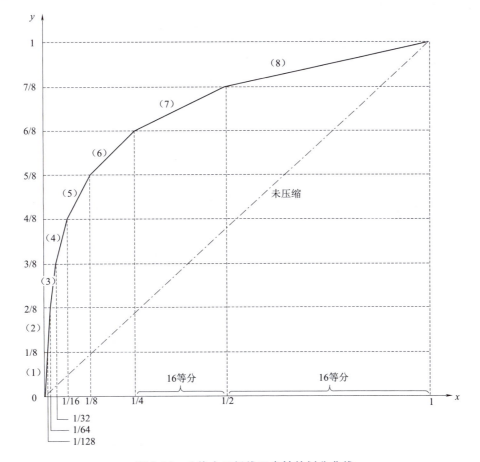

图 2-14 A 律十三折线正半轴的划分曲线

同时,将 y 轴的 [-1,1] 均匀地进行 16 等分,其中正半轴 [0,1] 为例,A 律十三折线的纵坐标取值见表 2-2。再将每大段均匀地进行 16 等分,因此 y 轴也被分成 256 等份。

表 2-2　A 律十三折线的纵坐标取值

段号	输入信号 y[-1,1]	区间长度 L_y
8	[7/8,1]	1/8
7	[6/8,7/8]	1/8
6	[5/8,6/8]	1/8
5	[4/8,5/8]	1/8
4	[3/8,4/8]	1/8
3	[2/8,3/8]	1/8
2	[1/8,2/8]	1/8
1	[0,1/8]	1/8

将 x 轴坐标和 y 轴坐标做以上分段处理后,再将相应大段的坐标交点连接起来,这样便得到了 16 段折线段。A 律十三折线的分段情况见表 2-3。

表 2-3　A 律十三折线的分段情况

段号	输入信号 x[-1,1]	区间长度 L_x	输出信号 y[-1,1]	区间长度 L_y	斜率 k	合并后段号
8	[1/2,1]	1/2	[7/8,1]	1/8	1/4	1
7	[1/4,1/2]	1/4	[6/8,7/8]	1/8	1/2	2
6	[1/8,1/4]	1/8	[5/8,6/8]	1/8	1	3
5	[1/16,1/8]	1/16	[4/8,5/8]	1/8	2	4
4	[1/32,1/16]	1/32	[3/8,4/8]	1/8	4	5
3	[1/64,1/32]	1/64	[2/8,3/8]	1/8	8	6
2	[1/128,1/64]	1/128	[1/8,2/8]	1/8	16	
1	[0,1/128]	1/128	[0,1/8]	1/8	16	7
1	[0,-1/128]	1/128	[0,-1/8]	1/8	16	
2	[-1/128,-1/64]	1/128	[-1/8,-2/8]	1/8	16	
3	[-1/64,-1/32]	1/64	[-2/8,-3/8]	1/8	8	8
4	[-1/32,-1/16]	1/32	[-3/8,-4/8]	1/8	4	9
5	[-1/16,-1/8]	1/16	[-4/8,-5/8]	1/8	2	10
6	[-1/8,-1/4]	1/8	[-5/8,-6/8]	1/8	1	11
7	[-1/4,-1/2]	1/4	[-6/8,-7/8]	1/8	1/2	12
8	[-1/2,-1]	1/2	[-7/8,-1]	1/8	1/4	13

由表 2-3 可以看出正半轴 1、2 段与负半轴的 1、2 段具有相同的斜率,因此可连在一起形成一段折线,原本的 16 段折线变成了 13 段折线,于是得到了 A 律十三折线,如图 2-15 所示。

表 2-4 为十三折线分段时的 x 值与当 A=87.6 时的 A 律计算的 x 值比较。从表 2-4 中看

出,十三折线法和 $A=87.6$ 时的 A 律压缩法十分接近。

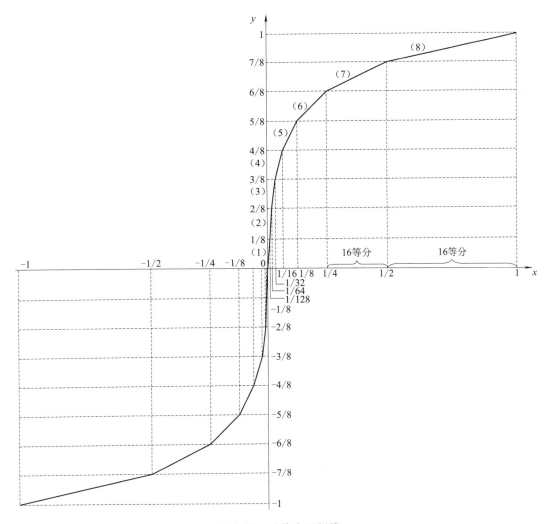

图 2-15 A 律十三折线

表 2-4 十三折线法和 $A=87.6$ 时的 A 律压缩法的取值

y	0	1/8	2/8	3/8	4/8	5/8	6/8	7/8	1
A 律 $A=87.6$ 的 x 取值	0	1/128	1/60.6	1/30.6	1/15.4	1/7.97	1/3.93	1/1.98	1
13 折线法的 x 取值	0	1/128	1/64	1/32	1/16	1/8	1/4	1/2	1

若用十三折线中的最小量化间隔作为均匀量化时的量化间隔,以正半轴为例,十三折线中第一至第八段包含的均匀量化间隔数分别为 16、16、32、64、128、256、512、1 024,共有 2 048 个均匀量化间隔,而采用非均匀量化时只有 128 个量化间隔。因此均匀量化需要 11 比特编码,而非均匀量化只要 7 比特,能大大提高编码效率。

另一种广泛采用的压缩律为 μ 律压缩律,μ 压缩律的公式如下:

$$y = \pm \frac{\ln(1+\mu|x|)}{\ln(1+\mu)} \quad (-1 \leq x \leq 1)$$

其中 $\mu > 0$，为压缩参数，表示压缩程度，μ 越大，压缩效果越明显。当 $\mu = 0$ 时，对应无压缩也就是均匀量化的情况。μ 的特性是：在低电平输入的时候，当 $\mu|x| \leq 1$ 时，压缩公式近似于线性，而在高电平输入时，即 $\mu|x| \geq 1$ 时，压缩公式近似对数关系，如图 2-16 所示。

在实际使用中，取 $\mu = 255$，此时可以用十五折线来近似。μ 律十五折线和 A 律十三折线一样，纵坐标 y 从 $0 \sim 1$ 等分成 8 等份，对应 x 的坐标按照下式进行计算。最终结果见表 2-5。

$$y = \frac{\ln(1+255x)}{\ln(1+255)}, x = \frac{256^y - 1}{255} = \frac{256^{i/8} - 1}{255} = \frac{2^i - 1}{255}$$

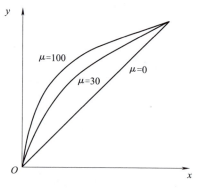

图 2-16 μ 律压扩曲线

表 2-5 μ 律十五折线的分段情况

i	0	1	2	3	4	5	6	7	8
$y = i/8$	0	1/8	2/8	3/8	4/8	5/8	6/8	7/8	1
$x = (2_i - 1)/255$	0	1/255	3/255	7/255	15/255	31/255	63/255	127/255	1
斜率 ×255		1/8	1/16	1/32	1/64	1/128	1/256	1/512	1/1 024
段号		1	2	3	4	5	6	7	8

将这些转折点用直线相连，正半轴部分就构成了 8 段折线。从表 2-5 中可以看到，由于其第一段和第二段的斜率不同，不能合并为一条直线，仅正半轴第一段和负半轴第一段的斜率相同，可以连成一条直线。因此可以得到 15 段折线，故称为 μ 律十五折线。

比较 A 律十三折线和 μ 律十五折线的第一段斜率，μ 律十五折线第一段的斜率为 255/8，A 律十三折线第一段的斜率为 16，μ 律十五折线大约是 A 律十三折线第一段斜率的两倍。因此 μ 律十五折线的小信号的信噪比约是 A 律十三折线特性的两倍。但是对于大信号而言，μ 律十五折线的信噪比要比 A 律十三折线稍差。这可以从对数压缩公式看出，A 律十三折线近似于 A 值等于 87.6，μ 律十五折线近似 A 值等于 94.18。A 值越大，在大电压段曲线的斜率越小，即信噪比越差。

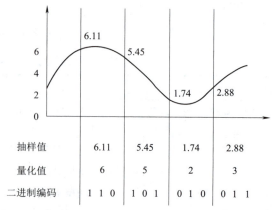

图 2-17 PCM 的二进制编码

3. 编码

PCM 中一般采用二进制码进行编码，就是把抽样后量化的量化值用一组二进制码组来表示，一个码组中需要有几位二进制码，与量化时的级数有关。在如图 2-17 所示的 PCM 的二进制编码中,量化级共有 6 级,所以可用 3 位二进制"0"和"1"的不同组合来表示。

PCM 设备中常用的编码有自然二进制码和折叠二进制码两种编码方式。以 4 位二进制码为例,自然二进制码和折叠二进制码的编码对应见表 2-6。

表 2-6 自然二进制码和折叠二进制码编码对应

量化值序号	量化电压极性	自然二进制码	折叠二进制码
15	正极性	1111	1111
14		1110	1110
13		1101	1101
12		1100	1100
11		1011	1011
10		1010	1010
9		1001	1001
8		1000	1000
7	负极性	0111	0000
6		0110	0001
5		0101	0010
4		0100	0011
3		0011	0100
2		0010	0101
1		0001	0110
0		0000	0111

自然二进制码,就是一般的十进制正整数的二进制表示,编码简单易记。折叠二进制码是一种符号幅度码。从左往右的第一位表示信号的极性,"1"表示信号为正,"0"表示信号为负,第二位至最后一位表示信号的幅度,且幅度码从小到大按自然二进码规则编码。当正、负信号的绝对值相同时,折叠二进制码的上半部分和下半部分相对零电平是对称折叠的,因此名为折叠二进制码。折叠二进制码的优点是发生误码时对小信号的影响较小,例如一个码组为 1000,假设在传输过程中发生 1 个位错误,变成 0000。从表 2-6 中可见,如果使用自然二进制码编码,它所代表的信号值从 8 变成 0,误差为 8;如果使用折叠二进制码编码,则它所代表的信号值从 8 变成 7,误差为 1。假设一个码组为 1111,在传输过程中从 1111 发生一位错误变成 0111,若使用自然码二进制编码,信号值将从 15 变成 7,误差值为 8;若使用折叠二进制码编码,信号值将从 15 变成 0,误差增大为 15。这说明使用折叠二进制码编码对于小信号有利。又由于语音信号中小信号出现的概率较大,因此选用折叠二进制码编码有利于减小语音信号的平均量化噪声。

现在使用的 PCM 系统中,编码位数的选择取决于 PCM 量化级数。在语音信号中,通常采用 8 位的 PCM 编码就能够得到满意的通信质量。以 A 律十三折线的 PCM 编码为例,根据 A 律十三折线非均匀量化间隔的划分对抽样值编码,A 律十三折线正半轴有 8 个大的量化段,每个量化段又均匀分成 16 等份,每一份称为一个量化级,对 x 轴负半轴也做同样的分段处理。量化级数 $N=2$(正负极性)$\times 8$(段)$\times 16$(等份)$=256$,所以需要 8 位二进制码。典型的电话信号的抽样频率是 8 000 Hz,即每秒钟抽取 8 000 个样值,采用每个样值编 8 位二进制编码时,电话传输的比特率为 $8\times 8\,000=64$ kbit/s。

8 位码用 $C_1C_2C_3C_4C_5C_6C_7C_8$ 表示。其中 C_1 为极性码,用来表示正负极性;$C_2C_3C_4$ 为段落码,段落码 $C_2C_3C_4$ 的八种表示见表 2-7。

表 2-7 段落码 $C_2C_3C_4$ 的八种表示

段落序号	段落码 $C_2\ C_3\ C_4$
8	1　1　1
7	1　1　0
6	1　0　1
5	1　0　0
4	0　1　1
3	0　1　0
2	0　0　1
1	0　0　0

如图 2-18 所示的段落码与十三折线的对应关系中,每一个段落码分别对应一个象限内的 8 段折线。

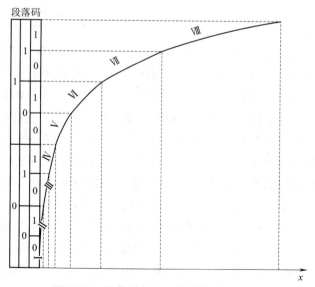

图 2-18 段落码与十三折线的对应关系

$C_5C_6C_7C_8$ 为段内码,共 16 个量化等级,在每个段落内 16 个量化等级是均匀划分的,但是每个段落的长度不等,因此不同段落的量化间隔是不等的。小信号时量化间隔小,大信号时量化间隔大。第一、二段的量化间隔最短,只有 $(1/128) \times (1/16) = 1/2\,048$。该值为最小的量化间隔 Δ,它是输入信号归一化值的 $1/2\,048$,代表一个量化单位。第八段的量化间隔最长,为 $(1/2) \times (1/16) = 1/32$,它等于 64 个最小量化间隔,记为 64Δ,各段落对应的段内量化单位见表 2-8。

表 2-8 段内量化单位

段落序号	段内量化单位
8	1 024 ~ 2 048
7	512 ~ 1 024
6	256 ~ 512
5	128 ~ 256
4	64 ~ 128
3	32 ~ 64
2	16 ~ 32
1	0 ~ 16

当采用均匀量化表示动态范围 1 ~ 2 048 时,需要用 11 位的码组编码,但采用以上的非均匀量化的方法,只需要 7 位就够了,可见非均匀量化极大地提高了编码效率。

2.3.2 标准 PCM 时分复用系统

多路复用技术是将多个信号沿同一信道传输而互不干扰的通信方式,以此提高通信线路利用率。多路复用技术通常为频分多路复用(FDM)技术、时分多路复用(time division multiplexing,TDM)技术、码分多路复用(CDMA)技术和波分多路复用(WDM)技术。

其中,时分多路复用是将物理信道按时间分成若干时间片,轮流交替地分配给多路信号使用。如图 2-19 所示,每个用户分得一个时间片,在其占有的时间内,每一路信号在自己的时间片内独占信道进行传输。

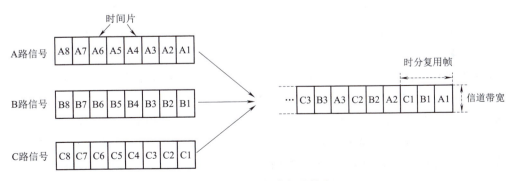

图 2-19 时分多路复用技术

时分多路复用的实现原理图如图 2-20 所示,以一个三路时分复用设备为例,发送端用一个旋转开关 K1,接收端用一个旋转开关 K2,发送端的各路话音信号加到匀速旋转的电子开关 K1 上,经过抽样和合路,将信号码流送往信道。接收端将各分路信号码进行统一译码后由分路开关 K2 送往接收端用户。为了使接收端能够正确地还原各路信号,时分多路复用系统要求收发同步,即要求收发双方的电子开关保持同步。一方面,双方的电子开关的起始位置必须一致;另一方面,收发双方的旋转速率必须相同。

为了保证同步,系统采用同步标志和同步识别来实现收发端的同步,它可以使收发端的电子开关从同一起点开始,以同样的速度旋转,当发生偏差时自动纠正,这样的功能也叫作帧同步。抽样时各路信号每轮一次的时间称为帧,K1 旋转一周的时间也就是 1 帧,也就是一个周期,1 帧为 125 μs。发送端在每周期的抽样信号前,都发送一个同步标志,接收端识别后控制相应的时钟电路,从而实现收发双方的同步。

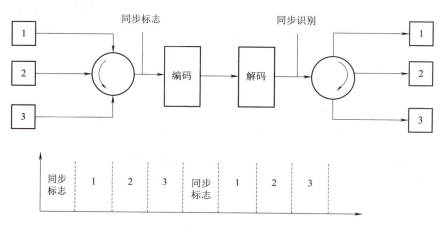

图 2-20　时分多路复用的实现原理

标准 PCM 时分复用系统有 PCM30/32 路时分复用系统和 PCM24 路时分复用系统,中国和欧洲国家采用 PCM30/32 路时分复用系统,日本和北美国家采用 PCM24 路时分复用系统。PCM30/32 路时分复用系统在抽样周期内可以实现 32 路时分复用信号,PCM24 路时分复用系统在抽样周期内可以实现 24 路时分复用信号,这样的群路称为一次群或基群。

1. PCM30/32 路时分复用系统

PCM30/32 路时分复用系统也称为 E1 信道,共分为 32 个时隙,编号分别为 TS0、TS1、TS2…TS31。30 个时隙分别用来传送 30 路话音信号,剩余两个时隙中,一个用来传送帧同步码,另一个用来传送信令码。其中时隙 TS1~TS15 和 TS17~TS31 用来传送话音信号,时隙 TS0 用来传送帧同步码,时隙 TS16 用来传送信令码。信令信号为交换机之间及交换机与用户之间的占用、拨号、振铃、应答等信号。

图 2-21 为 PCM30/32 路时分复用系统的帧结构示意图。TS0 作为帧同步码时隙,定义了偶帧码和奇帧码。偶帧码发送帧同步码,用于实现帧同步,码组为 0011011,偶帧 TS0 中第 1 位供国际通信用,暂定为 1,第 2~8 位为帧同步码。奇帧码发送帧失步告警码,配合帧同步码实现帧同步,其中用第 3 位来标识帧失步告警,帧同步时发送 0,帧失步时发送 1。为避免奇帧

TS0 的第 2～8 码位出现假同步码组,第 2 位码规定为监视码,固定为 1,第 4～8 位码为国内通信用,暂定为 1。

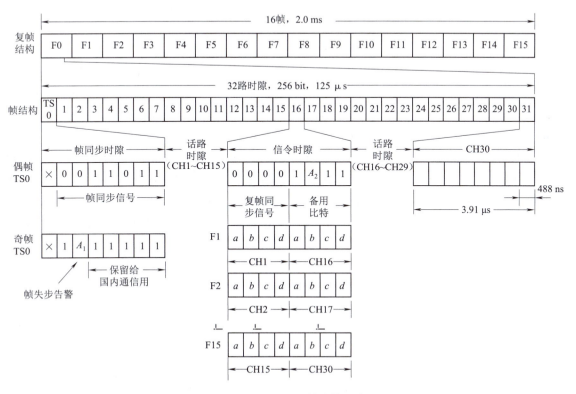

图 2-21 30/32PCM 帧结构示意图

TS16 时隙用于传送信令码,也是各话路的标志信号码,标志信号按复帧传输,PCM30/32 路时分复用系统每 16 个帧组成一个复帧。为了保证收发端各路信令码在时间上对准,需要用复帧同步码来保证复帧得到同步,其中 F0 为复帧定位码组,F0 的 TS16 时隙中的第 1～4 位是复帧定位码组本身,编码为 0000,第 6 位用于复帧失步告警指示,失步为 1,同步为 0,其余 3 比特为备用比特,如不用则为 1。除了 F0 之外,其余 F1～F15 用来传送 30 个话路的标志信号,每帧 8 位码组可以传送 2 个话路的标志信号,每路标志信号占 4 个比特,以 a、b、c、d 表示。标志信号码 a、b、c、d 不能为全 "0",否则会和复帧定位码组混淆,影响复帧同步。

PCM30/32 的每一帧占用的时间,也就是帧周期为 125 μs,每帧的频率为 8 000 帧/秒。每个时隙所占用的时间为 3.91 μs,且每个时隙对应一个样值,一个样值编 8 位码,即 8 bit,因此 PCM30/32 路系统的总数码率为 f_b = 8 000 帧/秒 × 32 路时隙/帧 × 8 比特/路时隙 = 2 048 kbit/s(即 2.048 Mbit/s),每一路的数码率则为:8 bit × 8 000/s = 64 kbit/s。

2. PCM24 路时分复用系统

PCM24 路时分复用系统也称为 T1 信道,是把 24 路话音信号复合到一条高速信道上,24 路的速率为 64 kbit/s × 24 = 1.536 Mbit/s。PCM24 路复用系统中每帧有 24 个时隙,每个时隙所占用的时间为 5.21 μs。

2.4 数字复接

2.4.1 数字复接的概念和原理

数字复接是将两路或两路以上的低速数字信号合并成一路高速数字信号的技术。数字复接把若干路低速数字信号流合并成一个高速数字信号流,以便在高速信道中传输,因此提高了传输容量和传输效率,是 PCM 系统中一种重要的技术。在数字复接技术中,将低速数字信号流称为低次群,高速数字信号流称为高次群。

如图 2-22 所示为数字复接系统的组成原理。用来实现复接功能的设备为数字复接器,在接收端将复接的数字信号分离出各支路信号的过程称为数字分接,用来实现分接功能的设备为数字分接器;码速调整单元负责对输入各支路信号进行调整,使之与同步信号同步;定时器由时钟控制,用来产生复接需要的定时控制信号;恢复单元负责把分接出的数字信号恢复出来。

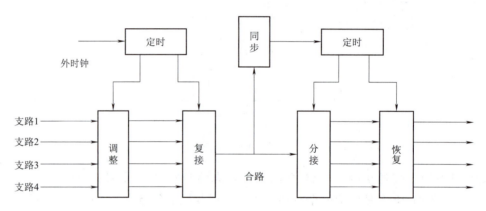

图 2-22 数字复接系统的组成原理

在数字复接中,如果复接器输入端的各支路信号与定时信号是同步的,则为同步复接;如果不是同步的,则为异步复接;如果复接器输入端的各支路信号与定时信号标称速率相同,但实际上有一个很小的容差,则称为准同步复接。

2.4.2 数字复接的方式

按各个复接支路信号的交织长度,数字复接的方式主要有按位复接和按字复接两种。

按位复接是对每个复接支路的信号每次只复接一位码,这种复接方式较容易实现,复接设备简单,要求的存储容量小,但要求各个支路的码速和相位必须相同。准同步数字系列(plesiochronous digital hierarchy,PDH)大多就采用按位复接的方式。

按字复接也称为按路复接,复接时每条支路的一个码字轮流复接,这种复接方式很好地保存了完整的字结构,但要求设备有较大的存储容量,电路实现复杂。同步数字系列采用按字复接的方式。

表 2-9 及图 2-23 所示为按位复接和按字复接的方式。

表 2-9 按位复接和按字复接的方式

支路 1	1	1	1	1	0	0	0	0	…
支路 2	1	0	1	0	1	0	1	0	…
支路 3	0	1	0	1	0	1	0	1	…
支路 4	0	0	1	0	1	1	1	0	…
按位复接	1100	1010	1101	1010	0101	0011	0101	0010	…
按字复接	11110000		10101010		01010101		00101110		…

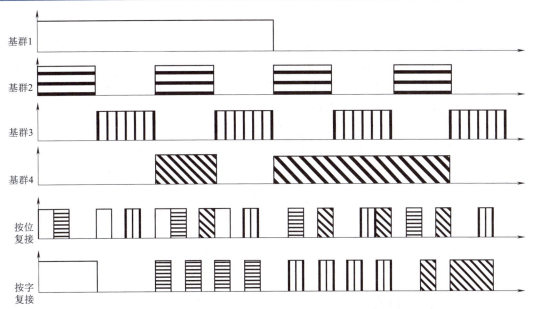

图 2-23 按位复接和按字复接的方式

2.4.3 准同步数字系列（PDH）

准同步数字系列是采用准同步复接的方式，所谓"准同步"是指各支路的比特速率接近同步，相对于标准值有一个规定范围的偏差，在复接前通过插入一定数量的脉冲进行码速调整，达到同步后再进行复接。

目前国际上有两种准同步数字系列标准，一种是采用 30 路的 PCM30/32 系列复用组成一次群（基群），一种是采用 24 路的 PCM24 系列复用组成一次群（基群）。我国和欧洲等国采用 PCM30/32 系列作为一次群，北美和日本等国家采用 PCM24 系列作为一次群。以一次群为基础，构成更高速率的二、三、四次高次群。PDH 系列的支路数和速率见表 2-10。

表 2-10　PDH 系列的支路数和速率

使用国家	参　　数	一次群	二次群	三次群	四次群
中国、欧洲等	支路数	30 路	120 路 = 30 × 4	480 路 = 120 × 4	1920 路 = 480 × 4
	速率	2.048 Mbit/s	8.448 Mbit/s	34.368 Mbit/s	139.264 Mbit/s
日本等	支路数	24 路	96 路 = 24 × 4	480 路 = 96 × 5	1440 路 = 480 × 3
	速率	1.544 Mbit/s	6.312 Mbit/s	32.064 Mbit/s	97.728 Mbit/s

PDH 系列由于存在以上两大体系标准,因此国际间互通困难。各个公司生产的专用接口设备也无法与其他公司的设备兼容,给组网管理和网络互通带来了很大的困难。

2.4.4　同步数字系列

同步数字系列是采用同步的方式复接,要求各支路信号是准确同步的。

SDH 是在 PDH 的基础之上发展起来的,与 PDH 相比,SDH 对信号比特率、速率等级做了统一的标准,STM 又称为基本同步传送模块,STM-1 是 SDH 的第一个等级的同步传送模块,比特率为 155.520 Mbit/s;STM-N 是 SDH 第 N 个等级的同步传送模块,比特率是 STM-1 的 N 倍 ($N=4n=1、4、16、64、256$),SDH 速率标准见表 2-11。

表 2-11　SDH 速率标准

等级	STM-1	STM-4	STM-16	STM-64
速率	155.52 Mbit/s	622.08 Mbit/s	2 488.32 Mbit/s	9 952.28 Mbit/s

SDH 统一的标准使得各厂商设备得以互通,很大程度上提高了兼容性。

2.5　电话交换技术

电子交换是在 20 世纪 40 年代以后,随着半导体电子技术的发展而出现的。电话交换机由机电交换阶段逐步向电子控制阶段转换。交换机的逻辑控制部分采用半导体器件,被电子元器件代替。

2.5.1　交换技术

电话交换是指在多个电话机之间临时接通通话电路,以实现电话用户之间通话的接续过程。电话在刚发明之初时,只支持两个电话之间的直接通信,随着用户数的逐渐增加,两两相连的线路数越来越多,系统越来越复杂。当系统中有 N 个用户时,所需的互联线路数为 $N(N-1)/2$,系统非常复杂。于是引入交换节点,系统中的每一个用户只要与交换节点相连接,就能与系统中的其他任一用户通信,如图 2-24 所示。

电话交换技术主要经历了人工交换、机电交换、电子交换和程控数字交换四个主要阶段。

人工交换是一种最原始的交换方式。1878 年,在美国康涅狄格州纽好恩出现了最早的商用电话和人工交换台,当时只有 20 个用户。最早的电话线路是单线式,电话交换机是人工交换机,电话交换需要工作人员手动完成通话双方线路的接续。由于每一通电话都需要人工进行接续,因此人工交换的方法转接效率较低、速度较慢、劳动成本较高。

机电交换是利用电磁机械动作来控制电话用户线路接续的一种自动交换方式。1891年,美国人阿尔蒙·B·史端乔发明了步进制自动电话接线器。1892年,步进制自动电话交换机正式开通,它通过用户话机的拨号脉冲控制机械继电器的吸合,从而完成线路的接通,实现了机械代替人工的操作。纵横制交换是通过纵横接线器控制电话用户线路的接续。1926年,瑞典开通了纵横制自动电话交换机。纵横制交换机的机械动作相较于机电交换机少了很多,因此噪声小、机器磨损和机械维修小,工作寿命大大延长。

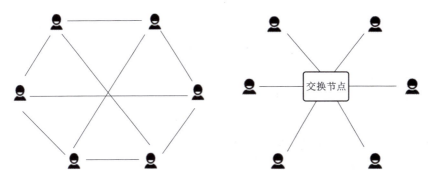

图 2-24　交换节点

程控数字交换是由计算机控制的交换方式。1970年,世界上第一部程控数字电话交换机在法国巴黎郊区拉尼翁开通。数字程控交换技术具有高度的可靠性和灵活性,是目前电话通信系统的主流交换技术,在全世界普及使用。

2.5.2　数字程控交换机的构成

数字程控交换机主要由话路部分和控制部分组成。其中控制部分是程控交换机的核心,它由计算机系统组成,通过存储程序和命令对相应硬件设备进行,实现交换和控制的功能。

如图 2-25 所示为数字程控交换机的构成,话路部分的核心是交换网络,其次还包括用户电路、中继器几个部分。

用户电路模块的主要功能是进行模拟信号和数字信号的转换,将用户线传送的模拟信号转换为数字信号,从而进一步在数字交换网络中进行传输。其次,过去在公用设备实现的一些用户功能也放在用户电路来实现。具体地,常用"BORSCHT"七个字母概括用户电路模块的功能。

(1) B(battery feed):馈电。交换机通过用户线为话机提供直流馈电,程控数字交换的额定电压为 -48 V。

(2) O(over voltage protection):过压保护。防止用户线上的电压冲击或过压而损坏交换机。

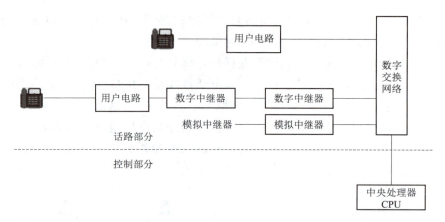

图 2-25　数字程控交换机的构成

（3）R(ringing)：振铃。向被叫用户话机馈送铃流信号，同时向主叫用户话机发出回铃音。

（4）S(supervision)：监视。通过借助扫描点监视用户线的通断状态，监测用户摘机、挂机、拨号脉冲等用户线信号，来判断用户的忙闲状态和是否接续的要求。

（5）C(codec filtees)：编码。实现模拟信号和数字信号的变换，把电话机发出的模拟信号变成数字信号送往数字交换网络传输，同时把从数字交换网络接收到的数字信号变换成模拟信号送给话机。

（6）H(hybird circuit)：混合电路。完成2线的模拟用户线与交换机内部4线的PCM传输线之间的转换。

（7）T(test)：测试。通过软件接口对用户电路进行测试。

中继器是程控交换机和其他交换机之间的接口电路，主要提供码型变换和同步调整的功能。

2.5.3　电话通信的交换方式

现代通信网中采用的交换方式主要有电路交换、分组交换、ATM 交换和 IP 交换等。其中，电路交换是通信网中应用最普遍的交换方式，也是通信网中最早出现的交换方式，主要应用于电话通信网中。

电路交换是指两个用户在相互通信时独占一条电路，直到通话结束，且不允许其他终端同时共享该电路的通信方式。电话通信分为呼叫建立、通话、呼叫释放三个阶段，相应的电路交换的过程分为连接建立、信息传送和连接释放三个阶段。

（1）连接建立：发送方通过中间线路的逐个节点向接收方发出请求信令，若中间节点线路空闲便接收请求并传送给下一个中间节点，直至到达接收方完成线路接续，一旦线路建立，不管是否有数据传输，线路都被占用，其他终端无法共享，直至线路释放。

（2）信息传送：线路连接建立好后，数据就可以随着电路进行双向的传送。

（3）连接释放：当完成数据传输后，发送端或接收端发出释放请求，线路拆除连接，释放资源。

在电路交换方式中，对交换机设备的处理要求简单，因为不要求交换机对传输的数据进行存储、分析和处理。一旦连接建立以后,传输时延基本上是一个恒定值。但在一条线路建立后会始终占用该电路,即使该连接在某个时刻没有数据传送,该电路也不能被其他连接使用,因此电路利用率较低。

2.5.4 公共交换电话网

公用交换电话网是传递电话信息的电信网,主要是基于电路交换的网络。我国电话网经历了由人工网向模拟电话网演变,最终进入了现在的数字程控自动电话交换网。电话网是业务量最大、服务面最广的电信网。

按所覆盖的地理范围划分,公共交换电话网可以分为本地电话网、国内长途电话网和国际长途电话网。本地电话网包括大、中、小城市和县一级的电话网络,一般与相应的行政区划相一致;国内长途电话网与本地电话网在固定的几个交换中心完成汇接,提供城市之间或省之间的电话业务;国际长途电话网用于提供国家之间的电话业务。

公共交换电话网网络结构主要包括分级结构和平面结构两类。

分级结构适合用于不同等级交换节点的互联中,多用于长途电话网中。平面结构有星形网络、网状网络、环形网络等常用结构。在星形网络中,交换局或汇接局作为中心节点,对应终端或交换局作为周围节点。星形网络结构可以节省网络传输设备,但网络可靠性低。网状网络中各个节点之间两两互联,传输设备较多,线路设备数量会随着节点数量增加而急剧增加,结构相对复杂,但其结构可靠性高。环形网络中节点成环相连,可以用较少的设备连接所有的节点,但扩展性较差。

我国电话网最早为五级结构,由一、二、三、四级长途交换中心及第五级本地交换中心组成,但这种五级结构存在转接段数多、时延高、可靠性差的问题。1998年4月,国家信息产业部明确了现阶段我国电话网的新体制,即本地二级网和长途二级网结构。

如图2-26所示为本地电话网的二级结构,主要由汇接局DTm和端局DL两级构成,PABX是专用自动交换局。汇接局为高一级,端局为低一级。汇接局为本地电话网的第一级,它与其他汇接局相连,也与本汇接区内的端局相连。端局为本地电话网的第二级,与用户终端相连,提供本局用户的去话和来话业务的相关功能。

长途电话网也简称长途网,用来疏通各个本地网之间的长途话务。如图2-27所示为长途电话网的二级结构,DC1是省级(直辖市)交换中心,为长途电话网结构中的一级,负责汇接所在省的省际长途来话、去话话务及所在本地网的长途终端话务;DC2为地(市)交换中心,为长途电话网结构中的二级,负责汇接所在本地网的长途终端话务。DC1以网状结构相互连接,与本省各地市的DC2以星形结构连接;本省各地市的DC2之间以网状或不完全网状结构相连,同时以一定数量的直达电路与非本省的交换中心相连。

在PSTN电话网中,需要有特定的编号计划才能使电话网正常运行。编号计划主要包括本地电话用户编号和长途电话用户编号。

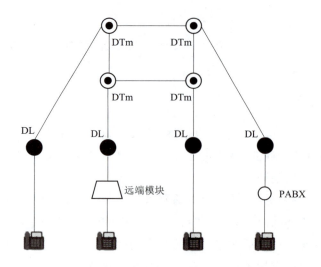

图 2-26　本地电话网的二级结构

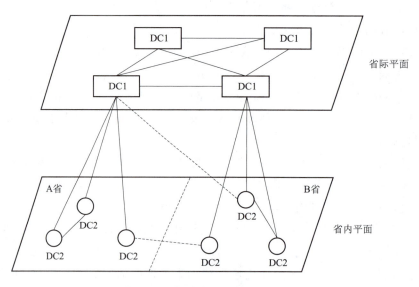

图 2-27　长途电话网的二级结构

本地电话网的一个用户号码由"局号＋用户号"两部分组成，局号可以是1位（用P表示）、2位（用PQ表示）、3位（用PQR表示）或4位（用PQRS表示），用户号为4位（用ABCD表示）。以局号3为为例，本地电话网的号码可以表示为PQRABCD，共7位。

长途电话包括国内长途电话和国际长途电话。国内长途电话号码由"国内长途字冠＋长途区号＋本地号码"三部分组成。国内长途字冠通常用"0"代表。长途区号为一个1~4位长的本地网区域号码。国际长途电话号码由"国际长途字冠＋国内长途字冠＋长途区号＋本地号码"四部分组成。国际长途字冠用"00＋国家码"表示，例如，在国际长途电话号码"0086-20-8410-1111"中，"00"表示跨国呼叫，"86"是中国的国家码，"20"是广州的长途区号，"8410"是广州某区的一个交换机，"1111"表示特定的端口，对应着特定的物理终端。

PSTN不仅支持基本的语音通信，也提供了一些特色服务，目前可提供的服务有接入业务、专用传输业务、交换传输业务、虚拟专用网业务(VPN)和其他增值业务。

2.6 信 令 网

2.6.1 信令的概念和分类

在通信过程传输的数据中,分为业务数据和信令数据两类。业务数据是我们通信时传递的语音、图像等数据,信令数据则是用来管理、调度、控制资源的信号。

信令按功能可分为线路信令、路由信令和管理信令。线路信令包括拨号音、回铃音、振铃、应答、占用、释放等信令,主要用来监控和提示线路的状态;路由信令包括拨号、路由选择等信令,主要具有路由选择的功能;管理信令包括维护操作指令、补充业务管理等信令,主要用于电话通信网的维护和管理。

信令按传送方式可分为随路信令和公共信道信令。随路信令是指信令与语音信号在同一条话路中传送,各交换机之间没有单独的话路用来传送信令,我国最初制定的中国1号信令就是随路信令。公共信道信令是指在交换机之间有专用的话路用来传送信令,我国目前使用的No.7信令就属于公共信道信令。

信令按工作区域可分为用户线信令和局间信令。用户线信令主要包括用户摘机、应答、拆线、振铃信号、回铃音、拨号音、催挂音等信号,是在用户终端与交换机之间的用户线上传送的信令;局间信令则是之前在局间中继线上传送的信令。

2.6.2 电话交换过程的基本信令流程

如图2-28所示为电话交换过程中的基本信令流程,在两个电话用户通过两个交换机进行电话接续的场景中,信令传送主要包括以下流程:

(1)主叫用户摘机,摘机信号送到发端交换机A。

(2)发端交换机A收到用户摘机信号后,向主叫用户A送出拨号音。

(3)主叫用户听到拨号音,进行拨号,将被叫用户号码通过拨号信令送给发端交换机A。

(4)发端交换机A根据被叫号码选择路由(局向及中继线),发端交换机通过该路由向收端交换机B发送占用信令,并把被叫用户号码发送给收端交换机B。

(5)收端交换机B根据被叫号码,将呼叫连接到被叫用户,向被叫用户发送振铃信号,同时向主叫用户发送回铃音。

(6)此时若被叫用户摘机应答,被叫用户将应答信令发送收端交换机B,同时收端交换机B将应答信号转发给发端交换机A。

(7)主被叫用户双方进入通话状态,线路上传送话音信号。

(8)通话结束后,若主叫用户挂机,则主叫用户向发端交换机A发送挂机信令,发端交换机A向收端交换机B传送前向拆线信令,收端交换机B将拆线信令转发给被叫用户,被叫用户挂机,收端交换机B拆线,并向发端交换机A发送拆线证实信令,一切设备复原。反之,若被叫用户挂机,则被叫用户向收端交换机B发送挂机信令,收端交换机B向发端交换机A传送后向拆线信令,发端交换机A将拆线信令转发给主叫用户;主叫用户挂机,发端交换机A拆线,并向收端交换机B发送拆线证实信令,一切设备复原。

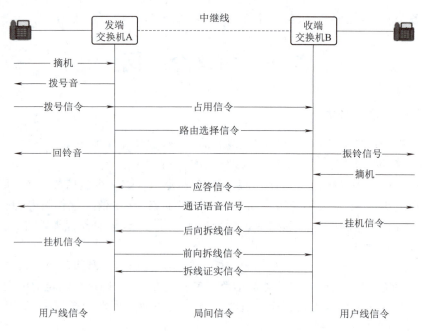

图 2-28　电话交换过程中的基本信令流程

2.6.3　No.7 信令系统

No.7 是七号信令网的简称,它是国际标准化的通用公共信道信令系统,是现代通信的三大支撑网(数字同步网、NO.7 信令网、电信管理网)之一,目前被广泛应用于电话网和电话交换网,具有信道利用率高,信令传送速度快,信令容量大的特点。

No.7 信令网由信令点(signaling point, SP)、信令转接点(signaling transfer point, STP)和信令链路(signaling link, SL)组成。

如图 2-29 所示为信令网的组成,信令点是信令消息的端点,包括起点和终点,它可以是具有 No.7 信令功能

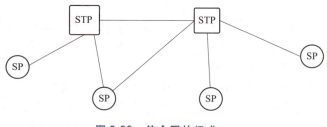

图 2-29　信令网的组成

的各种交换局,比如电话交换机、数据交换局、ISDN 交换局、移动交换局和智能网的业务交换点,还可以是各种特服中心,比如网管维护中心、智能网的业务控制点等。

No.7 信令系统的基本功能结构由两部分组成:消息传递部分(message transfer part, MTP)和不同的独立用户部分(user part, UP)。消息传递部分提供一个公共的可靠的消息传递系统。独立用户部分负责信令消息的生成、语法检查和信令过程控制。

信令转接点可以将一条链路上的信令转发至另一条链路,具有信令转接的功能。信令转接点分为综合型和独立型两种。综合型 STP 是除了具有消息传递部分功能外,还具有独立用户部分功能的信令转接点设备;独立型 STP 是具有信令消息传递功能的信令转接点设备。

信令链路是连接各信令点和各信令转接点的链路,目前主要有 4.8 kbit/s 标准的模拟信

令链路和 64 kbit/s 标准的数字信令链路。

如图 2-30 所示为我国的三级信令网结构,我国 No.7 信令网主要采用三级信令网结构,第一级为高级信令转接点(high signaling transfer point,HSTP),是信令网的最高级,第二级为低级信令转接点(lower signaling transfer point,LSTP),第三级为信令点(SP)。这种设置与我国行政区域划分省、市、县的划分是一致的,HSTP 对应设置在省会城市,LSTP 设置在非省会的大中城市,SP 设置在县级城市。

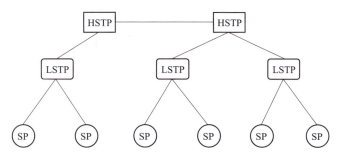

图 2-30　我国的三级信令网结构

SP 为信令的起始点和终点,LSTP 负责转接本信令区中各个 SP 的信令,根据实际需要选择采用独立或综合的 STP 方式,HSTP 负责汇接和转接它的二级 LSTP 及三级 SP 的信令,由于它的信令负荷量大,因此采用独立型 STP 方式。

2.6.4　信令网和电话网的对应关系

在 2.5.4 节的内容中提到,我国电话网路等级为长途二级网(DC1、DC2)和本地二级网组成。考虑到信令连接中转接次数、信令转接点的负荷及可以容纳的信令点数量,结合我国信令区的划分和信令网的管理,信令网和电话网的对应关系如图 2-31 所示,把 HSTP 设置在 DC1(省)级交换中心的所在地,负责汇接 DC1 间的信令;LSTP 设置在 DC2(市)级交换中心所在地,负责汇接 DC2 和端局信令;端局、DC1 和 DC2 均分配一个信令点编码。

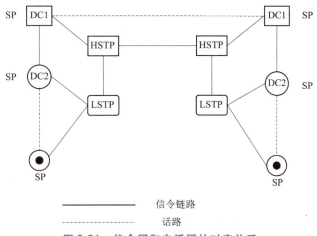

图 2-31　信令网和电话网的对应关系

第 3 章 数据通信技术

本章导读

　　数据通信是从 20 世纪 50 年代末,随着电子计算机的发展而发展起来的一种新的通信方式。1958 年,美国建立了使用计算机的半自动地面防空系统,它是一个大型的数据通信系统。60 年代初,出现了多个用户独立地共同使用一台计算机的分时系统,促进了数据通信的发展。60 年代末,美国建立了将位于不同地点、不同种类的计算机依靠数据通信实现互联的计算机网络。

　　随着社会的发展,人们进行通信的方式不再局限于传统的电话、电报,因为它们不能满足大信息量的需求,而以数据作为信息载体的通信手段被得到日益广泛的应用。数据通信是按照一定的通信协议,在两点或多点之间通过某种传输媒介(电缆、光缆),以数字二进制信息单元的形式交换信息的过程。数据通信是电子计算机和通信线路相结合而形成的一种通信方式,已广泛地应用于电信业务、科学计算、情报资料检索、客运订座、企业管理、铁路机车调度、气象预报等领域。

学习目标

(1) 了解计算机网络发展历程,掌握计算机网络系统的组成,包括硬件系统组成和软件系统组成,了解局域网组网方式。

(2) 了解 OSI 参考模型,掌握各层的名称、功能、作用及各层的信息交换单位。

(3) 了解 TCP/IP 参考模型,掌握各层的名称、主要功能、作用及 TCP/IP 模型的工作原理。

(4) 了解 IP 地址相关的基础知识,包括 IP 地址的结构、子网掩码定义及作用、网关的定义及用途、IP 地址的分类等。

(5) 了解数据编码的定义与分类,掌握信源编码的定义,了解常见的信源编码方式,掌握信道编码的定义、原理、分类。

(6) 掌握数据传输类型及方式,了解数据通信系统的主要质量指标。

3.1 计算机网络简介

三网,即计算机网络、电信网络和广播电视网络,其中最核心、发展最快的是计算机网络。计算机网络的发展与计算机技术和通信技术的发展密不可分,随着终端计算机的小型化、智能化、普及率增高和各种通信技术的不断更新,计算机网络不断为我们带来惊喜:高速的话音、文本及多媒体传输,丰富的网络资源共享,多功能的网络在线服务、数据处理等,这些都为人们的生活和工作带来极大的便利。

计算机网络从产生到发展,总体来说可以分成4个阶段。

(1) 第1阶段:面向终端的计算机通信网。这个阶段的特点是计算机是网络的中心和控制者,终端围绕中心计算机分布在各处,各终端通过通信线路共享主机的硬件和软件资源。用户可以在自己办公室内的终端键入程序,通过通信线路传送到中心计算机,访问和使用资源进行信息处理,处理结果再通过通信线路回送到用户终端显示或打印。这种以单个为中心的联机系统称作面向终端的远程联机系统。

(2) 第2阶段:分组交换网。1969年,为了能在爆发核战争时保障通信联络,美国国防部高级研究计划局(ARPA)与麻省剑桥的BBN公司签订协议,进行计算机之间的远程互联研究,建立了世界上第一个分组交换试验网ARPANET,连接美国四所大学。ARPANET的建成和不断发展标志着计算机网络发展的新纪元,其在技术上的另一个重大贡献是TCP/IP协议族的开发和使用。

分组交换网由通信子网和资源子网组成,以通信子网为中心,不仅共享通信子网的资源,还可共享资源子网的硬件和软件资源。网络的共享采用排队方式,即由结点的分组交换机负责分组的存储转发和路由选择,给两个进行通信的用户分配传输带宽,这样就可以大大提高通信线路的利用率,非常适合突发式的计算机数据。

(3) 第3阶段:计算机网络体系结构的形成。为了使不同体系结构的计算机网络都能互联,国际标准化组织(ISO)提出了一个能使各种计算机在世界范围内互联成网的标准框架——开放系统互连参考模型(OSI)。这样,只要遵循OSI标准,一个系统就可以和位于世界上任何地方的,也遵循同一标准的其他任何系统进行通信。

(4) 第4阶段:网络互联与高速计算机网络。各种网络进行互联,形成更大规模的互联网络。以Internet为典型代表,特点是互联、高速、智能与更为广泛的应用。超高速的光通信技术、无线通信技术等一批先进技术也将在未来几年里产生新的飞跃,相应地,一批新型网络技术将会随之蓬勃发展,如10G以太网技术、"最后一公里"接入技术、多层交换技术、全光网络技术、5G技术等。这些新兴的网络技术革新了目前的网络环境和应用方式,使其提供的服务更大、更快、更安全、更及时、更方便。下一代高速计算机网络将具有主动性、可扩展性、适应性和服务的可集成性等特征。

计算机网络按照作用范围可以分为互联网、广域网、城域网和局域网,它们的主要区别在于网络跨度和工作站数量。

互联网:因其英文单词"Internet"的谐音,又称为"因特网"。在互联网应用如此频繁的今天,它已是我们每天都要打交道的一种网络,无论从地理范围还是从网络规模来讲,它都是最大的一种网络,就是我们常说的"Web"、"WWW"和"万维网"等多种叫法。从地理范围来说,它可以是全球计算机的互联,这种网络最大的特点就是不定性,整个网络的计算机每时每刻都随着网络的接入在不断地变化。当用户连在互联网上的时候,用户的计算机可以算是互联网的一部分,一旦当用户断开互联网的连接时,用户的计算机就不属于互联网了。但它的优点也是非常明显的,就是信息量大,传播距离远,无论用户身处何地,只要连上互联网,用户就可以对任何联网用户发出信函和广告。因为这种网络的复杂性,所以这种网络实现的技术也是非常复杂的,这一点我们可以通过后面要讲的几种互联网接入设备详细地了解到。

广域网:一般作用范围为几十到几千公里,可以覆盖一个国家或者一个国家的大部分地区。具有很高的传输速率和容量,主要采用分组交换技术,传输介质为光纤。

城域网:作用范围在广域网和局域网之间,可以作为两者之间的连接。传输介质一般采用光纤,传输速率在 100 Mbit/s 以上。

局域网:一般作用范围在 5 km 以内,可以覆盖一个学校、单位或者一栋大楼。具有很高的传输速率,高达吉比特每秒,传输介质一般为双绞线、同轴电缆、光纤和无线电波。

3.1.1 计算机网络系统的组成

计算机网络系统是一个集计算机硬件设备、通信设施、软件系统及数据处理能力为一体的、能够实现资源共享的现代化综合服务系统。计算机网络系统的组成可分为硬件系统和软件系统两部分,其中硬件系统对网络的性能起着决定性的作用,是网络运行的载体;而软件系统则是支持网络运行、提高效益和开发网络资源的工具。

1. 硬件系统

计算机硬件系统是由负责传输数据的网络传输介质和网络设备、使用网络的计算机终端设备和服务器所组成。

1)网络传输介质

有四种主要的网络传输介质:双绞线、光纤、微波、同轴电缆。

在局域网中的主要传输介质是双绞线,这是一种不同于电话线的 8 芯电缆。光纤在局域网中多承担干线部分的数据传输。使用微波的无线局域网由于其灵活性而逐渐普及。早期的局域网中使用网络同轴电缆,从 1995 年开始,网络同轴电缆被逐渐淘汰,已经不在局域网中使用了。由于电缆调制解调器(cable modem,CM)的使用,电视同轴电缆还在充当互联网连接其中的一种传输介质。

2)网络适配器——网卡

网卡中固化了硬件(MAC)地址(media access control ID),它被烧在网卡的 ROM 芯片中。主机在发送数据前,需要使用这个地址作为源 MAC 地址封装到帧报头中。当有数据到达时,网卡中有硬件比较器电路,将数据帧中的目标 MAC 地址与自己的 MAC 地址进行比较。只有两者相等的时候,网卡才抄收这帧数据包。如果数据帧中的目标 MAC 地址是一个广播地址,网卡也要抄收这帧数据包。

网卡通过插在计算机主板上的总线插槽上与计算机相连。目前计算机有三种总线类型：ISA、EISA 和 PCI。较新的 PC 一般都提供 PCI 插槽。网卡的一部分功能在网卡上完成，另外一部分功能则需要借助计算机来完成。网卡需要在计算机上完成的功能程序称为网卡驱动程序。

3）网络交换设备

网络交换设备是把计算机连接在一起的基本网络设备，主要包括集线器和交换机两类。

集线器的功能是帮助计算机转发数据包，它是最简单的网络设备，价格也非常便宜。集线器的工作原理非常简单，当集线器从一个端口收到数据包时，它便简单地把数据包向所有端口转发。于是，当一台计算机准备向另外一台计算机发送数据包时，实际上集线器把这个数据包转发给了所有计算机。

发送端主机发送出的数据包有一个报头，报头中装着目标主机的地址，只有 MAC 地址与报头中封装的目标 MAC 地址相同的计算机才抄收数据包。所以，尽管源主机的数据包被集线器转发给了所有计算机，但是，只有目标主机才会接收这个数据包。集线器的价格低廉，但会消耗大量的网络带宽资源。由于交换机的价格已经下降到低于 PC 的价格，因此正式的网络已经不再使用集线器，而是使用网络交换机将 PC、服务器和外设连接成一个网络。

不同种类的网络使用不同的交换机。常见的有以太网交换机、ATM 交换机、帧中继网的帧中继交换机、令牌网交换机、光纤分布式数据接口交换机等。

交换机的核心是交换表。交换表是一个交换机端口与 MAC 地址的映射表。

每一帧数据到达交换机后，交换机从其帧报头中取出目标 MAC 地址，通过查表，得知应该向哪个端口转发，进而将数据帧从正确的端口转发出去。如果交换机在自己的交换表中查不到该向哪个端口转发，则向所有端口转发。当然，广播数据报（目标 MAC 地址为 FFFFFFFFFFFF 的数据）到交换机后，交换机将广播报文向所有端口转发。因此，交换机有两种数据帧将会向所有端口转发：广播帧和用交换表无法确认转发端口的数据帧。

交换表是通过自学习得到的。交换表放置在交换机的内存中，交换机刚上电的时候，交换表是空的，此时若有数据到来，交换机将向所有端口转发。虽然交换机不知道目标主机在自己的哪个端口，但是它知道报文是来自哪个端口。因此，转发报文后，交换机便把帧报头中的源 MAC 地址加入其交换表端口行中。交换机对其他端口的主机也是这样辨识其 MAC 地址的。经过一段时间后，交换机通过自学习，得到完整的交换表。

为了避免交换表中存储垃圾地址，交换机对交换表有遗忘功能，即交换机每隔一段时间，就会清除自己的交换表，重新学习、建立新的交换表。这样做付出的代价是重新学习花费的时间和对带宽的浪费，但这却是必须做的。新的智能化交换机，可以选择遗忘那些长时间没有通信流量的 MAC 地址，进而改进交换机的性能。

4）网络互联设备

网络互联设备主要是指路由器。路由器是连接网络的必需设备，在网络之间转发数据报。

路由器不仅提供同类网络之间的互相连接，还提供不同网络之间的通信。例如，局域网与广域网的连接、以太网与帧中继网络的连接等。

路由技术是网络中最精彩的技术,路由器是非常重要的网络设备。网络互联有两个范畴:一个是局域网内部的各个子网之间的互联,另外一个就是通过公共网络(如电话网、DDN 专线、帧中继网、互联网)把不在一个地域的局域网远程连接起来,形成一个广域网。

一个局域网也被分解为多个子网;然后用路由器连接起来,这是最普遍的网络建设方案。路由器在这里扮演隔离广播和实现网络安全策略的角色。

就像交换机的工作完全依靠其内部的交换表一样,路由器的工作也完全依靠其内存中的路由表。路由表是路由器工作的基础。路由表中的表项由静态配置和动态学习两种方法获得。

路由表中的表项可以用手工静态配置生成。将电脑与路由器的 console 端口连接,使用电脑上的超级终端软件或路由器提供的配置软件就可以对路由器进行配置。手工配置路由表需要做大量的工作。

动态学习路由表是最为行之有效的方法。一般情况下,我们都是手工配置路由表中直接连接的网段的表项,而间接连接的网络的表项使用路由器的动态学习功能来获得。动态学习路由表的方法非常简单。每个路由器定时把自己的路由表广播给邻居,邻居之间互相交换路由表。路由器通过其他路由器的路由广播中可以了解更多、更远的网络,这些网络都将被收到自己的路由表中。

5)网络终端与网络服务器

网络终端也称网络工作站,是使用网络的计算机、网络打印机等。在客户机/服务器网络中,客户机指网络终端。

网络服务器是被网络终端访问的计算机系统,通常是一台高性能的计算机,例如大型机、小型机、UNIX 工作站和服务器 PC,安装上服务器软件后构成网络服务器,被分别称为大型机服务器、小型机服务器、UNIX 工作站服务器和 PC 服务器。

网络服务器是计算机网络的核心设备,网络中可共享的资源,如数据库、大容量磁盘、外部设备和多媒体节目等,都可以通过服务器提供给网络终端。服务器按照可提供的服务可分为文件服务器、数据库服务器、打印服务器、DNS 域名服务器、Web 服务器、电子邮件服务器、代理服务器等,其中,DNS 域名服务器是很重要的一类。用 IP 地址来表示一台计算机的地址,其点分十进制数不易记忆。由于没有任何可以联想的东西,即使记住后也很容易遗忘。互联网上开发了一套计算机命名方案称为域名服务器 DNS(domain name service),可以为每台计算机起一个域名,用一串字符、数字和点号组成,DNS 用来将这个域名翻译成相应的 IP 地址。一台主机为了支持域名解析,就需要在配置中指明为自己服务的 DNS 域名服务器。主机为了解析一个域名,把待解析的域名发送给自己机器配置指明的 DNS 域名服务器。一般都是配置指向一个本地的 DNS 域名服务器。本地 DNS 域名服务器收到待解析的域名后,便查询自己的 DNS 解析数据库,将该域名对应的 IP 地址查到后,发还给主机。

6)其他硬件设备

(1)三层交换机。三层交换技术就是将路由技术与交换技术合二为一的技术。在对第一个数据流进行路由后,它将会产生一个 MAC 地址与 IP 地址的映射表,当同样的数据流再次通过时,将根据此表直接从二层通过而不是再次路由,从而消除了路由器进行路由选择而造成的网络延迟,提高了数据包转发的效率。

三层交换机解决了局域网中网段划分之后,网段中子网必须依赖路由器进行管理的局面,解决了传统路由器低速、复杂所造成的网络瓶颈问题。

(2)调制解调器。在广域网与局域网的连接中,调制解调器也是一个重要的设备。调制解调器用于将数字信号调制成频率带宽更窄的信号,以便适于广域网的频率带宽。最常见的是使用电话网络或有线电视网络接入互联网。

(3)中继器。它是一个延长网络电缆和光缆的设备,对衰减了的信号起再生作用。

(4)网桥。网桥是一个被淘汰的网络产品,原来用来改善网络带宽拥挤。交换机设备同时完成了网桥需要完成的功能,交换机的普及使用是终结网桥使命的直接原因。

(5)网关。网关是网络中连接不同子网的主机,它可以对到达该主机的数据包进行转发,并且可以对接收到的数据包进行协议转换,重新打包更改其格式以适应目标网络的协议标准。对于遵从同样协议的以太网来说,网关的功能可以由路由器完成。

常见的网络硬件设备如图 3-1 所示。

图 3-1　常见的网络硬件设备

2. 软件系统

计算机网络中的软件按其功能可以划分为数据通信软件、网络操作系统和网络应用软件。

1)数据通信软件

数据通信软件是指按照网络协议的要求,完成通信功能的软件。网络协议是一个约定,该约定的规定如下所示。

(1)实现这个协议的程序要完成什么功能。

(2)如何完成这个功能。

(3)实现这个功能需要的通信报文包的格式。

协议标准化的目的是让各个厂商的网络产品互相通用,尤其是完成具体功能的方法和通信格式。如果没有统一的标准,各个厂商的产品就无法通用。无法想象的是,使用 Windows 操作系统的主机发出的数据包,只有微软公司自己来设计交换机才能识别并转发。

为了完成计算机网络通信,实现网络通信的软硬件就需要完成一系列功能。例如为数据封装地址、对出错数据进行重发、当接收端无法接收太多数据时对发送端主机的发送速度进行控制等。每一个功能的实现都需要设计出相应的协议,这样,各个生产厂家就可以根据协议开发出能够互相通用的网络软硬件产品。

2) 网络操作系统

网络操作系统是指能够控制和管理网络资源的软件。网络操作系统的功能作用在两个级别上:在服务器上,为在服务器上的任务提供资源管理;在工作站机器上,向用户和应用软件提供一个网络环境的"窗口"。这样可以向网络操作系统的用户和管理人员提供一个整体的系统控制能力。网络服务器操作系统要完成目录管理、文件管理、安全性、网络打印、存储管理、通信管理等主要服务。工作站的操作系统软件主要完成工作站任务的识别和网络连接,即首先判断应用程序提出的服务请求是使用本地资源还是使用网络资源,若使用网络资源则需完成与网络的连接。常用的网络操作系统有 Net Ware 系统、Windows NT 系统、UNIX 系统、Linux 系统等。

3) 网络应用软件

网络应用软件是指能够为用户提供各种服务的软件,如浏览查询软件、传输软件、远程登录软件、电子邮件等。

3.1.2 局域网组网方式

局域网有许多种类,按照组网方式的不同,即网络中计算机之间的地位和关系的不同,局域网分为对等网和客户机/服务器(client/server,C/S)网络两种。

对等网是指网络上每个计算机都把其他计算机看成是平等的或者是对等的,在对等网中的每一台计算机,当它使用网络中的某种资源时,它就是客户机,当它为网络的其他用户提供某种资源时,它就成为服务器。所以在对等网中的计算机既可作为服务器也可以作为客户机。对等网没有特定的计算机作为服务器,网络上所有的打印机、光驱、硬盘甚至软驱和调制解调器都能进行共享。对等网的一般拓扑结构如图 3-2 所示。

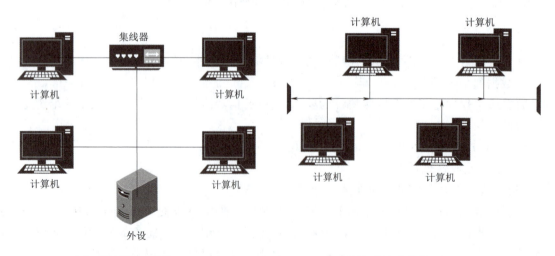

(a) 对等网的拓扑结构一　　　　　　　　(b) 对等网的拓扑结构二

图 3-2　对等网的一般拓扑结构

除了如图 3-2 所示的对等网结构之外，还有一种更简化的对等网，它只需将两台计算机通过串口或并口连接起来，这种网络就是直接电缆连接网络。

对等网一般应用在小规模的办公室中，它将几台或十几台计算机连接起来，这些计算机就可以相互共享资源。

例如，某用户在自己的计算机上建立一个文件，准备把它打印出来，但它的计算机上并没有安装打印机，而对等网的另一台计算机上安装了打印机，因而只要打印机共享，该用户就可以在自己的本地计算机上安装一个网络打印机，可以像使用本地打印机一样使用这个网络打印机了。

对等网的规划一般都比较简单，通常采用如图 3-2 所示的两种结构，如果对等网采用图 3-2（a）的网络结构，那么用户要选购的硬件如下：

(1) 集线器或交换机。
(2) 带有 RJ-45 接口的网卡，每台计算机 1 块。
(3) 末端装有 RJ-45 接头的双绞线，每台计算机 1 条（双绞线的长度视计算机与集线器的距离而定，一般在 100 m 以内）。

如果对等网采用图 3-2（b）的网络结构，那么用户要选购的硬件如下：

(1) 带有 BNC 接口的网卡，每台计算机 1 块。
(2) T 形头，每个网卡 1 个。
(3) 末端装有 BNC 接头的同轴电缆，每台计算机 1 条（同轴电缆的长度视计算机与计算机之间的距离而定，一般在 20 m 以内）。
(4) 两个 50 Ω 终端匹配器。

对等网络的主要特点：网络中的任何一个节点既可以是管理资源的服务器，又可以是使用资源的工作站，因而构建简单，使用方便，但安全性较低。

C/S 网络就是采用客户机/服务器的模式。在客户机/服务器的应用模式中，分前端客户机部分和后端服务器部分。客户机/服务器网络的一般拓扑结构如图 3-3 所示。

客户机/服务器应用模式最大的技术特点是能充分地利用客户机和服务器双方的智能资源等，共同执行一个给定的任务，即负载由客户机和服务器共同承担。

从整体上看，客户机/服务器应用模式有以下特点：

(1) 桌面上的智能。客户机负责处理用户界面，把用户的查询或命令变换成一个可被服务器理解的预定义语言，再将服务器返回的数据提交给用户。
(2) 最优化地共享服务器资源（如 CPU、数据存储域）。
(3) 优化网络利用率。客户机只把请求的内容传给服务器，经服务器运行后把结果返回到客户机，而不必传输整个数据文件的内容。
(4) 在低层操作系统和通信系统之上提供一个抽象的层次，允许应用程序有较好的可维护性和可移植性。

中间件是支持客户机/服务器模式进行对话、实施分布应用的各种软件的总称，其目的是解决应用对网络的过分依赖，透明地连接客户机和服务器。中间件的体系结构如图 3-4 所示。从应用的角度看，中间件对网络资源的管理作用类似于操作系统对本地计算机资源（内存、硬盘、外设等）的管理作用。

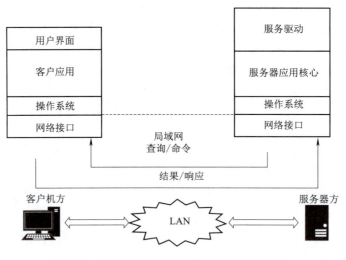

图 3-3　客户机/服务器网络的一般拓扑结构

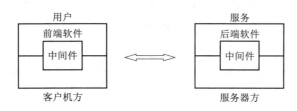

图 3-4　中间件的体系结构

中间件的功能主要是连接和管理，具体体现在分布式服务、应用服务和管理服务几个方面。中间件大体上分为传输栈、远程过程调用（remote procedure call，RPC）、双向消息队列、数据库互访、管理、名字和（object request broker，ORB）等。

浏览器/服务器（browser/server，B/S）网络是基于 Web 的客户机/服务器应用模式的网络。随着互联网/企业内联网（Internet/Intranet）技术的发展，WWW 服务已成为核心服务。通过浏览器可以漫游世界，通过浏览器上的资源定位器不仅能进行超文本的浏览查询，而且还能收发电子邮件、进行文件传输等工作。总之，用户在浏览器统一界面上能完成网络上各种服务和应用功能。一种新的网络应用模式在 20 世纪 90 年代中期逐渐形成和发展，这种基于浏览器、WWW 服务器和应用服务器的浏览器/服务器网络结构称为浏览器/服务器应用模式。B/S 网络的拓扑结构如图 3-5 所示。

这种新型的应用模式继承并融合了传统的 C/S 应用模式中的网络软/硬件平台和应用，同时它具有很多传统 C/S 应用模式所不具备的特点：它更加开放，与软/硬件平台无关，应用开发速度快，生命周期长，应用扩充和系统维护升级方便。正是由于具备了这些特点，目前它已成为企业网应用系统开发首选的应用模式。B/S 应用模式的基本组成如下：

（1）Web 服务器（HTML 网页，Java Applet）。

（2）客户机（浏览器）。

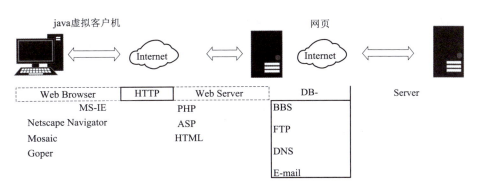

图 3-5　B/S 网络的拓扑结构

(3) 应用软件服务器。

(4) 专用功能的服务器(数据库、文件、电子邮件、打印、目录服务等)。

(5) 互联网或 Intranet(企业内联网)网络平台。

B/S 应用模式是一种平面型多层次的网状结构。网络用户在基于浏览器的客户机上,以网络用户界面(network user interface, NUI)来访问应用服务器上的资源。用户访问应用服务器资源以动态交互或互相合作的方式进行。在 B/S 模式中,主流语言是 Java 和 HTML 类标记语言。B/S 应用模式具有以下特点。

(1) 分散应用与集中管理。任何经过授权且具有标准浏览器的客户均可以访问网上资源,获得网上的服务。

(2) 跨平台兼容性。Web 服务器、超文本传输协议(HTTP)、Java 及 HTML 等网上使用的软件、语言和应用开发接口均与硬件和操作系统无关,真正做到跨平台的兼容性。

(3) 交互性和实时性。互联网把企业内部的信息连接在一起,企业内部客户既可随时看到企业内所发布的信息,也可以使用交互式表格和报表生成器来产生新的信息报表。

(4) 协同工作。互联网可以为每一个成员提供一个易于使用的项目管理、数据采集、信息发布与知识管理的工具。通过这些工具,每一个成员可以单独发布信息和执行任务,也可以相互调用或运行对方应用程序。

(5) 系统易维护。由于大量应用软件配置在服务器上,使开发的平台移向服务器。在客户机上少量的应用和软件(可以只是一个浏览器)可以做到统一的使用界面,客户机可以越来越"瘦",不仅价格上占有很大优势,且网络系统中大量使用的客户机的维护工作量可以大大降低。另外,系统软件版本的升级再配置工作量也会大幅度下降。

基于新一代 Web 技术的 B/S 应用模式包括两方面的特征:一是与面向对象技术相结合,具有实时性、可伸缩性和可扩展性的协同事务处理功能;二是具有浏览三维动画超媒体技术的功能。在互联网/企业内联网分布环境及 WWW 环境中,采用面向对象技术已不同于过去各对象都存在于同一系统或同一计算机中的情况那样简单。分布环境的面向对象技术,其特征是在服务器协助下,依靠对象需求代理服务机制,使处在不同位置上的对象就像处在同一台计算机中一样。为了让处在不同软/硬平台、不同系统中的各个对象能在一起协同工作,就需要有相应的标准、通信协议和接口描述语言。

目前已被公认的且正在发展中的对象需求代理服务的标准有公共对象请求代理体系结构(common object request broker architecture,CORBA)和分布式构件对象模型(distributed component object model,DCOM)。

WWW与虚拟现实建模语言(virtual reality modeling language,VRML)相结合是使Web技术进入三维世界的关键。VRML是目前描述三维动画最热门的语言。VRML能在一个交互的三维世界中表达诸多关联信息的布局和内容。在WWW环境中,当用户要浏览用VRML所表达的内容时,浏览器上的VRML解释器将VRML所写的内容解释成三维空间中目标几何形体的描述,并在屏幕上显示出三维动画来。把VRML、HTML、Java、多媒体和数据库连接技术结合在一起就构成了基于新的超媒体WWW的B/S应用模式。这种应用模式把我们带入一个三维的、可交互的、在互联网/企业内联网上访问的神奇世界。

3.2　OSI参考模型与TCP/IP参考模型

计算机网络系统的功能强、规模庞大,通常采用高度结构化的分层设计方法,将网络的通信子系统划分成一组功能分明、相对独立和宜于操作的层次,依靠各层之间的功能组合提供网络的通信服务,从而减少网络系统设计、修改和更新的复杂性。

在计算机网络中,每一台连接在网上的计算机都是网络拓扑中的一个节点。为了正确地传输、交换信息,必须有一定的规则,通常把在网络中传输、交换信息而建立的规则、标准和约定统称为网络协议。网络协议包括以下三个要素。

(1) 语法。语法规定协议元素(数据、控制信息)的格式。

(2) 语义。语义规定通信双方如何操作。

(3) 同步。同步规定实现通信的顺序、速率适配及排序。

由此可见,网络协议是计算机网络体系结构中不可缺少的组成部分。计算机网络包含的内容相当复杂,如何将复杂的问题分解为若干个既简明又有利于处理的问题,实践表明,采用网络的分层结构最为有效。计算机通信的网络体系结构实际上就是结构化的功能分层和通信协议的集合。

采用分层设计的方法的好处主要有以下几点。

(1) 各层之间相互独立。某一层并不需要知道它的下一层是如何实现的,而仅仅需要知道该层的接口(即界面)所提供的服务。由于每一层只实现一种相对独立的功能,因而可将一个难以处理的复杂问题分解为若干个较容易处理的更小一些的问题。这样,整个问题的复杂性就下降了。

(2) 灵活性好。当任何一层发生变化时(如技术的变化),只要层间接口关系保持不变,在这层以上或以下各层均不受影响。

(3) 各层都可以采用最合适的技术来实现。

(4) 易于实现和维护。这种结构使实现和调试一个庞大而复杂的系统变得易于处理,因为整个系统已被分解为若干个相对独立的子系统。

（5）有利于促进标准化。因为每一层的功能及其所提供的服务都已有了明确的说明。

分层设计的方法是开发网络体系结构的一种有效技术。一般而言，分层应当遵循以下几个主要原则。

①设置合理的层数，每一层应当实现一个定义明确的功能。

②确保灵活性。某一层技术上的变化，只要接口关系保持不变，就不应影响其他层次。

③有利于促进标准化。由于采用分层结构，每一层功能及提供的服务可规范执行，层间边界的信息流通量应尽可能少。

④为了满足各种通信业务的需要，在一层内形成若干子层，也可以合并或取消某层。

3.2.1 OSI 参考模型

随着计算机系统网络化互联业务的需要，从 20 世纪 70 年代起，世界许多著名的计算机公司都纷纷推出了自己的网络体系结构，比如 IBM 公司的 SNA（system network architecture）Digital 公司的数字网络架构（digital network architecture，DNA）等。这些公司的产品自成系列，能够方便地实现同类计算机系统的互联成网。然而，由于各公司设计的计算机专有系统所用的体系结构控制机理和信息格式彼此不同、互不兼容，使不同的计算机系统之间的通信变得相当复杂。为了更加充分地发挥计算机网络的作用，就需要建立一个国际范围的标准。国际标准化组织（International Standard Organization，ISO）吸取了 SNA、DNA 及 APPA 网等网络体系结构的成功经验，参照了 X.25 开放互联结构特性，从用户系统信息处理的角度，提出了开放系统互联的参考模型（OSI-RM），即 ISO7498，并于 1984 年 5 月批准为国际标准。

OSI 开放系统互联参考模型采用了 7 个层次的体系结构，从下到上分别为物理层（physical layer）、数据链路层（data Link layer）、网络层（network layer）、传输层（transport Layer）、会话层（session layer）、表示层（presentation Layer）和应用层（application layer）。OSI 开放系统互连参考模型中的体系结构如图 3-6 所示。

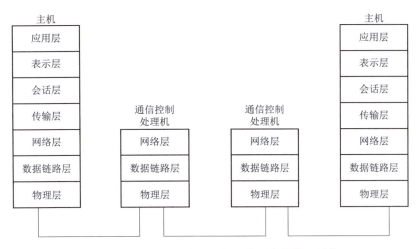

图 3-6　OSI 开放系统互连参考模型中的体系结构

1. 物理层

在 OSI 参考模型中,物理层是参考模型的最底层,它包括物理网络介质,如电缆、连接器、转发器。物理层的功能是建立系统和通信介质的物理接口,提供物理链路所需要的各种功能和规程。

物理层考虑的是怎样才能在连接各种计算机的传输媒体上传输数据的比特流,而不是连接计算机的具体的物理设备或具体的传输媒体。现有的计算机网络中的物理设备和传输媒体的种类非常多,而通信手段也有许多不同方式。物理层的作用正是要尽可能地屏蔽掉这些差异,使物理层上面的数据链路层感觉不到这些差异,这样就可使数据链路层只需要考虑如何完成本层的协议和服务,而不必考虑网络具体的传输媒体是什么。

2. 数据链路层

在 OSI 参考模型中,数据链路层是参考模型的第 2 层。数据链路层的主要功能是在物理层提供的服务基础上,在通信的实体之间建立数据链路连接,将数据传输到以"帧"为单位的数据包中,并采用差错控制与流量控制方法使有差错的物理线路变成无差错的数据链路。

数据链路层是指在网络上沿着网络链路在相邻节点之间移动数据的技术规划。它的主要任务是加强物理层传输原始比特的功能,使之对网络层显现为一条无错线路。发送方把输入数据分装在数据帧里,按顺序传送各帧,并且有可能要处理接收方回送的确认帧。这里,帧是用来移动数据的结构包,帧中包含地址、控制、数据及校验码等信息。它不仅包括原始(未加工)数据,或称"有效荷载",还包括发送方和接收方的网络地址及纠错和控制信息。其中目的地址确定了帧将发送到何处,而纠错和控制信息则确保帧无差错到达。因为物理层仅接收和传送比特流,并不关心它的意义和结构,所以只能依赖各链路层来产生和识别帧边界。可以通过在帧的前面和后面附加上特殊的二进制编码模式来达到这一目的。如果这些二进制编码偶然在数据中出现,则必须采取特殊措施以避免混淆。

传输线路上突发的噪声干扰可能把帧完全破坏掉,在这种情况下,发送方机器上的数据链路软件可能要重传该帧。然而,相同帧的多次重传也可能使接收方收到重复帧,比如接收方给发送方的确认丢失以后,就可能收到重复帧。数据链路层要解决由于帧的破坏、丢失和重复所出现的问题。数据链路层可能向网络层提供几种不同的服务,每种都有不同的服务质量和价格。

数据链路层要解决的另一个问题是防止高速的发送方的数据把低速的接收方"淹没",因此需要某种流量的调节机制,使发送方知道当前接收方还有多少缓存空间。通常,流量调节和差错处理的功能同时完成。

3. 网络层

在 OSI 参考模型中,网络层是参考模型的第 3 层。网络层的主要功能是为数据在节点之间传输创建逻辑链路,通过路由选择算法,为分组选择最适当的路径,以及实现拥塞控制、网络互联等。

网络层通过综合考虑发送优先权、网络拥塞程度、服务质量,以及可选路由的花费来决定从一个网络中节点 A 到另一个网络中节点 B 的最佳路径。在网络中,"路由"是基于编址方案、使用模式及可达性来指引数据的发送。网络层协议还能补偿数据发送、传输及接收设备能力的不平衡性。为完成这一任务,网络层对数据包进行分段和重组。分段即是指当数据从一个能处理较大数据单元的网络段传送到仅能处理较小数据单元的网络段时,网络层减小数据单元大小的过程。这个过程就如同将单词分割成若干可识别的音节给正学习阅读的儿童使用一样。重组过程即是重新构成被分段的数据单元。类似地,当一个孩子理解了分开的音节时,他会将所有音节组成一个单词,也就是将部分重组成一个整体。

4. 传输层

在 OSI 参考模型中,传输层是参考模型的第 4 层。传输层是计算机通信体系结构中关键的一层。它汇集下 3 层功能,向高层提供完整的、无差错的、透明的、可按名寻址的、高效低费用的、端到端的通信服务,起到承上启下的作用。

传输层的基本功能是从会话层接收数据,并按照网络能处理的最大尺寸将较长的数据包进行强制分割,把它分成较小的单位,传递给网络层。例如,以太网(一种广泛应用的局域网类型)无法接收大于 1 500 B 的数据包。传输层能确保到达对方的各段信息正确无误,而且,这些任务都必须高效率地完成。从某种意义上说,传输层使会话层不受硬件技术变化的影响。

通常,每当会话层请求建立一个传输链接,传输层就为其创建一个独立的网络链接。如果传输链接需要较高的信息吞吐量,传输层也可以为之创建多个网络链接,让数据在这些网络链接上分流,以提高吞吐量。另外,如果创建或维持一个网络链接不合算,传输层可以将几个传输链接复用到一个网络链接上,以降低费用。然而,在任何情况下,都要求传输层能使多路复用对话层透明。

传输层也要决定向会话层提供什么样的服务。最常用的传输链接是一条无错的、按发送顺序传输报文或字节的点到点的信道。但是,有的传输服务是不能保证传输次序的独立报文传输和多目标的报文广播。

传输层是真正的从源到目标的"端到端"的层。源端主机上的某程序,利用报文头和控制报文与目标主机上的类似程序进行对话。而在传输层以下的各层中,协议是每台机器包括中间节点都要参照执行的协议,而不是最终的源端主机与目标主机之间的协议。通常在它们中间可能还有多个路由器,这些路由器都要对路过的信息块进行 1～3 层的处理,也就说,1～3 层是链接起来的,4～7 层是端到端的。

很多主机有多个程序在运行,这意味着这些主机有多条链接进出,因此需要用某种方式来区别报文属于哪条链接。识别这些链接的信息可以放入传输层的报文头。

除了将几个报文流多路复用到一条通道上,传输层还必须解决跨网络连接的建立和拆除问题。这需要某种命名机制,使机器内的进程可以讲明它希望与谁会话。另外,还需要一种机制以调节通信量,使高速主机不会发生过快地向低速主机传输数据的现象。这样的机制称为流量控制,它在传输层(同样在其他层)中扮演着关键的角色。

5. 会话层

在 OSI 参考模型中,会话层是参考模型的第 5 层。会话层的功能是负责两节点之间建立通信链接,保持会话过程通信链接的畅通,使两个节点之间的对话同步,决定通信是否被中断及通信中断时决定从何处重新发送。

会话层允许不同机器上的用户建立会话关系。"会话"是指在两个实体之间建立数据交换链接,常用于表示终端与主机之间的通信。会话层允许进行类似传输层的普通数据传输,并提供对某些应用有用的增强服务会话,也可用于远程登录到分时系统或在两台机器间传递文件。

会话层服务之一是管理会话。会话层允许信息同时双向传输,或任一时刻只能单向传输。若属于后者,则类似于单线铁路,会话层记录此时该轮到哪一方了。

一种与会话有关的服务是令牌管理。有些协议保证双方不能同时进行同样的操作,这一点很重要。为了管理这些活动,会话层提供了令牌。令牌可以在会话双方之间交换,只有持有令牌的一方可以执行某种关键操作。

另一种会话服务是同步。如果网络平均每小时出现一次大故障,而两台计算机之间要进行长达两小时的文件传输时该怎么办?每一次传输中途失败后,都不得不重新传输这个文件,而当网络再次出现故障时,又可能半途而废了。为了解决这个问题,会话层提供了一种方法,即在数据流中插入检查点。每次网络崩溃后,仅需要重传最后一个检查点以后的数据。

6. 表示层

在 OSI 参考模型中,表示层是参考模型的第 6 层。表示层的主要功能是用于处理在两个通信系统中交换信息的表示方式,主要包括数据格式变换、数据加密与解密、数据压缩与恢复等功能。

表示层如同翻译。在表示层,数据将按照网络能理解的方案进行格式转化,这种格式转化的结果因所使用网络的类型不同而不同。表示层管理数据的解密与加密,如系统口令的处理。如果在 Internet 上查询银行账户,使用的即是一种安全链接。账户数据仍会在发送前被加密,在网络的另一端,表示层将对接收到的数据解密。除此之外,表示层协议还对图片和文件格式信息进行解码和编码。表示层以下的各层只关心如何可靠地传输比特流,而表示层关心的是所传输的信息的语法和语义。

7. 应用层

在 OSI 参考模型中,应用层是参考模型的最高层。应用层的主要构成是完成特定网络服务所需要的各种应用程序。

应用层是计算机网络与最终用户的交流界面,为网络用户之间的通信提供专用的程序。OSI 的 7 层协议从功能划分来看,下面 6 层主要解决支持网络服务功能所需要的通信和表示问题,应用层负责对软件提供接口以使程序能享用网络服务。应用层提供的服务主要有:文件传输、访问和管理,电子邮件,虚拟终端,查询服务和远程登录。

综上所述,可将 OSI 模型各层的功能及信息交换的单位汇总,OSI 参考模型各层的功能及信息交换的单位见表 3-1。

表 3-1 OSI 参考模型各层的功能及信息交换的单位

模型各层名	功　　能	信息交换的单位
应用层	在程序之间传递信息	报文
表示层	处理文本格式化,显示代码转换	报文
会话层	建立、维持、协调通信	报文
传输层	确保数据正确发送	传输协议数据单元
网络层	决定传输路由、处理信息传递	分组
数据链路层	编码、编址、传输信息	帧
物理层	管理硬件连接	位

3.2.2　TCP/IP 参考模型

通过上面的简单介绍,不难发现 OSI 体系结构概念清晰,但是层次过于复杂。互联网的分层协议体系结构为全球信息互联奠定了基础。实际上,互联网是一个虚拟网,所谓虚拟网是指互联网由许许多多的网互联而成,如图 3-7 所示。

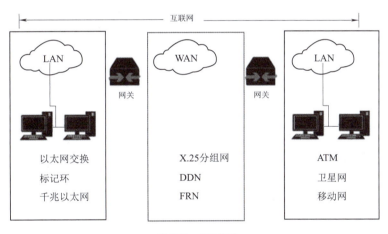

图 3-7　互联网

传输控制协议/互联网协议(transmission control protocol/internet protocol,TCP/IP),并定义任何可以传输分组的通信系统均可视为网络。因此互联网具有网络对等性,不论是复杂的网络,还是简单的网络,甚至两台连接的计算机网络都是如此。它依托在物理网络上运行,但又与网络的物理特性无关。

网络互联是目前网络技术研究的热点之一,取得了很大的进展,出现了众多的网络协议。TCP/IP 就是一个被普遍使用的网络互联的标准协议。TCP/IP 开发于 20 世纪 60 年代后期,是实现网络互联的核心。从 1978 年起,TCP/IP 就取得了网络领域的主导地位,它是目前最流行的、不依赖于特定硬件平台的网络协议。虽然它不是 OSI 标准,但它被公认为当前的工业标准。著名的 Internet 就是以 TCP/IP 为基础进行通信的。随着 Internet 技术的发展,TCP/IP 也成为局域网中必不可少的协议之一。

事实上,TCP/IP 是一个用于计算机通信的协议族,它包括很多协议,如 TCP/IP、TELNET、SMTP、FTP、UDP 等,其中最重要和最著名的就是传输控制协议(TCP)和互联网协议(IP)。一般人们常提到的 TCP/IP 指的就是 Internet 所使用的体系结构,或者整个 TCP/IP 协议族。

基于硬件层次上执行 TCP/IP 的 Internet 仅由 4 个概念性的层次组成,自下而上依次为:网络接口层、互联网层(IP 层)、传输层和应用层,各层次上分别有不同协议与之相对应。TCP/IP 体系结构的层次及对应协议见表 3-2。

表 3-2 TCP/IP 体系结构的层次及对应协议

执行 TCP/IP 的层次	对应的协议
应用层	Telnet、FTP、SMTP、DNS、HTTP
传输层	TCP、UDP
互联网层(IP 层)	IP、ICMP、ARP、RARP
网络接口层	SLIP、PPP

1. 网络接口层

网络接口层对应于 OSI 参考模型的数据链路层和物理层,它提供了 TCP/IP 与各种物理网络的接口,是 TCP/IP 的实现基础。这些通信网包括多种广域网,如 ATM、FR、MILNET 和 X.25 公用数据网,以及各种局域网,如 Ethernet、IEEE、Token-Ring 的各种标准局域网等。它还为网络层提供服务。TCP/IP 体系结构并未对网络接口层使用的协议做出强制的规定,它允许主机连入网络时使用多种现成的和流行的协议。

2. 互联网层(IP 层)

互联网层是 TCP/IP 体系结构的第 2 层,它解决了计算机与计算机之间的通信问题,实现的功能相当于 OSI 参考模型中网络层的连接网络服务。互联网层负责异构网或同构网的计算机进程之间的通信。它将传输层的分组封装为数据报格式进行传送,每个数据报必须包含目的地址和源地址。在互联网中,路由器是网间互联的关键设备,路由选择算法是网络层(包括互联子层)的主要研究对象。

互联网层有 4 个重要的协议:互联网协议(IP)、互联网控制报文协议(internet control message protocol,ICMP)、地址转换协议(address resolution protocol,ARP)和反向地址转换协议(reverse address resolution protocol,RARP)。它们是实现异构网络互联的关键协议。

3. 传输层

传输层位于互联网层之上,它的主要功能是负责应用进程之间的端到端通信。TCP/IP 的传输层提供了两个主要的协议:传输控制协议(TCP)和用户数据报文协议(user datagram protocol,UDP)。TCP 提供可靠性服务,比如文件传输、远程登录,一次传输交换大量的数据。UDP 具有高效率,适用于交互型应用,比如数据库查询,其可靠性则由应用程序解决。

4. 应用层

在 TCP/IP 体系结构中，传输层之上是应用层，它包含了网络上计算机之间的各种应用服务。用户通过应用进程接口(API)调用应用程序来运用互联网提供的多种服务。应用程序负责收、发数据，并选择传输层提供的服务类型，如连续的字节流，独立的报文序列，然后按传输层要求的格式递交。

应用层包含所有的高层协议，如远程登录协议(Telnet)、文件传输协议(FTP)、简单邮件传输协议(SMTP)、超文本传输协议(HTTP)和域名系统(DNS)等，并且总是不断有新的协议加入。几乎所有的应用程序都有自己的协议。

要把数据以 TCP/IP 的方式从一台计算机传送到另一台计算机，数据需要经过上述四层通信软件的处理才能在物理网络上传输。TCP/IP 模型的工作原理如图 3-8 所示。

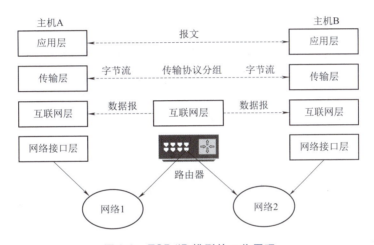

图 3-8　TCP/IP 模型的工作原理

在图 3-8 中描述了两台主机 A、B 上的应用程序之间的通信过程。主机 A 通过应用层、传输层、互联网层到网络接口层进入网络 1，按帧 1 格式传送和处理；路由器收到网络 1 的帧 1，在互联网层加以识别数据报头，选择转发路径，形成帧 2，流经网络 2。主机 B 在网络 2 中获取帧 2，经互联网层、传输层、应用层到达主机 B。主机 B 到主机 A 的通信过程类似于主机 A 到主机 B 的通信过程。

在实现 TCP/IP 分层模型的工作原理时，还需要理解层间的界限：应用程序与操作系统(OS)之间的界限、协议地址的界限。TCP/IP 分层模型的界限如图 3-9 所示。

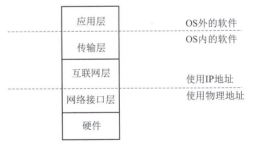

图 3-9　TCP/IP 分层模型的界限

在互联网中，软件分为操作系统软件和非操作系统软件。应用层程序是非操作系统软件，目的是减少在协议软件的低层间进行数据传送的开销。在互联网层之上的所有协议软件只使用 IP 地址，在网络接口层使用具体的物理地址。需要强调的是，TCP/IP 协议并没有确切地规定应用程序应该怎样与协议软件相互作用，也就是说没有对应用程序接口进行标准化，因此在原理上必须区分 TCP/IP 协议与接口。

3.3 IP 地 址

3.3.1 IP 地址基础知识

1. 使用 IP 地址的原因

以太网利用 MAC 地址(物理地址)标志网络中的一个节点,两个以太网节点的通信需要知道对方的 MAC 地址。但是,以太网并不是唯一的网络,世界上存在着各种各样的网络,这些网络使用的技术不同,物理地址的长度格式等表示方法也不相同。例如,以太网的物理地址采用 48 位二进制数表示,而电话网则采用 14 位十进制数表示。因此,如何统一节点的地址表示方式、保证信息跨网传输是互联网面临的一大难题。

显然,统一物理地址的表示方法是不现实的,因为物理地址表示方法是和每一种物理网络的具体特性联系在一起的。因此,互联网对各种物理网络地址的"统一"必须通过上层软件完成。确切地说,互联网对各种物理网络地址的"统一"要在 IP 层完成,于是在用 TCP/IP 通信时,采用了 IP 地址来识别主机和路由器。在互联网通信中,全世界终端及网络设备都必须设定正确的 IP 地址,否则无法实现正常的通信,如图 3-10 所示。

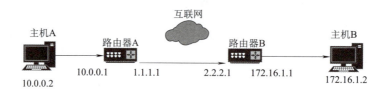

图 3-10 IP 地址的使用

2. IP 地址的组成

IP 地址(IPv4 地址)采用 32 位二进制数来表示。IP 地址在计算机内部以二进制方式被处理,但由于人们习惯了十进制的记忆方式,因此将 32 位的 IP 地址以每 8 位为一组,分成 4 组,并将每组转换为十进制,然后用"."隔开进行表示,通常将这种表示方法称为点分十进制。

```
            第1组       第2组      第3组       第4组
二进制:11000000   10101000   00000010   00000010
十进制:   192.      168.        1.          2
```

一个互联网包括了多个网络,而每个网络又包括了多台主机,因此,互联网是具有层次结构的。与互联网的层次结构对应,IP 地址也采用了层次结构,这就好比国家的行政机构,如图 3-11 所示。

IP 地址就好比电话号码,每个电话号码都包括区号和电话号两个部分,如图 3-12 所示。IP 地址则由网络号(net id)和主机号(host id)两个部分组成。电话号码区号用来识别电话号码所属城市,电话号用来标识一台电话机。IP 地址中网络号用来标识互联网中的一个特定网络,而主机号则用来表示该网络中主机的一个特定链接。

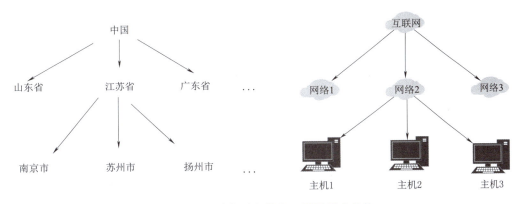

图 3-11 国家行政机构与互联网层次结构

IP 地址的编址方式明显地携带了位置信息。如果给出一个具体的 IP 地址,马上就能知道它位于哪个网络,这给互联网的路由选择带来了很大的便利。例如,互联网中,每个网络的网络号是不同的,而同一网络内的主机必须有相同的网络号,但主机号不能重复。由此,可以通过设网络号和主机号,在相互连接的整个网络中保证每台主机的 IP 地址都不会相互重叠,即 IP 地址具有了唯一性。

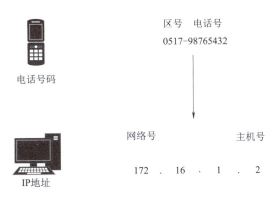

图 3-12 电话号码与 IP 地址

网络号是将 IP 地址中主机号所占位置设置为 0 时的地址。例如,IP 地址 192.168.1.2,它的最后一部分为主机号,则其网络号为 192.168.1.0。主机号是将网络号所占位置设置为 0,则主机号为 2。

3. 子网掩码

数据传输过程中是通过什么方式来判断网络号的呢?主要是通过子网掩码(Subnet Mask)来实现的。

在配置主机的 IP 地址的时候,除了配置 IP 地址和网关外,还需要配置子网掩码,那这个子网掩码是如何得出的呢?这里的子网掩码主要是通过将网络号所占二进制位置为 1,主机号所占二进制位置为 0,然后转换成十进制计算得来的。如 IP 地址 172.16.1.2,已知其网络号位数为 16,主机号位数也为 16,则其子网掩码为 255.255.0.0。

IP 地址：	172	16	1	2
转换为二进制：	10101100	00010000	00000001	00000010
子网掩码：	11111111	11111111	00000000	00000000
转换为十进制：	255	255	0	0

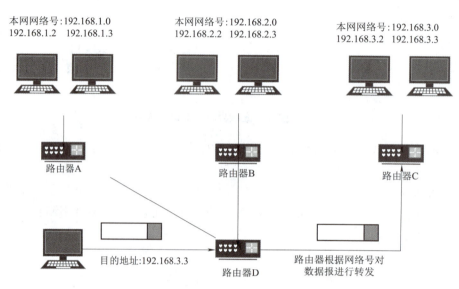

图 3-13　网络号的作用

在数据报传输过程中，计算机或者网络设备主要是通过子网掩码与 IP 地址进行"与"运算（AND）来得出该 IP 地址的网络号并获知该 IP 地址所属网络区域。例如，已知 IP 地址为 192.168.1.2，子网掩码为 255.255.255.0，则其网络号为 192.168.1.0。

需要注意的一点是，在网络中，所有 IP 地址的计算都用二进制来进行。通常情况下，子网掩码的表示方法和地址本身的表示方法是一样的。在 IPv4 中，就是点分四组表示法（4 个取值从 0~255 的数字由点隔开，如 255.128.0.0）或表示为一个八位十六进制数（如 FF.80.00.00，它等同于 255.128.0.0），后者用得较少。

IP 地址：	192	168	1	2
转换为二进制：	11000000	10101000	00000001	00000010
子网掩码：	& 11111111	11111111	11111111	00000000
得出网络号：	11000000	10101000	00000001	00000000
转换为十进制：	192	168	1	0

还有一种更为简短的形式叫作无类别域间路由（CIDR）表示法，它给出的是一个网络号加上一个斜杠，斜杠后面加上网络掩码的二进制表示法中"1"的位数。例如，192.0.2.96/28 表示的是一个前 28 位被用作网络号的 IP 地址（和 255.255.255.240 的意思一样）。"/"后面的数字也称为前缀长度。

子网掩码的好处就是：不管网络有没有划分子网，只要把子网掩码和 IP 地址进行逐位的"与"运算（AND），就立即得出网络地址来，这样在路由器处理到来的分组时就可以采用同样的方法。

4. 网关的用途

网关(gateway)就是一个网络连接到另一个网络的"关口",顾名思义,也就是网络关卡,就好比从一个房间走到另一个房间,必然要经过一扇门。网关的作用如图 3-14 所示,公司内部网络如果要与互联网进行通信,数据包的发送必须经过路由器的 F0 接口,那么 F0 的 IP 地址就是公司内部网络所有主机的网关。在配置主机的 IP 地址参数时,有一个参数叫作默认网关。一台主机可以有多个网关,默认网关的意思是一台主机如果找不到可用的网关,就把数据包发给默认指定的网关,由这个网关来处理数据包。现在主机使用的网关,一般指的是默认网关。一台计算机的默认网关是不可以随便指定的,必须正确地指定,否则一台计算机就会将数据包发给不是网关的计算机,从而无法与其他网络的计算机通信。

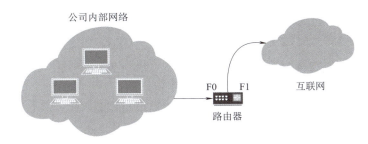

图 3-14 网关的作用

3.3.2 IP 地址的分类

在互联网中,每个网络所包含的主机数是不确定的。有的网络具有成千上万台主机,而有的网络仅有几台主机。为了适应不同的网络规模,将 IP 地址划分成 A、B、C、D、E 五类,如图 3-15 所示。它根据 IP 地址中从第 1 位到第 4 位的数值对其网络号和主机号进行区分。每一类 IP 地址包含的主机数量不同,以适应网络规模的大小。

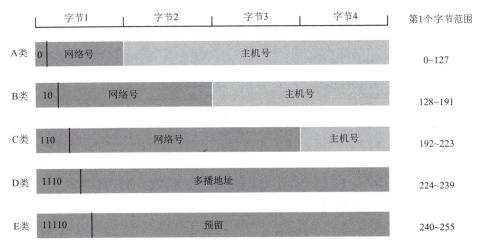

图 3-15 IP 地址的分类

A类IP地址的首位以"0"开头。从第1位到第8位是它的网络位,因此第1个字节的地址范围是 0~127,0 是保留的,用来表示所有IP地址,而127也是保留的地址,是用于测试环回用的,因此A类地址的范围其实是 1~126 之间。用十进制表示的话,0.0.0.0~127.0.0.0 是A类的网络地址。A类地址的后24位用于表示主机号,因此它可以用于大型网络。

B类IP地址的前两位为"10",从第 1~16 位是它的网络号,第1个字节的地址范围是 128~191。用十进制表示的话,128.0.0.0~191.255.0.0 是B类的网络地址。B类地址的后16位是主机号。

C类IP地址的前三位为"110",从第 1~24 位是它的网络号,第1个字节的地址范围是 192~223。用十进制表示的话,192.0.0.0~223.255.255.0 是C类的网络地址。C类地址的后8位是主机号。

D类IP地址的前4位为"1110",第1个字节的地址范围是 224~239。用十进制表示的话,224.0.0.0~239.255.255.255 是D类的网络地址。D类地址是一个专门保留的地址。它并不指向特定的网络,目前这一类地址被用在多点广播(multicast)中。多点广播地址用来一次寻址一组计算机,它标识共享同一协议的一组计算机。

E类IP地址的前4位为"1111",第1个字节的地址范围是 240~255,为将来使用保留。

在这五类IP地址中,A、B、C三类是常用地址,也就是可以正常配置给普通主机所使用,而D、E两类则不能配置给普通主机所使用。

在分配IP地址时关于主机号有一点需要注意,主机号不可以全部为0或全部为1。它们有着特殊的含义,当主机号全为0时表示网络地址,全为1时表示广播地址,表示网络中的所有主机。因此,在分配过程中,应该去掉这两种情况。如一个C类的网络中可包含的主机数量就是 $2^8-2=254$ 台。

对于每一类地址中的子网掩码,可以通过将网络位置为1,主机位全部置为0计算得出,如A类网络的子网掩码为 255.0.0.0。各类IP地址的子网掩码与包含主机数量见表3-3。

表3-3 各类IP地址的子网掩码与包含主机数量

IP地址分类	网络地址长度	子网掩码	包含主机数量
A类	8位	255.0.0.0	$2^{24}-2=16777214$
B类	16位	255.255.0.0	$2^{16}-2=65534$
C类	24位	255.255.255.0	$2^8-2=254$

1. 私有地址与全局地址

起初,互联网中的任何一台主机或路由器必须配有一个唯一的IP地址。一旦出现IP地址冲突,就会使发送端无法判断究竟应该发给哪个地址。而接收端收到数据包后发送回执时,由于地址重复,发送端也无从得知究竟是哪个主机返回的信息,影响通信的正常进行,如图3-16所示。

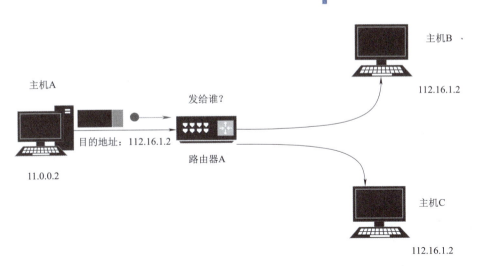

图 3-16　互联网中不能出现相同的 IP 地址

然而,随着互联网的迅速普及,IP 地址不足的问题日趋显著。如果一直按照原有的方法采用唯一地址的话,IP 地址将很快就不能满足现实需求。

于是就出现了一种新技术。它不要求为每一台主机或路由器分配一个固定的 IP 地址,而是对直接连接公网的设备配置一个固定的 IP 地址,对于不同私有网络或者说是不同局域网内可以配置重复的 IP 地址,但是在同一个局域网内不能出现相同的 IP 地址。对于在公网中能够使用的地址称为全局地址,或者公网地址。对于在私网或局域网中使用的可重复的地址称为私有地址,或者私网地址。全局地址与私有地址如图 3-17 所示。

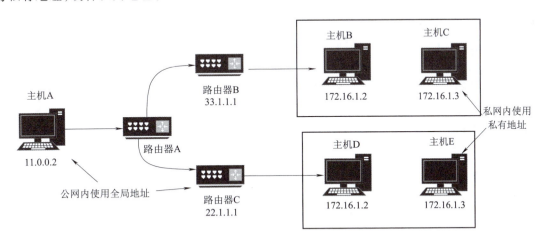

图 3-17　全局地址与私有地址

现在有很多单位、学校、家庭内部都采用私有 IP 地址,而在路由器(宽带路由器)或在必要的服务器上使用全局 IP 地址。如果配有私有 IP 地址的主机联网,则需要通过 NAT 进行地址转换,将私有地址映射为全局地址进行通信,否则就会违背 IP 地址在互联网络环境中具有全局唯一性的约定。

全局 IP 地址要在整个互联网内保持唯一性,但私有地址不需要。只要在同一个私网中保证唯一即可,但不同的私网里可以出现相同的私网地址。

私有地址包含了 A 类、B 类和 C 类三类地址空间中的 3 个小部分。私有地址的范围见表 3-4。

表 3-4 私有地址的范围

IP 地址类别	私有地址范围
A 类	10.0.0.0 ~ 10.255.255.255
B 类	172.16.0.0 ~ 172.31.255.255
C 类	192.168.0.0 ~ 192.168.255.255

2. 特殊 IP 地址及应用

除了全局地址和私有地址外,还有一些特殊的 IP 地址。

1) 网络地址

在互联网中,经常需要使用网络地址,IP 地址方案规定,网络地址包含了一个有效的网络号和一个全为 0 的主机号。例如,在 A 类网络中,地址 114.0.0.0 就表示该网络的网络地址。而一个具有 C 类 IP,地址为 212.29.222.12 的主机,所在的网络地址为 212.29.222.0,它的主机号为 12。

2) 广播地址

当一个设备向网络上所有的设备发送数据时,就产生了广播。这就好比是开会,一个人讲话,会场的所有人都会听到,属于"一对所有"的通信方式。为使网络上的所有设备都能够接收到这个广播,必须使用一个可进行识别和侦听的 IP 地址,这类地址称为广播地址。有线电视网就是典型的广播型网络,电视机实际上是接收到所有频道的信号,但只将一个频道的信号还原成画面。

IP 广播有两种形式:一种叫直接广播;另一种叫有限广播。

直接广播(directed broadcasting)地址包含一个有效的网络号和一个全为 1 的主机号,即将 IP 地址中的主机号部分全部设置为 1,就成了这个网络的直接广播地站。例如,把 172.20.0.0/16 用二进制表示如下:

10101100.00010100.00000000.00000000

将这个地址的主机部分全部改为 1,则形成广播地址:

10101100.00010100.11111111.11111111

再将这个地址用十进制表示,则为 172.20.255.255。

这类广播地址可以在网络中进行转发,路由器不会屏蔽这类数据包。例如,C 类地址 212.7.10.255 就是一个直接广播地址,因为其主机位全部为 1。互联网上的一台主机如果使用该 IP 地址作为目的 IP 地址发送数据包,那么 212.7.10.0 网络上的所有主机都将会收到这个数据包,如图 3-18 所示。

有限广播(limited broadcasting)地址,也称受限广播地址,指 32 位全为 1 的 IP 地址,即 255.255.255.255。用于本网广播,即被限制在本网络之中。路由器会屏蔽这类广播数据包,不让其发送到其他网络中。

例如,在 11.0.0.0 网络中发送了一个目的地址为 255.255.255.255 的广播数据包,那么只有它自身所在的网络中的主机会接收到这个广播包,其他网络中的主机无法接收到,如图 3-19 所示。

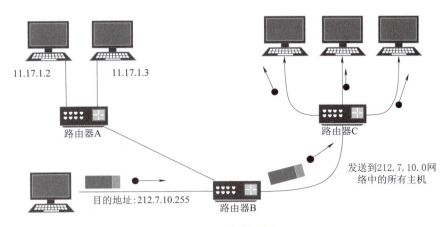

图 3-18 直接广播

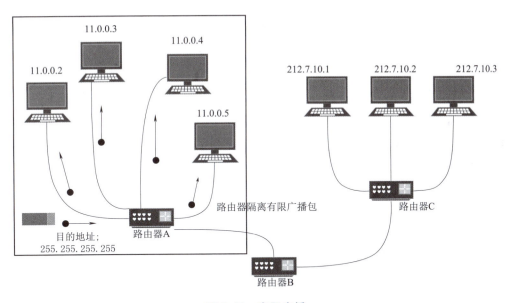

图 3-19 有限广播

3) 多播地址

多播也称为组播,D 类的 IP 地址就属于多播地址。在网络技术中的应用并不是很多,网上视频会议、网上视频点播特别适合采用多播方式。因为如果采用单播(unicast,即一对一的通信方式),逐个节点传输目标,有多少个目标节点,就会有多少次传送过程,这种方式显然效率极低,是不可取的;如果采用不区分目标、全部发送的广播方式,虽然一次可以传送完数据,但是显然达不到区分特定数据接收对象的目的。采用多播方式,既可以实现一次传送所有目标节点的数据,也可以穿透路由,达到只对特定对象传送数据的目的。

从 224.0.0.0 到 239.255.255.255 都是多播地址的可用范围。其中从 224.0.0.0 到 224.0.0.255 的范围不需要路由控制，在同一个链路内也能实现多播。而在这个范围之外设置多播地址会给全网所有组内成员发送多播的包，如图 3-20 所示。利用 IP 多播实现通信，除了地址外还需要 ICMP 等协议的支持。

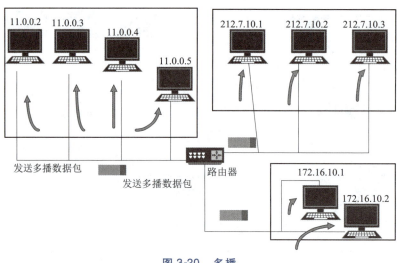

图 3-20　多播

此外，对于多播，所有的主机（路由器以外的主机和终端主机）必须属于 224.0.0.1 的组，所有的路由器必须属于 224.0.0.2 的组。类似地，多播地址中还有众多已知的地址用于特定的设备。部分多播地址见表 3-5。

表 3-5　部分多播地址

多播地址	用　　途
224.0.0.0	（预定）
224.0.0.1	子网内所有的系统
224.0.0.2	子网内所有的路由器
224.0.0.5	OSPF 路由器
224.0.0.6	OSPF 指定路由器
244.0.0.9	RIP2 路由器
244.0.0.10	IGRP 路由器
224.0.0.11	Mobile—Agents 活动代理
224.0.0.12	DHCP 服务器/中继器代理

4）环回地址

在 A 类网络中，当网络号部分为 127，主机号为任意值时的地址称为环回地址。它主要用于网络软件测试及本地进程之间的通信。例如，在网络测试中常用 ping 工具命令发送一个以环回地址为目标地址的 IP 分组"ping 127.0.0.1"，以测试本地 TCP/IP 是否正常工作。无论什么网络程序,一旦使用了回送地址作为目标地址,则所发送的数据都不会被传送到网络上。

5)0.0.0.0

严格意义上来说,0.0.0.0 已经不是真正意义上的 IP 地址了。它表示的是所有不清楚的主机和目的网络的一个集合,也可以说是代表所有 IP 地址。这里的"不清楚"是指在本机的路由表里没有特定条目指明如何到达。对本机来说,它就是一个"收容所",所有不认识的"三无"人员一律送进去。最常用的是默认路由,当不知道数据包转发到哪里去的时候,将会按照这个0.0.0.0 的路由信息转发。另外,当主机没有获取到 IP 地址时也会短暂的以0.0.0.0 作为自己的地址。

如果用户在网络设置中设置了默认网关,那么 Windows 系统就会自动产生一个目的地址为0.0.0.0 的默认路由,这意味着所有的发往外部的数据全部按照这条路径发送。

6)169.254.*.*

如果主机使用了 DHCP 功能自动获得一个 IP 地址,那么当 DHCP 服务器发生故障或响应时间太长而超出系统规定的一定时间后,Windows 操作系统会为用户分配这样一个地址。

3.4 数据编码

数据编码有两种类型:一类是信源编码;另一类是信道编码。

1. 信源编码的作用

(1)实现模拟信号的数字化。

(2)提高信源的效率,去除冗余度。

2. 信道编码的作用

数字信号在传输过程中往往会因为各种原因而在传送的信息中产生误码,通过信道编码可以增加纠错能力,减少差错。通过在传输码元序列中增加冗余码元,可以使码元序列具有自动检错与纠错能力。信道编码的本质是增加通信的可靠性。

3.4.1 信源编码

来自电话、电视等信源的信号一般为模拟信号,信源编码的主要作用是将模拟信号数字化,即对音话信号、电视图像、会议电视、静止图像、可视电话等模拟信号进行数字化处理。常见信源信号的数字化按编码方法可分为波形编码、参量编码和混合编码三种。

1. 波形编码

波形编码是话音信号数字化的主要方法,是直接将时域特性的模拟信号转换成数字信号的方法。该方法要经过抽样(取样或采样)、量化和编码三个过程。PCM 就是最典型的波形编码。ITU-T 建议了两种话音波形编码方法:一种是30路的 PCM(欧洲标准);另一种是24路的 PCM(北美标准)。

2. 参量编码

参量编码又称声源编码,是以语音产生模型为基础的编码方法。其基本原理是:在发送端,先将表征语音激励源和声道特征的某些参量提取出来,进行量化、编码后发送出去;在接收端,根据接收数据恢复这些参量,再由语音产生模型重新合成相应语音信号。线性预测编码(LPC)就是参量编码的典型应用。参量编码器又称声码器,有通道声码器、共振峰声码器、同态声码器和音素声码器等。

3. 混合编码

混合编码是近年来发展起来的低速编码技术,它将波形编码高质量的优点和参量编码低速率的优点结合起来,因此其中既有话音参量又有波形编码信息。

常见的混合编码有规则脉冲激励线性预测编码(RPE-LPC)、多脉冲激励线性预测编码(MPE-LPC)、规则脉冲激励并具有长期预测的线性预测编码(RPE-LTP-LPC)、矢量和激励线性预测编码(VSELPC)等。

图像编码的压缩方法通常有两种:一是减少图像信号的多余信息;二是除去或减少某些信息之间的相关性,即冗余度。另外,也可用人体的视觉特性压缩编码。对于会议电视的码率压缩标准,国际电联规定为 $P \times 64$ kbit/s。其中,P 的取值有两种标准:一种是欧洲标准($P=6$ 或 30),即 384 kbit/s 或 1.92 Mbit/s;另一种是北美标准($P=24$),即 1.5 Mbit/s。

静止图像包括可视图文、图文电视、可视电话、传真等。静止图像的编码方法有方块编码、帧间编码、随机脉冲编码和差分编码等。静止图像编码后的速率除高速传真和可视电话外一般都低于 64 kbit/s。对于动态图像的可视电话,国际电联规定的通用格式是每秒传 30 帧,每帧像素排列为 352×288,一般码率压缩标准是 128 kbit/s 和 64 kbit/s。

3.4.2 信道编码

信号在传输过程中不可避免地会发生差错,即出现误码。造成误码的原因很多,但主要原因可以归纳为两方面:一是信道特性不理想造成的码间干扰;二是噪声对信号的干扰。对于前者,通常通过均衡方法改善以至消除;对于后者,通常采用差错控制消除信道中的噪声干扰。差错控制是对传输差错采取的技术措施,目的是提高传输的可靠性。

差错控制的基本思想是通过对信息序列做某种变换,使原来彼此独立的、没有相关性的信息码元序列经过某种变换后产生某种规律性(相关性),从而在接收端有可能根据这种规律性来检查,进而纠正传输序列中的差错。变换的方法不同,就构成不同的编码和不同的差错控制方式。差错控制的核心是抗干扰编码,即差错控制编码,简称纠错编码,也叫信道编码。

1. 信道编码的基本原理

差错控制编码一般是在用户信息序列后插入一定数量的新码元,这些新插入的码元称为监督码元。它们不受用户的控制,最终也不发送给接收用户,只是系统在传输过程中为了减少传输差错而采用的一种处理过程。如果信道的传输速率一定,加入差错控制编码,就降低了用户输入的信息速率,新加入的码元越多,冗余度越大,检错纠错能越强,但效率越低。由此可见,通过差错控制编码提高传输的可靠性是以牺牲传输效率为代价的。

差错控制编码通过增加冗余码来达到提高传输可靠性的目的。正如生活中运送货物时需要将货物妥善包装,如将易碎的物品放在箱子内,再放入减振装置一样,这样做是为了货物不丢失或不容易破碎。

差错控制编码是为确保数据通信正常进行而设计的。数据通信系统必须具备发现并纠正差错的能力,将差错控制在所能允许的尽可能小的范围内。

2. 信道编码的分类

从不同的角度出发,信道编码有不同的分类方法。

按码组的功能分,信道编码可分为检错码和纠错码两类。一般来说,在解码器中能够检测出错码,但不知道错码准确位置的码,称为检错码,它没有自动纠正错误的能力;在解码器中不仅能发现错误,而且能知道错码的准确位置,自动纠正错误的码,则称为纠错码。

按码组中监督码元与信息码元之间的关系分,信道编码可分为线性码和非线性码两类。线性码是指监督码元与信息码元之间呈线性关系,即可用一组线性代数方程联系起来;非线性码是指监督码元与信息码元之间是非线性关系。

按照信息码元与监督码元的约束关系分,信道编码可分为分组码和卷积码两类。分组码是将信息序列以每 k 个码元分组,通过编码器在每 k 个码元后按照一定的规则产生 r 个监督码元,组成长度为 $n=k+r$ 的码组,每一码组中的 r 个监督码元仅监督本码组中的信息码元,而与别组无关。分组码一般用符号 (n,k) 表示,前面 k 位 $(a_{n-1}, a_{n-2}, \cdots, a_r)$ 为信息位,后面附加 r 个监督位 $(a_{r-1}, a_{r-2}, \cdots, a_0)$,分组码的结构如图 3-21 所示。

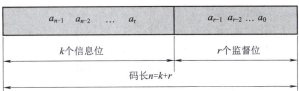

图 3-21 分组码的结构

在卷积码中,每组的监督码元不但与本码组的信息码元有关,而且还与前面若干组的信息码元有关,即不是分组监督,而是每个监督码元对它的前后码元都进行监督,前后相连,有时也称连环码。

信道编码的分类如图 3-22 所示。

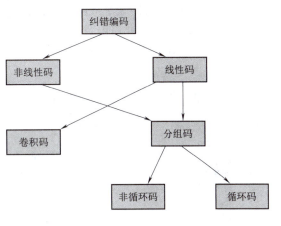

图 3-22 信道编码的分类

3.5 数据传输

3.5.1 数据传输类型及方式

数据传输的类型很多,总结如下:

1. 模拟传输和数字传输

模拟传输是数据在模拟信道中传输。数据信号在模拟信道中传输必须要用调制解调器,将数据信号经过数/模转换,将数据信号调制在话音上,才能在模拟信道中传输。调制解调器分为基带调制解调器、频带调制解调器、宽带调制解调器三种。早期的拨号上网是利用调制解调器通过电话线路上网,这是典型的模拟数据传输系统。

数字传输是数据在数字信道中传输,这是目前主流的数据传输形式。数据在数字信道中传输可直接传输而不必经过调制解调器,但要有信道与传输终端相连的接口设备,其功能是实现波形与码型变换、功能转换、线路特性均衡、收发时钟的形成和供给,以及控制信号的建立、保持或拆断等。

2. 并行传输和串行传输

1) 并行传输

并行传输中有多个数据位,可以同时在两个设备之间传输,如图 3-23 所示。发送设备将这些数据位通过对应的数据线传送给接收设备,还可附加一位数据校验位。接收设备可同时接收到这些数据,无须做任何变换就可直接使用。并行传输主要用于近距离通信。计算机内的总线结构就是并行传输的例子。这种方法的优点是传输速度快、处理简单。

2) 串行传输

进行串行传输时,数据一位一位地在通信线上传输,先将由总线传输过来的并行数据通过并/串转换成串行数据,再逐位经传输线到达接收端,并在接收端将数据从串行方式重新转换成并行方式,以供接收方使用,如图 3-24 所示。在相同条件下,串行传输的速度要比并行传输慢,但串行传输对于覆盖面极其广阔的通信系统来说具有更大的现实意义。

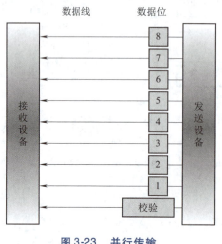

图 3-23 并行传输

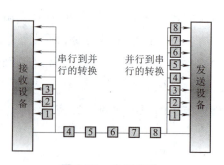

图 3-24 串行传输

3. 异步传输和同步传输

为了保证数据正常接收,要求发送端与接收端以同一种速率在相同的起止时间内接收数据,否则可能造成收发之间的失衡,使传输的数据出错。这种统一发送端和接收端动作的技术称为同步技术。常用的同步技术有两种:异步传输和同步传输。

1) 异步传输

异步传输又称起止同步传输,是面向字符的传输,即每传送一个字符都要求在字符码前面加一个起始位,以表示字符代码的开始,在字符代码和校验码后面加一个停止位,表示字符代码的结束,如图 3-25 所示。这种方式适用于低速终端设备。

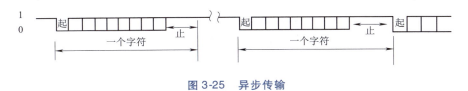

图 3-25 异步传输

异步传输是靠起始位和停止位来实现字符定界及字符内位同步的。在异步通信中,发送端可以在任意时刻发送字符,字符之间的间隔时间可以任意变化。该方法是将字符看作一个独立的传送单元,在每个字符的前后各加入若干信息位作为字符的开始和结束标志位。以便在每一个字符开始时接收端和发送端同步一次,从而在一串比特流中可以把每个字符识别出来。

2) 同步传输

同步传输是以固定的时钟节拍来发送数据信号,因此在一个串行数据流中,各信号码元之间的相对位置是固定的(即同步)。接收方为了从接收到的数据流中正确地区分一个个信号码元,必须建立准确的时钟信号。

在同步传输中,数据的发送一般以组(或帧)为单位,一组或一帧数据包含多个字符代码或多个位,在组或帧的开始和结束需加上预先规定的起始序列和结束序列作为标志。起始序列和结束序列的形式根据采用的传输控制规程而定,有两种同步方式,即字符同步和帧同步,分别如图 3-26(a)和图 3-26(b)所示。

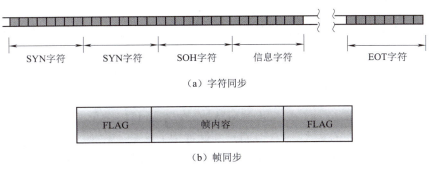

图 3-26 同步传输

字符同步在 ASCⅡ中用 SYN 字符(码型为"0110100")作为同步字符,以通知接收设备表示一帧的开始;用 EOT 字符(码型为"0010000")作为传输结束字符,以表示一帧的结束。

帧同步中用标志字节 FLAG(码型为"01111110")表示一帧的开始或结束。帧的发送长度是可变的,而且不能预先决定何时开始帧的发送,故用标志序列来表示一帧的开始和结束。

同步传输方式与异步传输方式相比,它发送每一个字符时不需要对每个字符单独加起始位和终止位,只是在一串字符的前后加上标志序列,故具有较高的传输效率,但实现起来比较复杂,通常用于速率 2 400 bit/s 及其以上的数据传输。

生活中存在着很多同步、异步的例子。例如,你叫我去吃饭,我听到了就立刻和你去吃饭,如果我没有听到,你就会一直叫我,直到我听到后和你一起去吃饭,这个过程叫同步;异步过程是指你叫我去吃饭,然后你就去吃饭了,而不管我是否和你一起去吃饭,而我得到消息后可能立即就走,也可能过段时间再走。又如打电话的过程就是一种同步传输,只有双方都同时在线才可以进行通话;而收发电子邮件的过程就是一种异步传输,发信方可以随时发送邮件,不管收信方是否在线,而收信方也可以随时上网收取邮件。

4. 基带传输和频带传输

数据传输以信号传输为基础,在理想情况下,接收信号的幅度和波形应与发送信号完全一样。然而,信号在实际传输过程中会发生衰减、变形,使接收信号与发送信号不一致,甚至使接收端不能正确识别信号所携带的信息。那么,如何保证数据传输的质量呢?

1)基带传输

基带是指电信号所固有的基本频带。未经调制的电脉冲信号呈现方波形式,所占据的频带通常从直流和低频开始,因而称为基带信号。基带传输多用于短距离数据传输,其示意图如图 3-27 所示。

图 3-27 基带传输示意图

在基带传输中,需要对数字信号进行码型变换,即用不同电压极性或电平值代表数字信号的"0"和"1"。常见码型有以下几种,如图 3-28 所示。

(1)单极性不归零(non-return zero,NRZ)码:无电压表示"0",恒定正电压表示"1",每个码元时间的中间点是抽样时间,判决门限为半幅电平。

(2)双极性不归零码:"1"码和"0"码都有电流,"1"为正电流,"0"为负电流,正和负的幅度相等,判决门限为零电平。

(3)单极性归零(return to zero,RZ)码:发"1"码时,发出正电流,但持续时间短于一个码元的时间宽度,即发出一个窄脉冲;发"0"码时,不发送电流。

(4)双极性归零码:发"1"码时,发正的窄脉冲,发"0"码时,发负的窄脉冲,两个码元的时间间隔大于每一个窄脉冲的宽度,抽样时间对准脉冲中心。

PCM 编码后输出的是单极性不归零码,这种码序列的频谱中含有丰富的直流成分和较多的低频成分,不适合直接送入变压器耦合的有线信道,因此需要进行码型变换。典型的传输码型是双极性归零码,它具有直流分量小、占用频带窄等优点,适合在金属导线上传输。所以,信道上传输的数字信号需由 NRZ 码变换成 RZ 码。

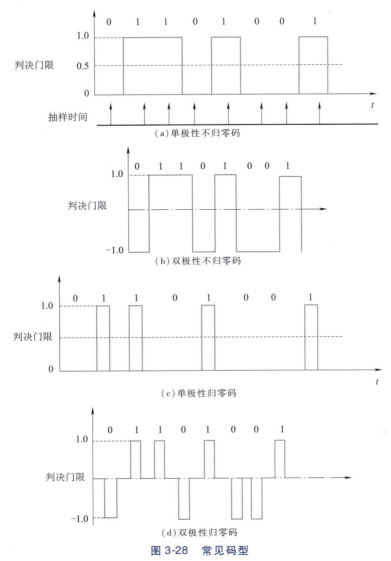

图 3-28 常见码型

综上所述,数据传输对码型变换是有一定要求的,不是所有码型(编码)都适用于数据传输。数据传输对传输码型(编码)的要求如下:

(1)在对称线路中传输时,码序列频谱中不含直流分量且含尽量少的低频分量。

(2)码序列中不含过高的频率分量。

(3)码序列中含有的同步信息在中继站或接收端提取时不发生困难。

(4)码型要有一定的检错纠错能力。

2)频带传输

频带传输是指对二进制信号(数字信号)进行调制,用某一频率的正(余)弦模拟信号作为载波,用它运载所要传输的数字信号,通过传输信道送至另一端;在接收端再将数字信号从载波上取出来,恢复为原来的信号波形。频带传输示意图如图 3-29 所示。

为了使信息适合在信道中长距离传输,必须通过调制解调技术对信息进行变换处理。具体来说,要在发送端将来自信息终端的基带信号(原始信号)变换成适合于在信道上传输的频带信号(调制后的信号),再在接收端将来自信号处理的频带信号反变换成适合于信息终端处理的基带信号。这一过程是通过调制解调器来实现的,在发送端的为调制器,在接收端的为解调器。

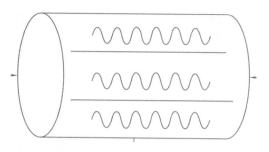

图 3-29 频带传输示意图

调制是用一种波的某些特性或参数反映要传输信号波形的瞬时变化过程。前一种是用来传送信号的载体,称为载波;后一种波代表信息,称为调制信号,调制后的波称为已调波。解调是调制的逆过程,用于从携带信息的已调波中恢复原来的调制信号。

传输数字信号时有三种基本调制方式,即幅度键控、频移键控和相移键控。其调制信号都是数字信号,载波都是正弦波,区别只是调制信号控制的分别是正弦波的幅度、频率和相位。

数字正弦调制有三种基本形式,即幅移键控(amplitude shift keying, ASK)、频移键控(frequency shift keying, FSK)和相移键控(phase shift keying, PSK),如图 3-30 所示。

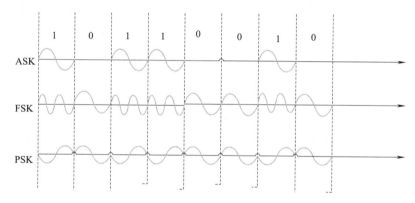

图 3-30 数字正弦调制的三种基本形式

在 ASK 方式下,用载波的两种不同幅度来表示二进制的两种状态。ASK 方式容易受增益变化的影响,是一种低效的调制技术。在电话线路上,通常只能达到 1 200 bit/s 的速率。

在 FSK 方式下,用载波频率附近的两种不同频率来表示二进制的两种状态。在电话线路上,使用 FSK 可以实现全双工操作,通常可达 1 200 bit/s 的速率。

在 PSK 方式下,用载波信号相位变化来表示数据。PSK 可以使用二相或多相的相位来表示不同的信号,利用这种技术可提高传输速率。

除了传统的数字调制技术外,还有一些数字调制新技术,如正交频分复用(OFDM)、正交振幅调制(quadrature amplitude modulation, QAM)、高斯最小频移键控(GMSK)等,这些技术在微波通信、高速数据传输和移动通信中都有广泛的应用。

5. 单工、半双工和全双工传输

按照信号传送方向与时间的关系,可将信道分为单工、半双工和全双工三种,如图 3-31 所示。

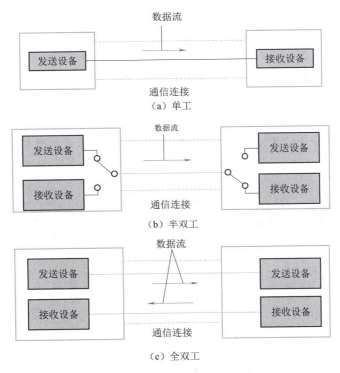

图 3-31 按信号传输方向分类

单工传输只支持数据在一个方向上传输(如无线广播和电视广播);半双工传输允许数据在两个方向上传输,但在某一时刻,只允许数据在一个方向上传输,它实际上是一种切换方向的单工传输(如对讲机);全双工传输允许数据同时在两个方向上传输(如电话通信),因此全双工传输是两个单工传输的结合,它要求发送设备和接收设备都有独立的接收和发送能力。

3.5.2 数据通信系统的主要质量指标

数据通信系统的质量指标是围绕传输的有效性和可靠性来制定的,主要包括传输速率、误码率、信道容量和带宽。

1. 传输速率

1) 信息传输速率 R_b

信息传输速率 R_b,简称信息速率,又称比特率,表示单位时间内传递的平均信息量或比特数,单位为比特/秒(bit/s)。在数字信道中,当传输速率较高时,常用 kbit/s、Mbit/s、Gbit/s、Tbit/s 等来表示比特率。比特率公式为

$$R_b = \frac{1}{T} \log_2 N$$

式中,T 为码元长度;N 为一个码元信号代表的有效状态数,为 2 的整数倍;$\log_2 N$ 为单位码元能表示的比特数。

2) 码元传输速率 R_B

码元传输速率 R_B,简称码元速率或符号速率,又称波特率,表示单位时间内传输码元的数

目,单位为波特(Baud),记为 Bd。波特率公式为

$$R_B = \frac{1}{T}$$

对于数字信号的传输过程,波特率指线路上每秒钟传送的码元波形个数。例如,若 1 s 内传送 2 400 个码元,则波特率为 2 400 Bd。数字信号有多进制和二进制之分,但码元速率与进制数无关,只与传输的码元长度 T 有关。

每个码元或符号通常都含有一定比特数的信息量,因此码元速率和信息速率有确定的关系,即

$$R_b = R_B \log_2 N$$

式中:N 为码元的进制数。例如,码元速率为 1 200 Bd,采用八进制($N=8$)时,信息速率为 3 600 bit/s;采用二进制($N=2$)时,信息速率为 1 200 bit/s。可见,二进制的码元速率和信息速率在数量上相等。

2. 误码率(码元差错率)

误码率指接收码元中错误码元数占传输总码元数的比例,即

$$P_e = \frac{接收码元中错误码元数}{传输总码元数}$$

误码率是个统计概念,目前电话线路系统的平均误码率是:信息速率为 300~2 400 bit/s 时,平均误码率为 $10^{-2} \sim 10^{-6}$;信息速率为 4 800~9 600 bit/s 时,平均误码率为 $10^{-2} \sim 10^{-4}$。数据通信的平均误码率要求低于 10^{-9}。

3. 信道容量

信道容量用于表征一个信道传输数据的最大能力,单位为 bit/s。信道容量的计算方法如下:

对于数字通信系统,信道容量为

$$C = 2B \log_2 N$$

式中:B 为信道带宽,单位为 Hz;N 为一个码元信号代表的有效状态数。

对于模拟通信系统,信道容量为

$$C = B \log_2 \left(1 + \frac{S}{N}\right)$$

式中:B 为信道带宽,单位为 Hz;S 为信号的功率;N 为噪声功率。

4. 带宽

带宽用于衡量通信系统的传输能力,它有两种含义。

带宽的本意是指某个信号具有的频带宽度,或网络系统能够传输信号的最大频率 f_H 和最小频率 f_L 的差值,即 $B = f_H - f_L$。带宽的单位是赫[兹](Hz)、千赫(kHz)、兆赫(MHz)等。

在数字信道中,带宽是指在信道上(或一段链路上)能够传送的数字信号的最大速率,即比特率。

最后,让我们将在道路上开车与数据通信系统的主要质量指标做一类比:

(1)道路上的汽车就好比数据信息单位——码元。

(2) 路口每秒通过的车辆数量为码元传输速率。

(3) 汽车上的人数是信息比特数(如系统为二进制,则汽车上有 1 个人;如系统为四进制,则汽车上有 2 个人;如系统为八进制,则汽车上有 3 个人;以此类推)。

(4) 路口每秒通过的人数为信息传输速率。

(5) 车祸的概率为误码率。

(6) 车的最高速度为信道容量。

(7) 道路的宽度为带宽。

第 4 章 移动通信技术

本章导读

随着经济的发展,人们物质文化水平的提高,社会活动日益频繁,全社会已进入信息时代,人们迫切要求采用现代化的科学技术实现信息的快速及时传递。无论是谁(whoever)都越来越希望能在任何时候(whenever)任何地点(wherever)都能与任何人(whomever)交换任何信息(whatever),这 5 个任何简称为"5W",即个人通信。移动通信的发展为它的实现提供了条件和可能。本节主要介绍移动通信的定义、特点、发展及工作方式。

所谓移动通信,是指通信双方或至少有一方在移动中进行信息交换的通信方式。例如,移动体(车辆、船舶、飞机)与固定点之间的通信,活动的人与固定点、人与人及人与移动体之间的通信等。移动通信能使人们更有效地利用时间,这是它快速发展的原因之一。由于各种新技术的应用,移动通信已成为现代通信网中一种不可缺少的手段,是用户随时随地快速可靠地进行多种形式信息(语音、数据等)交换的理想方式。

学习目标

(1) 掌握移动通信的概念、特点。
(2) 理解移动通信系统中信号的基本处理过程。
(3) 了解移动通信系统的组网制式、无线区群结构。
(4) 理解频率复用的概念。
(5) 掌握移动通信中的多址技术、控制与交换。

4.1 移动通信概述及典型系统介绍

在信息时代,信息在经济发展、社会进步乃至人民生活等各个方面都起着日益重要的作用。人们对于信息的充裕性、及时性和便捷性的要求也越来越高,能够随时随地、方便而及时地获取所需要的信息是人们一直都在追求的梦想。电报、电话、广播、电视、人造卫星、互联网带领着人们一步步地向这个梦想靠近,然而最终能够使人们美梦成真的却是移动通信。

移动通信是现代通信技术中不可或缺的部分。顾名思义,移动通信是指通信双方至少有一方在移动中(或者临时停留在某一非预定的位置上)进行信息传输和交换,这包括移动体和移动体之间的通信以及移动体和固定点之间的通信。采用移动通信技术和设备组成的通信系统即为移动通信系统。严格说来,移动通信属于无线通信的范畴,无线通信与移动通信虽然都是靠无线电波进行通信的,但却是两个概念。无线通信包含移动通信,但无线通信侧重于无线,移动通信侧重于移动性。例如,运动中的人与汽车、轮船、飞机等移动物体间的通信,分别构成陆地移动通信、海上移动通信和空中移动通信。

现代移动通信技术是一门复杂的高新科学技术,不仅集中了无线通信和有线通信的最新技术成就,而且集中了电子技术、计算机技术和通信技术的许多成果。它不但可以传递语音信息,而且能像公用交换电话网那样具有数据终端功能,使用户能随时随地、快速而可靠地进行多种信息交换,因此是一种理想的通信形式。目前,移动通信早已从模拟移动通信阶段发展到了数字移动通信阶段,并且正朝着个人通信这一更高阶段发展。

人类历史上最早的通信手段和现在一样是"无线"的,如利用火光传递信息的烽火台,通常认为这是最早传递消息的方式了。事实上在我国和非洲古代,击鼓传信是最早、最方便的办法。非洲人用圆木特制的大鼓可传声至三四千米远,再通过"鼓声接力"和专门的"击鼓语言",可在很短的时间内把消息准确地传到 50 千米以外的另一个部落。其实,不论是击鼓、烽火、旗语,还是今天的移动通信,要实现消息的远距离传送,都需要中继站的层层传递。不过,因为那时人类还没有发现电,所以要想畅通快速地实现远距离传递消息只有等待了。人类通信史上的革命性变化,是在把电作为信息载体后发生的。

1753 年 2 月 17 日,在《苏格兰人》杂志上发表了一封署名 C.M. 的书信。在这封信中,作者提出了用电流进行通信的大胆设想。虽然在当时这还不十分成熟,而且缺乏应用推广的经济环境,但使人们看到了电信时代的一缕曙光。1820 年,丹麦物理学家奥斯特发现,当金属导线中有电流通过时,放在它附近的微针便会发生偏转。接着,学徒出身的英国物理学家法拉第明确指出,奥斯特的实验证明了"电能生磁"。他还通过艰苦的实验,发现了导线在磁场中运动时会有电流产生的现象,此即所谓的"电磁感应"现象。著名的科学家麦克斯韦进一步用数学公式表达了法拉第等的研究成果,并把电磁感应理论推广到了空间。他认为,在变化的磁场周围会产生变化的电场,在变化的电场周围又将产生变化的磁场,如此一层层地像水波一样推开,便可把交替的电磁场传得很远。1864 年,麦克斯韦发表了电磁场理论,成为人类历史上预言电磁波存在的第一人。那么,又由谁来证实电磁波的存在呢?此人便是亨利希·鲁道夫·赫兹。1887 年的一天,赫兹在一间暗室里做实验,他在两个相距很近的金属小球上加上高电压,随之便产生一阵阵噼噼啪啪的火花放电。这时,在他身后放着一个没有封口的圆环。当赫兹把圆环的开口处调小到一定程度时,便看到有火花越过缝隙。通过这个实验,他得出了电磁能量可以越过空间进行传播的结论。赫兹的发现公布之后,轰动了全世界的科学界,

1887年成了近代科学技术史的一座里程碑。为了纪念这位杰出的科学家,电磁波的单位便命名为"赫兹(Hz)"。赫兹的发现具有划时代的意义,它不但证明了麦克斯韦理论的正确,更重要的是推动了无线电的诞生,开辟了电子技术的新纪元,标志着从有线电通信向无线电通信的转折点,也是整个移动通信的发源点。应该说,从这时开始,人类进入了无线通信的新领域。

移动通信的出现,为人们带来了无线电通信的更大自由和便捷。移动通信已经成为现代社会中不可或缺的通信手段,在各个领域都发挥着其不可替代的作用。随着移动通信技术的发展及应用范围的扩大,移动通信的类型越来越多,目前主要有蜂窝移动通信系统、无绳电话系统、集群移动通信系统、卫星移动通信系统等。下面分别对它们进行简要介绍。

4.1.1 蜂窝移动通信系统

陆地蜂窝移动通信是当今移动通信发展的主流和热点,而蜂窝组网理论的提出和应用要追溯到20世纪70年代中期。随着民用移动通信用户数量的增加和业务范围的扩大,有限的频谱供给与可用频道数要求递增之间的矛盾日益尖锐。为了更有效地利用有限的频谱资源,美国贝尔实验室提出了在移动通信发展史上具有里程碑意义的小区制、蜂窝组网的理论,它为移动通信系统在全球的广泛应用开辟了道路。蜂窝移动通信系统结构示意图如图4-1所示。蜂窝组网的理论中的几个重要部分是移动通信发展的基础,具体如下:

(1)频率复用。有限的频率资源可以在一定的范围内被重复使用。

(2)小区分裂。当容量不够时,可以缩小蜂窝的范围,划分出更多的蜂窝,进一步提高频率的利用效率。

(3)多信道共用和越区切换。多信道共用是为了保证大量用户共同使用仍能满足服务质量的信道利用技术,越区切换则为了保证通信的连续性。

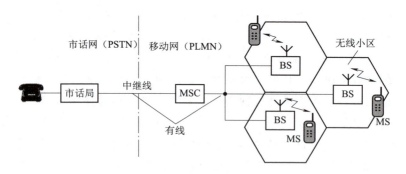

图4-1 蜂窝移动通信系统结构示意图

1. 第一代蜂窝移动通信系统

蜂窝移动通信的飞速发展是超乎寻常的,它是20世纪人类最伟大的科技成果之一。1946年,美国电话电报公司作为先驱者第一个推出移动电话为通信领域开辟了一个崭新的发展空间。然而移动通信真正走向广泛的商用,为普通大众所使用还应该从蜂窝移动通信的推出算起。20世纪70年代,美国贝尔实验室提出了蜂窝小区和频率有的概念,现代移动通信开始发展起来。1978 年,美国贝尔实验室开发了先进的高级移动电话(advanced mobile phone service,AMPS),这是第一种真正意义上的可以随时随地通信的大的蜂窝移动通信系统。其他工业化国家也相继开发出蜂窝式公用移动通信网。

日本于 1979 年推出 800 MHz 汽车电话系统,在东京、大阪、神户等地投入商用。

瑞典等北欧四国于 1980 年开发出北欧移动电话(nordic mobile telephone,NMT)通信网,并投入使用,频段为 450 MHz。

联邦德国于 1984 年完成 C-450 网,频段为 450 MHz。

英国在 1985 年开发出全接入通信系统(total access communication system,TACS),首先在伦敦投入使用,以后覆盖了全英国,频段为 900 MHz。

法国于 1985 年开发出 Radiocom 2000 系统,工作频段在 450 MHz 和 900 MHz。

这些系统都是双工的基于频分多址(frequency division multiple access,FDMA)的模拟制式系统,其传输的无线信号为模拟量,因此人们称此时的移动通信系统为模拟通信系统,也称第一代蜂窝移动通信系统(1G)。第一代蜂窝移动通信系统利用蜂窝组网技术以提高频率资源利用率,采用蜂窝网络结构,解决了容量密度低、活动范围受限的问题。但是它也存在很多缺点,如频谱利用率低:看信容量有限,通话质量一般,保密性差;制式太多,标准不统一,互不兼容:不能提供非话数据业务,不能提供自动漫游等。

2. 第二代蜂窝移动通信系统

随着移动通信市场的快速发展,人们对移动通信技术提出了更高的要求。由于模拟系统存在着上述缺陷,导致模拟系统无法满足人们的需求。因此,基于数字通信的移动通信系统,即所的数字蜂窝移动通信系统在 20 世纪 90 年代初期应运而生,这就是第二代蜂窝移动通信系统(2G)。它具有数字传输的种种优点,并克服了模拟系统的多种缺陷:话音质量、保密性能获得很大提高,而且可以进行省内、省际自动漫游。因此,2G 系统一经推出就备受人们关注,得到了迅猛的发展,短短十几年就成了世界范围最大的移动通信系统,几乎完全取代了模拟移动通信系统。第一个数字蜂窝标准全球移动通信系统(global system for mobile communication,GSM)基于时分多址(time division multiple access,TDMA)方式,于 1982 年由美国提出两个数字标准,分别为基于 TDMA 的 IS-54 和基于窄带直接序列码分多址(direct sequence-code division multiple access,DS-CDMA)的 IS-95。日本第一个数字蜂窝系统是个人数字蜂窝(personal digital cellular,PDC)系统,于 1994 年投入运行。在这些数字移动通信系统中应用最广泛、影响最大、最具代表性的是 GSM 系统和 IS-95 系统。这两大系统在目前世界第二代蜂窝数字移动通信市场占据着主要份额。GSM 系统的空中接口采用的是 TDMA 的接入方式,到目前为止 GSM 还是全世界最大的移动网,占移动通信市场的大部分份额。GSM 是为了改变欧洲第一代蜂窝系统四分五裂的状态而发展起来的。在 GSM 之前,欧洲各国在整个欧洲大陆上采用了不同的蜂窝标准。对用户来讲,就不能用一种制式的移动台在整个欧洲进行通信。另外,由于模拟网本身的弱点,它的容量也受到了限制。为此,从 1985 年开始了 GSM 系统标准的开发,欧洲邮电管理委员会的移动通信特别小组于 1988 年完成技术标准的制订,1990 年开始投入商用,如今 GSM 移动通信系统已经遍及全世界。IS-95 系统采用的是码分多址(code division multiple access,CDMA)的接入方式。CDMA 技术最先是由美国的高通(Qualcomm)公司提出的,1990年9月高通公司发布了CDMA"公共空中接口"规范的第一个版本,1992年1月6日,电信工业协会(Telecommunications Industry Association,TIA)开始准备CDMA的标准化;1995年,正式的CDMA标准,即IS-95登上了移动通信的舞台。CDMA技术向人们展示的是它独特的无线接入技术:系统区分地址时在频率、时间和空间上是重叠的,它使用相互准正交的地址码来完成对用户的识别。从当前人们对无线接入方式的认识角度来讲,码分多址技术有其独特的优越性,因而得到迅速的发展。

但是随着人们对数据通信业务的需求日益提高,人们已不再满足以话音业务为主的移动通信网所提供的业务了。特别是互联网的发展大大推动了人们对数据业务的需求。从近年来的统计可以看出,固定数据通信网的用户需求和业务使用量一直呈增长趋势。因此必须开发研究适用于数据通信的移动通信系统。人们首先着手开发的是基于2G的数据系统,在不大量改变2G系统的条件下,适当增加一些模块和一些适合数据业务的协议,可使系统以较高的效率来完成数据业务的传送,这就是通常所说的2.5G系统。目前的GPRS/EDGE(general packet radio service/enhanced data rate for GSM evolution,通用无线分组业务/增强型数据速率GSM演进技术)就是这样的系统,现在已在我国组网投入商用。另外CDMA2000 1x也属于这一范畴。

尽管2.5G系统可以方便地传输数据业务,但是其系统带宽有限,限制了数据业务的发展,也无法实现移动的多媒体业务,同时无法从根本上解决无线信道传输速率低的问题。而且由于各国标准不统一,第二代系统也无法实现全球漫游。因此2.5G系统只是个过渡产品。在市场和技术的双重驱动下,推行第三代蜂窝移动通信系统势在必行。

3. 第三代蜂窝移动通信系统

第三代蜂窝移动通信系统(3G)是第二代蜂窝移动通信系统的演进和发展,而不是重新建设一个移动网。在2G的基础上,3G增加了强大的多媒体功能,不仅能接收和发送话音、数据信息,而且能接收和发送静、动态图像及其他数据业务。同时3G克服了多径、时延扩展、多址干扰、远近效应、体制问题等技术难题,具有较高的频谱利用率,解决了全世界存在的系统容量问题;系统设备价低,业务服务高质、低价,满足个人通信化要求。

3G的目标主要有以下几个方面。

(1)全球漫游以低成本的多模手机来实现。全球具有公用频段,用户不再局限于一个地区和一个网络,而能在整个系统和全球漫游,但不要求各系统在无线传输设备及网络内部技术完全一致,而是要求在网络接口、互通及业务能力方面的统一或协调;在设计上具有高度的通用性,能提供全球漫游,是一个覆盖全球的、具有高智能和个人服务特色的移动通信系统。

(2)能提供高质量的多媒体业务,包括高质量的话音、可变速率的数据、高分辨率的图像等多种业务,实现多种信息一体化。

(3)适应多种环境,采用多层小区结构,即微微蜂窝、微蜂窝、宏蜂窝,将地面移动通信系统和卫星移动通信系统结合在一起,与不同网络互通,提供无缝漫游和业务一致性,网络终端具有多样性,并与2G共存和互通,开放结构,易于引入新技术。

(4)具有足够的系统容量、强大的多种用户管理能力、高保密性能和服务质量。用户可用个人电信号码在任何终端上获取所需要的电信业务,这就超越了传统的终端移动性,真正实现了个人移动性。

为实现上述目标,对无线传输技术提出了以下要求。

(1) 高速传输以支持多媒体业务
(2) 室内环境至少 2 Mbit/s。
(3) 室外步行环境至少 384 kbit/s。
(4) 室外车辆环境至少 144 kbit/s。
(5) 传输速率按需分配。
(6) 上下行链路能适应不对称业务的需求。
(7) 简单的小区结构和易于管理的信道结构。
(8) 灵活的频率和无线资源的管理、系统配置和服务设施。

第三代移动通信标准通常是指无线接口的无线传输技术标准。截至 1998 年 6 月 30 日,提交到 ITU 的陆地第三代移动通信无线传输技术标准共有十种。ITU 在 2000 年 5 月召开的全球无线电大会(World Radiocommunication Conference,WRC)上正式批准了第三代移动通信系统的无线接口技术规范建议,此规范建议了五种技术标准。IMT-2000 无线接口的五种技术标准见表 4-1。

表 4-1 IMT-2000 无线接口的五种技术标准

多址接入技术	正式名称	习惯称呼
CDMA	IMT-2000 DS-CDMA	WCDMA
	IMT-2000 MC-CDMA	CDMA2000
	IMT-2000 TDD-CDMA	TD-SCDMA/UTRA-TDD
TDMA	IMT-2000 TDMA-SC	UWC-136
	IMT-2000 TDMA-MC	EP-DECT

最终只有三种 CDMA 技术实际成为第三代移动通信系统的标准。这三种 CDMA 技术分别受到两个国际标准化组织 3GPP(3rd Generation Partnership Project)和 3GPP2(3rd Generation Partnership Project 2)的支持:3GPP 负责 DS-CDMA 和 CDMA-TDD 的标准化工作分别称为 3GPP 频分双工(frequency division duplex,FDD)和 3GPP 时分双工(Time Division Duplex,TDD);3GPP2 负责 MC-CDMA(multi carrier-code division multiple access),即 CDMA2000 的标准化工作。由此,形成了世界公认的第三代移动通信的三个国际标准及其商用的系统,即 WCDMA、CDMA2000 和 TD-SCDMA。在中国,这三个标准的系统分别由中国联通(WCDMA)、中国电信(CDMA2000)和中国移动(TD-SCDMA)建设和运行。

但是,随着 3G 逐渐走向商用,以及信息社会对无线互联网业务需求的日益增长,第三代移动通信系统 2 Mbit/s 的峰值传输速率已远远不能满足需求。因此,第三代移动通信系统正在采用各种速率增强技术以期提高实际的传输速率。CDMA2000 1×系统增强数据速率的下一个发展阶段称为 CDMA2000 1×EV,其中 EV 是 Evolution 的缩写,意指在 CDMA2000 1×基础上的演进系统。新的系统不仅要和原有系统保持后向兼容,而且要能提供更大的容量、更佳的性能,满足高速分组数据业务和语音业务的需求。CDMA2000 1×EV 又分为两个阶段: CDMA2000 1×EV-DO 和 CDMA2000 I×EV-DV。WCDMA 和 TD-SCDMA 系统增强数据速率技术为高速分组接入(high speed packet access, HSPA), HSPA+ 是在 HSPA 基础上的演进。3G 无线系统高速解决方案要求数据传输具有非对称性、激活时间短、峰值速率高等特点,能够更加有效地利用无线频谱资源,增加系统的数据吞吐量。另外,于 2007 年加入 3G 标准的全球微波互联接入(worldwide interoperability for Microwave Access, WiMAX)技术的崛起打破了WCDMA、CDMA2000 和 TD-SCDMA 三足鼎立的格局,使竞争进一步升级,并加快了技术演进的步伐。为了保证 3G 的持续竞争力,移动通信业界提出了新的市场需求,要求进一步加强 3G 技术,提供更强大的数据业务能力,向用户提供更优质的服务,同时具有与其他技术进行竞争的实力。因此,3GPP 和 3GPP2 分别启动了 3G 技术长期演进(long term evolution, LTE)和空中接口演进(air interface evolution, AIE)。

在 2005 年 10 月 18 日结束的 ITU-R WPSF 第 17 次会议上,ITU 给了超 3G 技术一个正式的名称,即 IMT-Advanced。按照 ITU 的定义:IMT-2000 技术和 IMT Advanced 技术拥有一个共同的前级"IMT",表示国际移动通信:当前的 WCDMA、CDMA2000、TD-SCDMA 及其增强型技术统称为 IMT-2000 技术;未来新的接口技术,叫作 IMT-Advanced 技术。ITU 在 2008 年年初开始公开征集下一代通信技术 IMT-Advanced 标准,并开始对候选技术和系统做出评估,最终选定相关技术作为 4G 标准。为满足移动宽带数据业务对传输速率和网络性能的要求,研究开发速率更高、性能更先进的新一代移动通信技术正成为世界各国和相关机构关注的重点。LTE 和移动 MAX 技术性能相对 3G 技术大幅提高,已经可以满足超三代移动通信系统(Beyond 3G, B3G)系统高速移动场景的需求,在系统载波带宽扩展到 100 MHz 时,应该可以满足游牧和固定场景需求。目前,WiMAX 和 LTE 正沿着无线宽带接入和宽带移动通信两条路线向 IMT-Advanced 演进。

4. 第四代蜂窝移动通信系统

通信技术日新月异,给人们带来极大的便利,大约每十年就有一项技术更新。因此,对于移动通信服务业者、系统设备供货商和其他相关产业者来说,必须随时注意移动通信技术的变化,以适应市场需求。随着数据通信与多媒体业务需求的发展,适应移动数据、移动计算及移动多媒体运作需要的第四代蜂窝移动通信系统(4G)开始兴起。4G 是 3G 的进一步演化,是在传统通信网络和技术的基础上不断提高无线通信的网络效率和功能。同时,它包含的不仅仅是一项技术,而是多种技术的融合。它不仅包括传统移动通信领域的技术,还包括宽带无线接入领域的新技术及广播电视领域的技术。因此,对于 4G 中使用的核心技术,业界并没有太大的分歧。总结起来,有正交频分复用(orthogonal frequency division multiplexing, OFDM)技术、软件无线电技术、智能天线技术、多输入多输出(multiple input multiple output, MIMO)技术、基于 IP 的核心网等。

根据 ITU 网站公布的消息,ITU 在 2012 年 1 月 18 日举行的 WRC 全体会议上,正式审核通过了 4G 国际标准,WCDMA 的后续演进标准 FDD-LTE 及我国主导的 TD-LTE 入选。WiMAX 的后续研究标准,即基于 IEEE 802.16 m 的技术也获得通过。4G 国际标准的确定工作历时3年,从2009年年初开始,ITU在全世界范围内征集IMT-Advanced候选技术。截至2009年10月,ITU集到了6项候选技术。这6项技术基本可以分为两大类:一类是基于3GPP的LTE的技术,我国提交的TD-LTE-Advanced是其中的TDD部分;另外一类是基于IEEE 802.16 m的技术。

从字面上看,LTE-Advanced就是LTE技术的升版,LTE-Advanced的正式名称为Further Advancements for E-UTRA,它满足ITU-R的IMT Advanced技术征集的需求,是3GPP形成欧洲IMT-Advanced技术提案的一个重要来源。LTE-Advanced是一个后向兼容的技术,完全兼容LTE,是演进而不是革命,相当于HSPA和WCDMA这样的关系。LTE-Advanced的相关特性如下:

(1) 带宽:100 MHz。
(2) 峰值速率:下行1 Gbit/s,上行500 Mbit/s。
(3) 峰值频谱效率:下行30 bit/s/Hz,上行15 bit/s/Hz。
(4) 针对室内环境进行优化。
(5) 有效支持新频段和大带宽应用。
(6) 峰值速率大幅提高,频谱效率改进有限。

严格地讲,LTE作为3.9G移动互联网技术,那么LTE-Advanced作为4G标准更加确切一些。LTE-Advanced的入围,包含TDD和FDD两种制式。其中,TD-SCDMA将能够进化到TDD制式,而WCDMA将能够进化到FDD制式。

802.16系列标准在IEEE正式称为Wireless MAN,而Wireless MAN-Advanced即为IEEE 802.16 m。802.16 m最高可以提供1 Gbit/s的无传输速率,还将兼容未来4G无线网络。802.16 m可在"漫游"模式或高效率/信号模式下提供1 Gbit/s的下行率,其优势如下:

(1) 扩大网络覆盖,改建链路预算。
(2) 提高频谱效率。
(3) 提高数据和VoIP容量。
(4) 低时延和QoS增强。
(5) 节省功耗。

目前的Wireless MAN-Advanced有五种网络数据规格,其中极低速率为16 kbit/s,低速率数据及低速多媒体为144 kbit/s,中速多媒体为2 Mbit/s,高速多媒体为30 Mbit/s,超高速多媒体则达到了30 Mbit/s~1 Gbit/s。

在全球各大网络运营商都在规划下一代网络的时候,北欧Telia Sonera于2009年年末率先完成了LTE网络的建设,并宣布开始在瑞典首都斯德哥东摩、挪威首都奥斯陆提供LTE服务,这也是全球正式商用的第一个LTE网络。而我国也已于2011年年初在广州、上海、杭州、南京、深圳、厦门六城市进行了TD-LTE规模技术试验,并于2011年年底在北京启动了TD-LTE规模技术试验演示网建设。

5. 第五代蜂窝移动通信系统

第五代蜂窝移动通信系统(5G)是4G之后的延伸,5G网络的理论下行速度为10 Gbit/s(相当于下载速度为1.25 GByte/s)。ITU为5G定义了增强移动宽带(enhance mobile broadband, eMBB)、海量机器类通信(massive machine type communication,mMTC)、超可靠低延迟通信(ultra-reliable and low latency communications,uRLLC)三大应用场景。eMBB 典型应用包括超高清视频、虚拟现实、增强现实等,关键的性能指标包括 100 Mbit/s 用户体验速率(热点场景可达 1 Gbit/s)、数十吉比特每秒峰值速率、每平方千米数 10 Tbit/s 的流量密度、每小时 500 km 以上的移动性。mMTC 典型应用包括智慧城市、智能家居等。这类应用对连接密度要求较高,同时呈现行业多样性和差异化。uRLLC 典型应用包括工业控制、无人机控制、智能驾驶控制等,这类场景聚焦对时延极其敏感的业务,高可靠性也是其基本要求。

1)5G 产生的背景

物联网尤其是互联网汽车等产业的快速发展对网络速度提出了更高的要求,这无疑为推动 5G 网络发展的重要因素。ITU 确定了 5G 的关键能力指标:峰值速率达到 20 Gbit/s,用户体验数据率达到 100 Mbit/s,时延达到 5 ms,连接度达到每平方千米 100 万等。2015 年 3 月 3 日,欧盟正式公布其的 5G 合作愿景,不仅涉及光纤、无线甚至卫星通网络的相互整合,还将利用软件定义网络(software-defined networking,SDN)、网络功能虚拟化(network functions virtualization,NFV)、移动边缘计算(mobile edge computing,MEC)和云计算(cloud computing)等技术。

2016 年 3 月,工信部表示,5G 是新一代移动通信技术发展的主要方向,是未来新信息基础设施的重要组成部分。与 4G 相比,5G 不仅将进一步提升用户的网络体验,同时还将满足未来万物互联的应用需求。

从用户体验看,5G 具有更高的速率、更宽的带宽。从行业应用看,5G 具有更高的可靠性、更低的时延,能够满足智能制造、自动驾驶等行业应用的特定需求,拓宽融合产业的发展空间,支撑经济社会创新发展。2017 年 11 月 15 日,工信部发布《关于第五代移动通信系统使用 3 300~3 600 M 和 4 800~5 000 MHz 频段相关事宜的通知》,确定 5G 频谱能够兼顾系统覆盖和大容量的基本需求。

2)5G 概述

随着海量设备的增长,未来的 5G 网络不仅要承载人与人之间的通信,而且要承载人与物之间及物与物之间的通信,既要支撑大量终端,又要使个性化、定制化的应用成常态。

5G 的无线接入称为 New Radio,简称 NR,全称为 New Radio Access Technology in 3GPP,即 5G-NR。2017 年 12 月 21 日,在国际电信标准组织 3GPP RAN 第 78 次全体会议上,NR 首发版本正式发布,这是全球第一个可商用部署的 5G 标准。

5G 拥有超密集异构网络,具有自组织的网络形态,引入内容分发网的思想,同时能够实现近距离数据直接传输。

5G 的关键技术很多,下面对重点内容进行介绍。

(1)大规模天线阵列技术。大规模天线阵列技术是提升系统频谱效率的最重要技术手段之一,对满足 5G 系统容量和速率需求起到重要的支撑作用。多天线技术经历了从无源到有源、从二维到三维、初阶 MIMO 到大规模阵列的发展过程,可使频谱效率提升数十倍甚至更高。有源天线阵列的引入使基站侧的协作天线数量达到 128 根,原来的 2D 天线阵列拓展为 3D 天线阵列,形成新颖的 3D-MIMO 技术,支持多用户波束智能赋形,减少用户间干扰,结合高频段毫米波技术,将进一步改善无线信号覆盖性能。

(2)全谱接入技术。全频谱接入技术通过有效利用各类频谱资源,可有效缓解5G网络对频谱资源的巨大需求。灵活的频谱共享是5G新空口利用潜在频率资源的有效方式。

(3)新型多址技术。通过发送信号的叠加传输来提升系统的接入能力,可有效支撑5G网络千套设备连接需求。5G采用非正交多址技术(PDMA)来提升频谱效率和系统容量。

5G网络正朝着多元化、宽带化、综合化、智能化的方向发展。超密集组网通过增加基站部署密度,可实现百倍量级的容量提升,是满足5G千倍容量增长需求的最主要手段之一,超密集组网是LTE和5G新空口满足热点高容量的最有效方式,它突破了传统蜂窝网络组网的极限。

(4)超密集异构网络。未来无线网络将部署超过现有站点10倍以上的各种无线节点,在宏站覆盖区内,站点间距离将保持10 m以内,并且支持在每平方米范围内为25 000个用户提供服务。同时也可能出现活跃用户数和站点数的比例达到1∶1的现象,即用户与服务节点一一对应。密集部署的网络拉近了终端与节点间的距离,使得网络的功率和频谱效率大幅度提高,同时也扩大了网络覆盖范围,扩展了系统容量,并且增强了业务在不同接入技术和各覆盖层次间的灵活性。虽然超密集异构网络架构在5G中有很大的发展前景,但是节点间距离的减少,越发密集的网络部署将使得网络拓扑更加复杂,从而容易出现与现有移动通信系统不兼容的问题。在5G移动通信网络中,干扰是一个必须解决的问题。网络中的干扰主要有同频干扰、共享频谱资源干扰、不同覆盖层次间的干扰等。现有通信系统的干扰协调算法只能解决单个干扰源问题,而在5G网络中,相邻节点的传输损耗一般差别不大,这将导致多个干扰源强度相近,进一步恶化网络性能,使得现有协调算法难以应对。

准确有效地感知相邻节点是实现大规模节点协作的前提条件。在超密集网络中,密集地部署使得小区边界数量剧增,加之形状的不规则,导致频繁复杂的切换。为了满足移动性需求,势必出现新的切换算法;另外,网络动态部署技术也是研究的重点。用户部署的大量节点的开启和关闭具有突发性和随机性,使得网络拓扑和干扰具有大范围动态变化特性;而各小站中较少的服务用户数也容易导致业务的空间和时间分布出现剧烈的动态变化。

(5)自组织网络(self-organizing network,SON)。在传统移动通信网络中,主要依靠人工方式完成网络部署及运维,既耗费大量人力资源又增加运行成本,而且网络优化也不理想。在未来5G网络中,将面临网络的部署、运营及维护的挑战,这主要是由于网络存在各种无线接入技术,而且网络节点覆盖能力各不相同,它们之间的关系错综复杂。因此,自组织网络的智能化将成为5G网络必不可少的一项关键技术。

自组织网络技术解决的关键问题主要有以下两个方面。

①网络部署阶段的自规划和自配置。

②网络维护阶段的自优化和自愈合。

自配置即新增网络节点的配置,可实现即插即用,具有低成本、安装简易等优点。自优化的目的是减少业务工作量,达到提升网络质量及性能的效果,其方法是通过UE和eNB测量,在本地eNB或网络管理方面进行参数自优化。自愈合是指系统能自动检测问题、定位问题和排除故障,大大减少维护成本,并避免对网络质量和用户体验的影响。自规划的目的是动态进行网络规划并执行,同时满足系统的容量扩展、业务监测或优化结果等方面的需求。

（6）内容分发网络(content distribution network,CDN)。在 5G 中,面向大规模用户的音频、视频、图像等业务急剧增长,网络流量的爆炸式增长会极大地影响用户访问互联网的服务质量。如何有效地分发大流量的业务内容,降低用户获取信息的时延,成为网络运营商和内容提供商面临的一大难题。仅仅依靠增加带宽并不能解决问题,它还受到传输中路由阻塞和延迟、网站服务器的处理能力等因素的影响,这些问题的出现与用户服务器之间的距离有密切关系。内容分发网络会对未来 5G 网络的容量与用户访问具有重要的支撑作用。

内容分发网络是在传统网络中添加新的层次,即智能虚拟网络。CDN 系统综合考虑各节点连接状态、负载情况及用户距离等信息,通过将相关内容分发至靠近用户的 CDN 代理服务器上,实现用户就近获取所需的信息,使得网络拥塞状况得以缓解,降低响应时间,提高响应速度。CDN 网络架构在用户侧与源服务器之间构建多个 CDN 代理服务器,可以降低延迟、提高 QoS。当用户对所需内容发送请求时,如果源服务器之前接收到相同内容的请求,则该请求被 DNS 重新定向到离用户最近的 CDN 代理服务器上,由该代理服务器发送相应内容给用户。因此,源服务器只需要将内容发给各个代理服务器,便于用户从就近的带宽充足的代理服务器上获取内容,降低网络时延并提高用户体验。随着云计算、移动互联网及动态网络内容技术的推进,内容分发网络技术逐步趋向于专业化、定制化,在内容路由、管理、推送及安全性方面都面临新的挑战。

（7）D2D 通信。在 5G 网络中,网络容量、频谱效率需要进一步提升,更丰富的通信模式及更好的终端用户体验也是 5G 的演进方向。设备到设备通信(device-to-device communication,D2D)具有潜在的提升系统性能、增强用户体验、减轻基站压力、提高频谱利用率的前景。因此,D2D 是未来 5G 网络中的关键技术之一。

D2D 通信是一种基于蜂窝系统的近距离数据直接传输技术。D2D 会话的数据直接在终端之间进行传输,不需要通过基站转发,而相关的控制信令,如会话的建立、维持、无线资源分配及计费、鉴权、识别、移动性管理等仍由蜂窝网络负责。蜂窝网络引入 D2D 通信,可以减轻基站负担,降低端到端的传输时延,提升频谱效率,降低终端发射功率。当无线通信基础设施损坏,或者在无线网络的覆盖盲区,终端可借助 D2D 实现端到端通信甚至接入蜂窝网络。在 5G 网络中,既可以在授权频段部署 D2D 通信,也可在非授权频段部署。

在 5G 时代,全球将会出现 500 亿连接的万物互联服务,人们对智能终端的计算能力以及服务质量的要求越来越高。新型网络架构基于 SDN、NFV 和云计算等先进技术,可实现以用户为中心的更灵活、智能、高效和开放的 5G 新型网络。

4.1.2 无绳电话系统

无绳电话系统是市话系统的延伸,主要由无绳电话机(手机)、基站和网络管理中心组成。信号是用无线电波进行传输的,所以在无绳电话的话机和基站内都装有一台收发信机。其网络结构如图 4-2 所示。因为现在使用的电话机、手持机和座机间的连接缆绳长度是有限的,所以人们打电话只能在座机周围进行,而无绳电话采用无线信道来代替这根缆绳,所以给用户带来了很大方便。来自无绳电话机的语音先经过无线通信到达基站,经变换后再进入市话系统,用户拿着无绳电话就可以在基站周围的一定距离内进行移动通信。由于无绳电话与基站的无线辐射功率都很小,因而无绳电话机可活动的范围不大。无绳电话系线采用的是微蜂窝或微微蜂窝的无线传输技术。

可见,无绳电话是移动电话的又一种形式,无绳电话系统经历了从模拟到数字,从室内到室外,从专用到公用的发展历程,最终形成了以公用交换电话网为依托的多种网络结构。早期的无绳电话是单信道单移动终端,采用模拟调制。20世纪70年代出现的无绳电话系统称为第一代模拟无绳电话系统(cordless telephone-1,CT-1),也称为母机系统,仅供室内使用,用无线信道代替有线电话机中连接送、受话机的电缆,不受电缆限制。用户可以在座机周围100～200 m范围内方便地使用手提机通话。由于采用模拟技术,通话质量不太理想,保密性也差。

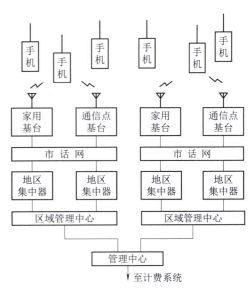

图 4-2 无绳电话系统网络结构

在蜂窝移动通信系统走向数字化的同时,无绳电话也在向数字化发展。20 世纪 90 年代中期出现的第二代数字无绳电话系统,具有容量大、覆盖面宽、支持数据通信业务、应用灵活、成本低廉等特点,其典型的代表有英国的 CT-2、泛欧数字无绳电话系统(digital enhanced cordless telecommunications,DECT)、日本的个人手持电话系统(personal handy-phone system,PHS)和美国的个人接入通信系统(personal access communication system,PACS)等。这些系统均具有双向呼叫和越区切换的功能,适合于无线用户交换机(private branch exchange,PBX)和无线 LAN 场合。几种数字无绳电话系统的主要参数见表 4-2。

表 4-2 几种数字无绳电话系统的主要参数

类型	CT-2,CT-2+	DECT	PHS	PACS
国家/地区	英国	欧洲	日本	美国
双工方式	TDD	TDD	TDD	FDD
频段(MHz)	864~868/944~948	1 880~1 900	1 895~1 918	1 850~1 910/1 930~1 990
载波数	40	10	77	16 对/MHz
每载波承载信道数	1	12	4	8
信道速率(kbit/s)	12	1 152	384	384
调制方式	GMSK	GMSK	K/4-DQPSK	t/4-DQPSK
语音编码速率(kbit/s)	32	32	32	32
平均手机发射功率(mW)	5	10	10	25
峰值手机发射功率(mW)	10	250	80	200
帧长度(ms)	2	15	5	2.5

4.1.3 专用业务移动通信技术的演变

专用业务移动通信系统(简称专用移动通信系统),是在给定业务范围内,为部门、行业、集团服务的专用移动通信系统(简称专用移动通信系统),典型的如生产调度系统。集群移动通信系统是专用移动通信系统高层次发展的形式。专用移动通信系统公众移动通信系统的比较见表4-3。

表4-3 专用移动通信系统与公众移动通信系统的比较

类型	集群移动通信系统	蜂窝移动通信系统
用途	专用网	公用网
目标用户群	以团体为单位,团体中的个体用户往往在工作上具有一定的联系,并分为不同的优先等级	以个体用户为单位,通话对象具有随机性,系统内部用户之间是平等的,不区分优先等级
业务特征	"一呼百应"的群组呼叫,通信作业一般以群组为单位,以调度台管理为特征	"一对一"的通信,个体用户之间是平等的,被叫用户有权拒绝主叫用户的呼叫请求
组网模式	需要根据用户的工作区域进行组网,而不是根据业务量的大小决定组网的先后顺序	通过事先预测和事后统计观察,根据业务量和用户地理分布进行网络组织
系统性能要求	在系统安全性、可靠性、通信接续时间、通信实时性等方面都有更高的要求,适合于承载大量频繁的通信接续需要	适合于次数不多但接续时间较长的通信要求
系统功能	基本功能包括组呼、全呼、广播呼、私密呼及电话互连呼叫等,补充功能包括调度区域选择、多优先级等,对于特殊用户还需要提供双向鉴权、空中加密、端到端加密等功能	公众移动通信系统功能,没有特殊要求
终端要求	除功能、性能的一般性要求外,从外观上,还要适应现场恶劣工作环境的需要,往往很难做到外观小巧、漂亮;从类型上,除手持终端外,还要求有车载和固定终端	除一般的功能、性能要求外,主要追求外观的精美、小巧等,而且主要是手持终端
运营管理	具备用户(指团体用户)自行管理的能力	由运营商统一进行网络建设、运营维护和日常用户管理
计费方式	与用户团体的终端用户数量、服务质量要求、业务区域范围、业务功能种类等因素有关	按照统一的资费政策,基于个体用户的业务使用情况进行计费

集群通信是移动通信中不可缺少的一个分支,它是实现移动中指挥调度通信最有效的手段之一,也是指挥调度最重要的通信方式之一,因此它从"诞生"起就引起了人们的注意。下面对集群通信尤其是数字集群通信做简要的介绍。

所谓集群移动通信系统,就是指系统具有的可用信道可为系统的全体用户共用,具有自动选择信道功能。它是共享频率资源、共担建设费用、共用信道及服务的多用途、高效率的无线调度通信系统。集群移动通信系统主要面向各专业部门,如公安、铁道、水利、市政、交通、建筑、抢险、救灾、军队等,以各专业部门用户为服务对象,用户之间存在一定的服务关系和呼叫级别。资费标准较公众移动通信系统灵活,而且便宜,呼叫接续速度快,接续时间最短可为 300 ms。集群移动通信系统的主要业务为调度业务,兼有互联电话和数据业务。

集群移动通信系统最早是以单区单基站网络形式出现的,这种网络结构最为简单,在开始一段时间内大部分用户都建立这种网络。但随着国民经济的发展,各部门的工作业务面扩大了,相互联系增多了,有许多工作还需要跨部门、跨地区进行;加上一些大城市的地域在不断扩大,高楼大厦越建越高、越建越多,因此原单一基站网就不能满足覆盖要求,即单区单基站的模拟集群通信系统已不够用了,于是单区多基站及多区多基站的集群移动通信系统就发展起来了。

集群通信共网是新发展起来的一种运营模式。国际移动通信协会对集群通信的发展曾提出了"商用渠群无线通信"这一术语,它实际上就是一种集群通信共网,也可称作专用网的公网。这样的一个网通常由一个运营公司来运营,主要由投资集团来投资,在某个区域构成一个由几万或十几万用户组成的大网。这个网的用户是集团用户,他们可像使用蜂窝手机那样到运营公司去购买用户终端,缴纳入网费和通信费等。在这个大网中,不同的部门和行业又可各自组成一个群(组)进行各自的调度指挥,而群之间相互不会干扰。这样,集群通信共网是在体现社会效益的基础上以体现经济效益为主的。这些要建网的部门就不必为频率、中继线、资金的筹划而费力,也不必为设计、建网而花工夫了。集群通信共网与集群通信专网的区别见表 4-4。

集群移动通信系统是从集群通信专网发展起来的,而集群通信共网也是随着集群通信专网的发展而形成的。集群通信专网在一定的时间内还将发挥其作用,不能完全由集群通信共网代替。所以,这两种都要发展而不能偏废。

表 4-4 集群通信共网与集群信专网的区别

类 型	集群通信共网	集群通信专网
性 质	商业性实体,由运营公司来运营,向用户提供服务	仅供部门使用
目 的	在体现社会效益的基础上以体现经济效益为主	主要是为满足本部门工作需要而建的,体现社会效益
用 户	用户面很广,用户是集团用户	用户只限本部门
频率利用率	集中使用频率,使这些频率为更多的用户所共有,提高了频率利用率	频率利用率不高

集群移动通信系统有以下几种分类方式。

1. 按控制方式分类

有集中控制式和分散控制式。集中控制式是指由一个智能控制终端统一管理系统内话务信通的方式。分散式是指与每一信道都有单独的智能控制终端的管理方式。

2. 按信令方式分类

有共路信令和随路信令方式。共路信令是设定一个专门控制信道传送信令,这种方式的优点是信令速度高,电路容易实现。随路信令是在一个信道中同时传送话音和信令,不单独占用信道,优点是节约信道,缺点是接续速度慢。

3. 按通话占用信道分类

有信息集群和传输集群系统。在信息集群系统中,用户通话占用一次信道完成整个通话过程。而在传输集群系统中,一个完整的通话要分几次在不同的信道上完成。信息集群在有些资料中也称为消息集群。其优点是通话完整性好;缺点是讲话停顿期间仍占用信道,信道利用率不高。传输集群又分为纯传输集群和准传输集群,也可两者兼用。这种方式的优点是信道利用率高,通信保密性好;缺点是通话完整性较差。

4. 按呼叫处理方式分类

有损失制和等待制系统。在损失制系统中,当话音信道占满时,呼叫被示忙,要通话需重新呼叫,信道利用率低。在等待制系统中,信道被占满时,对新申请者采用排队方式处理,不必重新申请,信道利用率高。

5. 按信令占用信道方式分类

有固定式和搜索式。在固定式中,起呼占用固定信道。在搜索式中起呼占用信道随机变化,需要不断搜索信令信道(忙时信令信道可作为话音信道,新空出的话音信道接替控制信道)。前者实施简单,后者实施复杂。

4.1.4 卫星移动通信系统

20 世纪 80 年代以来,随着数字蜂窝网的发展,地面移动通信得到了飞速的发展,但受到地形和人口分布等客观因素的限制,地面固定通信网和移动通信网不可能实现全球各地全覆盖,如海洋、高山、沙漠和草原等成为地面网盲区。这一问题现在不可能解决,而且在将来的几年甚至几十年也很难得到解决。这不是由于技术上不能实现,而是由于在这些地方建立地面通信网络耗资巨大。而相比较而言,卫星通信具有良好的地域覆盖特性,可以快捷、经济地解决这些地方的通信问题,正好是对地面移动通信的补充。

卫星移动通信系统是指利用人造地球卫星作为空间链路的一部分进行移动业务的通信系统。移动卫星通信不受地理条件的限制,覆盖面大,信道频带宽,通信容量大,电波传输稳定,通信质量好。但卫星通信系统造价昂贵,运行费用高。

由于卫星的高度,卫星系统能建立全球覆盖。采用卫星系统建立公众通信最早发生在 1962 年,在 AT&T 公司贝尔实验室成功地实施了 Echo 和 Telstar 实验后,Comsat 通信有限公司成立,它的早期工作是基于美国国家航空航天局(National Aeronautics and Space Administration, NASA)的应用技术卫星规划。卫星系统可提供无线移动通信,卫星在地球上实际的覆盖区域而积取决于地球上方的卫星轨道,可分为以下三种。

1. 对地静止地球轨道(geostationary earth orbit,GEO)卫星

GEO 卫星处在地球上方 35 786 km 的轨道上,沿轨道的运行速度和地球自转速度相同。因此从地球上看,GEO 卫星停留在某一点上。GEO 卫星具有将近 13 000 km 的视场(Field Of View,FOV)直径,它可以覆盖一个国家的大部分区域。GEO 卫星是区域性卫星,它具有多波束并能通过小波束进行频率复用。GEO 卫星的优点是能和节点保持连续状态,但其缺点是信号的往返路径延迟大约为 250 ms。当用户打电话或使用实时视频时,可能会感觉到这种延迟。

2. 中等地球轨道(medium earth orbit,MEO)卫星

MEO 卫星处在地球上方大约 10 000 km 的轨道上,而其 FOV 直径大约为 7 000 km。为了使卫星覆盖区涵盖全世界的重要区域,要使用一组 MEO 卫星,MEO 卫星每 12 h 绕地球一圈,如全球定位系统(global positioning system,GPS)卫星。GPS 系统中共有 24 颗 GPS 卫星。其中,18 颗处于活跃状态,6 颗备用。GPS 覆盖了整个世界,在任何时间,在地球上的任何一点至少能"看见"处于地球上方的 4 颗 GPS 卫星,从而能对该点定位。GPS 卫星发射的信号有 P 码和 C/A 码,其中 P 码供美国军方及特许用户使用,C/A 码供民用。自从 2003 年以来,已将 GPS 导航系统安装在很多汽车和蜂窝电话中,它的定位精确度在 3 m 以内。Odyssey 系统也是一个 MEO 卫星系统,它只有 16 颗卫星并覆盖了全世界。这个系统的造价不是很昂贵,卫星使用寿命可达 10 年或更长。国际海事卫星组织的中圆轨道(intermedia circular orbit,ICO)系统也是一个 MEO 卫星系统。它有 8 颗卫星,只提供数据传输业务。

3. 低地球轨道(low earth orbit,LEO)卫星

LEO 卫星是一种低轨道卫星,处于地球上方大约 800 km 的轨道上。它的 FOV 直径为 800 km 左右,每个 LEO 卫星的 FOV 绕地球一圈需要 2 h 左右。使用 LEO 卫星部署蜂窝通信系统的概念不同于陆地蜂窝系统。"小区是移动的",而地面移动台(终端)只能"看见"卫星几分钟。在 LEO 卫星系统中,覆盖区域的短时变化引起频率上的切换。切换可引起系统容量的低效,并可降低连接稳定性。从 LEO 卫星到地球,往返传输产生的延迟时间只有 5 ms。LEO 卫星系统具有如下几个优点。

(1) 可取得 5 ms 的延迟时间。
(2) 由于视线条件,可取得较小的路径损耗,这样地球上的天线可更小更轻。
(3) 比陆地系统提供更宽的覆盖,也像陆地系统一样提供频率复用。
(4) 需要的基站(也就是卫星)较少。
(5) 能覆盖海洋、陆地和空中。

然而,LEO 卫星系统也存在如下几个缺点。

(1) 信号太弱,以至于不能穿透建筑物的墙壁,但有线和无线 LAN 可帮助将卫星的覆盖扩展到户内。
(2) LEO 卫星系统工作在 10 GHz 的频率上,所以信号上的"雨衰"效应是另一个大的隐患。

LEO 卫星系统包括摩托罗拉公司的铱(iridium)系统、Loral 公司和 Qualcomm 公司的全球星(global star)系统及 Teledesic 公司的 Teledesic 系统。随着 21 世纪的到来,卫星通信将进入个人通信时代。这个时代的最大特点就是卫星通信终端达到手持化,个人通信实现全球化。所谓个人通信,是移动通信的进一步发展,是面向个人的通信,国际电联称之为通用个人通信,在北美则称为个人通信业务,其实质是任何人在任何时间、任何地点可与其他任何人实现任何方式的通信。只有利用卫星通信覆盖全球的点,通过卫星通信系统与地面通信系统(光纤、无线等)的结合,才能实现名副其实的全球人通信。

当前,小卫星技术的发展,为实现非同步的中、低轨道卫星通信系统提供了条件,因为中、低轨道卫星通信系统具有传播时延短,路径损耗低,能更有效地频率复用,卫星研制周期短,能多星发射,卫星互为备份、抗毁能力强,多星组网可实现真正意义上的全球覆盖等特点。同时,利用小卫星组成卫星通信系统,具有降低小卫星本身的成本,降低相应的发射费用,缩短卫星计划酝酿和制定时间,卫星能及时采用最新的技术等优点。这些特点和优点对于实现终端手持化具有同步卫星不可比拟的优势,从而使卫星移动通信系统成为个人通信、信息高速公路积极发展的通信手段之一。

4.1.5 无线数据网络

无线数据网络可根据其覆盖的区域来划分。无线个域网(wireless personal area network,WPAN)是最小覆盖区所对应的网络,覆盖的范围一般在 10 m 半径以内,用于实现同一地点终端与终端间的连接,如连接手机和蓝牙耳机等,必须运行于许可的无线频段。无线局域网(wireless local area network,WLAN)用于在建筑物特定楼层范围内连接用户。团体局域网服务于工业园区或大学校园,在这些地方,网络能漫游遍及整个园区,使用相当便利。无线城域网(wireless metropolitan area network,WMAN)主要用于解决城域网的接入问题,覆盖范围为几千米到几十千米。覆盖范围最大的网络是无线广域网(wireless wide area network,WWAN),它在整个国家范围内实现了连接。

1. 无线个域网

在过去的几十年里,无线技术产生了革命性的飞跃。近年来,电子制造商们意识到。用户对于"将有线变为无线"有着巨大的需求。利用隐形、低功耗、小范围的无线连接取代笨重的线缆,可极大地提高组网的灵活性,从而使人们的生活更加方便、快捷。并且无线连接可以使人们方便地移动设备,也能够在个人之间、设备之间和其生活环境之间实现协作通信。因此,WPAN 应运而生。

WPAN 是一种采用无线连接的个人局域网,它被用于诸如计算机、电话、各种附属设备,小范围(一般在 10 m 以内)内的数字助理设备之间的通信。WPAN 是为了实现活动半径小、业务类型丰富、面向特定群体、无线无缝的连接而提出的新兴无线通信网络技术,它能够有效地解决"最后几米电缆"的问题,进而将无线联网进行到底。

支持 WPAN 的技术有很多,每一项技术只有被用于特定的用途或领域才能发挥最佳的作用。此外,虽然在某些方面,有些技术被认为是在无线个人局域网空间中相互竞争的,但是它们常常又是互补的。主要包括蓝牙、ZigBee、超宽带(ultra wideband,UWB)、红外数据组织

(infrared data association,IrDA)、家庭射频(home radio frequency,HomeRF)等,其中蓝牙技术在无线个人局域网中使用最广泛。"蓝牙"这个名称源自北欧国家中的一个海盗国王。爱立信公司在1978年发展的蓝牙技术,用无线代替了短线,实现了10英尺内的短距离通信。其道带宽为200 kHz,使用QAM调制,数据速率可达1 Mbit/s,现在大多数蜂窝电话都配备了蓝牙,在美国,ZigBee是依据IEEE 802.15标准发展起来的,它的有效接入距离可达30 m,但数据速率为144 kbit/s左右,它可用于视频网络等应用。

从20世纪80年代开始,随着频带资源的紧张及对于高速通信的需求,超宽带技术开始被应用于无线通信领域。2002年,美国联邦通信委员会发布了超宽带无线通信的初步规范,正式解除了超宽带技术在民用领域的限制。脉冲超宽带是超宽带通信最经典的实现方式,通信时利用宽度在纳秒或亚纳秒级别的、具有极低占空比的基带窄脉冲序列携带信息。发射信号是由单脉冲信号组成的时域脉冲序列,无须经过频谱搬移就可以直接辐射。脉冲超宽带具有潜在的支持高数据速率或系统容量的能力,可共享频谱资源,定位精度高,探测能力强,穿透能力强,而且还具有低截获、抗干扰、保密性好、低成本、低功耗等特点。可见,脉冲超宽带技术满足低速率WPAN对物理层基本的业务要求。在IEEE 802.15.4a标准中,明确提出使用脉冲超宽带技术作为物理层标准也正是基于上述原因。

2. 无线局域网

WLAN是利用无线通信技术在一定的局部范围内建立的网络,是计算机网络与无线通信技术相结合的产物。它以无线多址信道作为传输媒介,提供传统有线局域网的功能,能够使用户真正实现随时、随地、随意的宽带网络接入。WLAN起初是作为有线局域网的延伸而存在的,广泛用于构建办公网络。但随着应用的进步发展,WLAN正逐渐从传统的局域网技术发展成为"公共无线局域网",成为国际互联网宽带接入手段。WLAN具有易安装、易扩展、易管理、易维护、高移动性、保密性强、抗干扰等特点。WLAN中的标准化行动是扩展其应用的关键,而且大多数是针对非授权频带的。可以通过两个主要途径来管制非授权频带:一个是所有设备间的共同操作所遵循的规则;另一个是频谱格式也就是能够由不同的供应商制造WLAN设备,以公平地分享无线资源。由于WLAN是基于计算机网络与无线通信技术的,在计算机网络结构中,逻辑链路控制(logical link control,LLC)层及其之上的应用层对不同的物理层的要求可以是相同的,也可以是不同的,因此,WLAN标准主要是针对物理层和媒质访问控制(media access control,MAC)层的,涉及所使用的无线频率范围、空中接口通信协议等技术规范与技术标准。

IEEE 802.11 WLAN工作组成立于1987年,它一直致力于ISM频段的扩频标准化工作。尽管频谱不受限制,业界也有着强烈的兴趣,但直到20世纪90年代,当网络互联现象更加普及、便携计算机应用更加广泛的时候,WLAN才成为现代无线通信市场中一个重要的快速增长点。IEEE 802.11在1997年标准化。随着标准得到认可,众多制造商开始遵照互操作性原则制造设备,相关市场也得到迅猛发展。1999年,IEEE 802.11高数据速率标准(IEEE 802.11b)得到认可,能够为用户提供高达11 Mbit/s和55 Mbit/s的速率;此外,它仍保着最初的2 Mbit/s/1 Mbit/s速率。1999年,IEEE 802.1la标准制定完成。它是IEEE 802.11的后续标准其设计初衷是取代IEEE 802.11b标准。该标准规定WLAN工作频段在5.15～5.825 GHz

数据传输速率达到 4 Mbit/s/72 Mbit/s 传输距离控制在 10~100 m。工作在 2.4 GHz 频段是不需要执照的,该频段属于工业、教育、医疗等专用频段,是公开的;然而,工作于 5.15~5.825 GHz 频段是需要执照的。一些公司仍没有表示对 IEEE 802.11a 标准的支持,一些公司更加看好后续推出的混合标准 IEEE 802.11g。IEEE 802.11g 标准提出拥有 IEEE 802.11a 的传输速率,安全性较 IEEE 802.11b 好,采用两种调制方式,含 IEEE 802.11a 中采用的 OFDM 与 IEEE 802.11b 中采用的补码键控(complementary code keying, CCK)调制,做到与 IEEE 802.11a 和 IEEE 802.11b 兼容。

虽然 IEEE 802.11 系列的 WLAN 应用广泛,自从 1997 年 IEEE 802.11 标准实施以来,先后有 IEEE 802.11b、IEEE 802.11a、IEEE 802.11g、IEEE 802.11e、IEEE 802.11f、IEEE 802.11h、IEEE 802.11i、IEEE 802.11j 等标准制定或者在制定中,但是 WLAN 依然面临带宽不足、漫游不便捷、网管不强大、系统不安全和没有强大的应用等缺点。为了实现高带宽、高质量的 WLAN 服务,使无线局域网达到以太网的性能水平,IEEE 802.11n 应运而生。据报道,IEEE 委员会在 2009 年 9 月 11 日批准了 IEEE 802.11n 高速无线局域网标准。IEEE 802.11n 使用 2.4 GHz 频段和 5 GHz 频段,其核心是 MIMO 和 OFDM 技术,传输速率为 300 Mbit/s,最高可达 600 Mbit/s 可向下兼容 IEEE 802.11b、IEEE 802.11g。

欧洲电信标准化协会(European Telecommunications Standards Institute, ETSI)的宽带无线电接入网络小组着手制定高性能无线电(high performance radio, Hiper)接入泛欧标准,已推出 HiperLAN1 和 HiperLAN2。HiperLAN1 对应 IEEE 802.11b;HiperLAN2 与 IEEE 802.11a 具有相同的物理层,它们可以采用相同的部件,并且 HiperLAN2 强调与 3G 整合。HiperLAN2 标准也是目前较完善的 WLAN 协议之一。

3. 无线城域网

WMAN 标准的开发主要由两大组织机构负责:一是 IEEE 的 802.16 工作组,开发的主要是 IEEE 802.16 系列标准;二是欧洲的 ETSI,开发的主要是 HiperAccess。因此,IEEE 802.16 和 HiperAccess 构成了 WMAN 的接入标准。

1999 年,IEEE 802 委员会成立了 802.16 工作组,为宽带无线接入的无线接口及其相关功能制定标准,它由三个小工作组组成,每个小工作组分别负责不同的方面:IEEE 802.16.1 负责制定频率为 10~60 GHz 的无线接口标准;IEEE 802.16.2 负责制定宽带无线接入系统共存方面的标准;IEEE 802.16.3 负责制定在 2~10 GHz 频率范围获得频率使用许可的无线接口标准。

虽然 802.16 系列标准在 IEEE 被正式称为 Wireless MAN,但它已被商业化名义下的 WiMAX 产业联盟称为 WiMAX 论坛。而且,IEEE 802.16 m(也被称为 WiMAX2)与 LTE-Advanced 已经并肩成为 4G 的标准之一。WiMAX 是一项新兴的宽带无线接入技术,能提供面向互联网的高速连接,数据传输距离最大可达 50 km。WiMAX 还具有 QoS 保障、传输速率高、业务丰富多样等优点。WiMAX 的技术起点较高,采用了代表未来通信技术发展方向的 OFDM、MIMO 等先进技术。随着技术标准的发展,WiMAX 逐步实现宽带业务的移动化,而 3G 则实现移动业务的宽带化,两种网络的融合程度也越来越高。

WiMAX 能掀起大风大浪,其自身必然有许多优势,而各厂商也正是看到了 WiMAX 的优势可能带来的强大市场需求才对其抱有浓厚的兴趣。但是,我们也必须认识到 WiMAX 还存在不足之处。

4. 无线广域网

WWAN 主要用于全球及大范围的覆盖和接入,具有移动、漫游、切换等特征,业务能力主要以移动性为主,包括 IEEE 802.20 技术及 3G、B3G 和 4G。IEEE 802.20 和 2G、3G 共同构成 WWAN 的无线接入,其中 2G、3G 当前使用居多。

IEEE 802.20 移动宽带无线接入标准也被称为 Mobile-Fi,是 WWAN 的重要标准。该标准是由 IEEE 802.16 工作组于 2002 年 3 月提出的,并在 2002 年 9 月为此成立专门的 IEEE 802.20 工作组。IEEE 802.20 的目的是实现高速移动环境下的高速率数据传输,以弥补 IEEE 802.1x 协议族在移动性上的劣势。IEEE 802.20 技术可以有效解决移动性与传输速率相互矛盾的问题,是一种适用于高速移动环境下的宽带无线接入系统空中接口规范。IEEE 802.20 标准在物理层技术上,以 OFDM 和 MIMO 为核心,充分挖掘时域、频域和空间域的资源,大大提高了系统的频谱效率。在设计理念上,IEEE 802.20 是真正意义上基于 IP 的蜂窝移动通信系统,并采用移动 IP 技术来进行移动性管理。对移动用户的移动性管理及认证授权等功能,通常由 IP 基站本身或者由 IP 基站通过移动核心网络访问核心网络中相关服务器来完成。这种基于分组数据的纯 IP 架构适应突发性数据业务的性能优于 3G 技术,与 3.5G(HSDPA、EV-DO)性能相当;在实现和部署成本上也具有较大的优势。

IEEE 802.20 技术标准的特点包括:全面支持实时和非实时业务;始终在线连接,广泛的频率复用;支持在各种不同技术间漫游和切换,如从移动宽带无线接入(mobile broadband wireless access,MBWA)切换到 WLAN;支持小区之间、扇区之间的无缝切换;支持空中接口的 QoS 与端到端核心网 QoS 一致;支持基于策略的 QoS 保证;支持多个 MAC 协议状态及状态之间的快速转移,对上行链路和行链路的快速资源分配;支持用户数据速率管理;支持与 RF 环境相适应的自动选择最佳用户数据速率;空中接口提供消息方式用于相互认证;允许与现有蜂窝系统的混合部署:空中接口的任何网络实体之间都为开放接口,从而允许服务提供商和设备制造商分离实现这些功能实体。从以上特点可以看出,IEEE 802.20 能够满足无线通信市场高移动性和高吞吐量的需求,具有性能好、效率高、成本低和部署灵活等优势。IEEE 802.20 移动性优于 IEEE 802.11,在数据吞量上强于 3G 技术,其设计理念符合下一代无线通信技术的发展方向,因而是一种非常有前景的无线技术。但是目前,IEEE 802.20 系统技术标准仍有待完善,产品市场还没有成熟,产业链有待完善,所以还很难判定它在未来市场中的位置。

4.2 移动通信的特点

移动通信的传输手段依靠无线通信,因此,无线通信是移动通信的基础,而无线通信技术的发展不断推动移动通信的发展。无线通信主要在基站与移动台间采用,在基站与交换控制中心间可以用有线或无线方式实现信息传输。移动台由用户直接操作,因此,移动台必须体积要小、质量要轻、操作使用要简便安全、成本要低。当移动体与固定移动台之间通信联系时,除依靠无线通信技术外,还依赖于有线通信网络技术,例如,公众交换电话网(PSTN)、公众数据网(PDN)、综合业务数字网(ISDN)。

移动通信首先是无线的,无线通信的含义是,通信的信道是广阔的空间中的无线电波,无线信道的随机性和时变特性给移动通信技术带来巨大挑战。无线电波的传播环境对于研究移动通信的特性来说非常重要,无线电波的传播环境从直接的视距传播到各种复杂的地形的传播,无线电波不仅会受到路径传播损耗、阴影衰落的影响,还存在多径衰落,而且移动台的移动速度也可能对无线电波的衰落造成影响,因此移动通信系统需要考虑无线电波在空间中传播的特性和常见的一些问题,比较常见的问题有以下三点,其特点如图 4-3 所示。

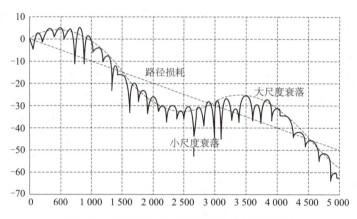

图 4-3　无线信道中的大尺度和小尺度衰落

1. 三大损耗

1) 路径传播损耗

一般也称衰耗,指的是无线电磁波在传输过程中由于传输介质的因素而造成的损耗。在固定电话通信等有线通信的过程中也有路径损耗,它们的路径损耗是由于传输过程中,传输介质所引起的衰耗。

这些损耗中既有自由空间损耗也有散射、绕射等引起的损耗。在日常生活中,经常会遇到这类的损耗,因为生活中有着如此多的"通信障碍物",以至于建筑物、花花草草、树木森林等都会产生损耗,甚至连打电话的时候贴近人体都会造成损耗。

2) 慢衰落损耗

慢衰落损耗(俗称慢衰)的定义是由于电磁波在传播路径上,遇到障碍物的阻碍产生阴影效应造成的损耗,反映了中等范围内的接收信号电平平均值起伏变化的趋势。之所以叫慢衰是因为它的变化率比传送信息率慢。类似于慢衰的例子在生活中比比皆是,当上午太阳光照向大地的时候,在一幢高楼的背光面往往产生阴影,阳光遇到了大楼的阻碍,产生了衰落,这就是慢衰。而光也是一种电磁波,既然光这种电磁波能产生慢衰,那么和光类似的不同波长的其他的电磁波也会产生类似的慢衰,只不过肉眼看不到罢了。

注意:慢衰落损耗服从对数正态分布。

3) 快衰落损耗

快衰落消耗(俗称快衰)主要是反映小范围移动的接收信号电平平均值起伏变化的趋势。

快衰引起的电平起伏变化服从瑞利分布、莱斯分布和纳卡伽米分布,它的起伏变化速率比慢衰落要快,所以称为快衰。研究无线通信接触最多的几个"域"是时域、频域和空域;在快衰中根据不同的成因、现象和机理,快衰也可以相应地分成时间选择性衰落、空间选择性衰落与频率选择性衰落。

2. 四大效应

在移动通信信道的三大损耗中已经涉及了部分移动通信四大效应的概念,移动信道的三大损耗与四大效应是息息相关的。如果说三大衰落是移动通信界的三大恶人,那么四大效应绝对是它们走上"恶路"的领路人,其中的很多效应和衰落之间都有着强烈的因果关系。

1) 阴影效应

阴影效应和慢衰落损耗有着扯不断理还乱的联系,正是由于移动通信中建筑物等的阻挡所引起的阴影效应才造成了移动信道的慢衰落损耗。阴影效应就是电磁波因为大型障碍物阻碍引起的,如图4-4所示。

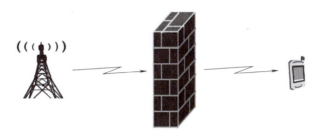

图4-4 阴影效应

2) 远近效应

远近效应极易引起边缘小区用户的掉话而产生通信中断现象,这对边缘小区用户的 QoS 造成极其恶劣的影响。远近效应在 CDMA 网络中极其明显,为了对抗远近效应,CDMA 系统引入了功率控制技术来平衡小区边缘用户和小区中心用户的信号强度和质量。

3) 多径效应

在通信的过程中,很多时候接收端接收到的信号不是唯一的直射信号,电磁波经过建筑物、起伏地形和花草树木等的反射、折射、绕射、散射也会到达接收端。这些通过不同的路径到达接收端的信号,无论是在信号的幅度,还是在到达接收端的时间及载波相位上都不尽相同。接收端接收到的信号是这些路径传播过来的信号的矢量之和,这种效应就是多径效应,如图4-5所示。

4) 多普勒效应

在中学物理中,我们就学过了多普勒效应,这里的多普勒效应和中学物理学的很类似,移动台的运动速度太快,所引起的频率扩散的效应就是多普勒频移。根据多普勒频移的公式,终端的运动速度越快,多普勒频移就越明显,如图4-6所示。

3. 移动性

在移动通信中,移动性是其区别于其他通信方式的根本特征。开放式的信道和通信用户的移动性给移动通信带来前所未有的挑战。注意：移动性是移动通信的根本特征。几乎移动通信的所有技术都是基于以上两个移动信道的特点专门定制的。移动通信不但无线而且用户还会移动，这就要求移动电话网络能够对用户实现动态寻址。移动通信这两个特性贯穿于移动通信发展的始终，这种用信道质量的不稳定性来换取用户的移动性的特点，尽管失去了固定电话有线信道的稳定性和可靠性，通话质量和容量都会下降，但是换来的是用户的自由移动，收益还是略大于支出的。

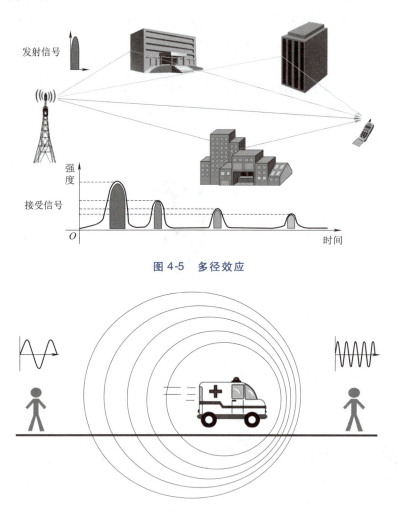

图 4-5　多径效应

图 4-6　多普勒效应

未来的移动通信技术发展更加注重人性化，将要构建一个 5W 特点的系统，即任何人在任何时间、任何地点与任何人都可以实现想要的通信。

4.3　移动通信中信号的基本处理过程

在数字移动通信系统中，如何把模拟语音信号转换成适合在无线信道中传输的数字信号直接关系到语音的质量、系统的性能,这是一个很关键的过程。本节主要介绍移动通信系统数字语音信号的处理过程。

移动通信系统模型移动通信制式繁多,采用的新技术也层出不穷。但是,不管它怎么变,基本的通信模型是几乎不变的,各移动制式通信模型(GSM、TD-SCDMA、WCDMA/CDMA2000、LTE/5G,NR)对比如图4-7所示。

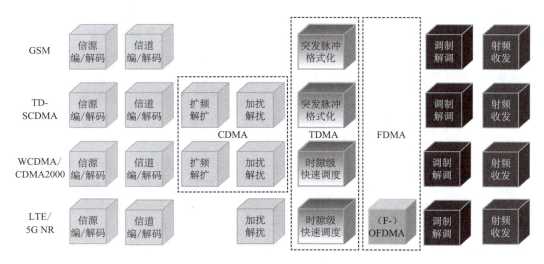

图4-7 各移动制式通信模型对比

在图4-7中,信源编/解码、信道编/解码与交织/去交织、调制/解调、射频收发是一般通信系统所固有的处理过程。简单地说,发射信号处理过程中,信源编码(对于语音业务来说,信源编码指的就是语音编码)的主要作用是将所传输的数据数字化;信道编码与交织只是为了提高数据在无线信道中传输的可靠性;扩频和加扰是CDMA系统特有的,扩频主要用于物理信道的信道化操作、对物理信道比特进行扩频,以保证不同物理信道之间的正交性,加扰是用扰码来区分小区;调制是为了解决低频基带信号在高频射频信道中传输的问题,起到了频谱搬移的作用,不同调制技术极大地影响了空中接口提供数据业务的能力;射频收发是指在天线上收发射频信号。

在信号处理过程中经常会出现比特(bit)、符号(symbol)、码片(chip)的概念。比特是指经过信源编码的含有信息的数据单元;符号是指经过信道编码和交织后的数据单元;码片是最终扩频后得到的数据单元。

1. 信源编码

信源编码将模拟语音信号转换成数字信号,并由语音编码对数字化语音进行码型及码速转换,以便在信道中传输。不同的数字移动通信系统采用不同的语音编码方式,如GSM采用规则脉冲激励长期线性预测(regular pulse excited-long term prediction,RPE-LTP)编码方式,而IS-95 CDMA采用Qualcomm码激励线性预测(qualcomm CELP,QCELP)编码方式,3G开始使用自适应多速率(adaptive multi-rate,AMR)编码方式。

语音编码器有三种编码类型:波形编码、参量编码和混合编码。

波形编码的基本原理是在时间轴上对模拟信号按一定的速率进行抽样,并将幅度样本分层量化、用代码表示。解码过程是将收到的数字序列经过解码和滤波恢复成模拟信号。针对比特速率较高的编码信号,波形编码能够提供相当好的语音质量。针对比特速率较低的语音编码信号(比特速率低于 16 kbit/s),波形编码的语音质量明显下降。目前使用较多的脉冲编码调制、增量调制及其各种改进型都属于波形编码技术。

参量编码又称声源编码,是将信号在频域提取的特征参量转换成数字代码进行传输。解码为其反过程,将接收到的数字序列经转换恢复为特征参量,再根据特征参量重建语音信号。也就是说,声源编码是以发音机制模型为基础的,用一套模拟声带频谱特性的滤波器参数和若干声源参数来描述发音机制模型。其在发端对模拟信号中提取的各个特征参量进行量化编码,在收端根据接收到的滤波器参数和声源参数来恢复语音,它是根据特征参数重建语音信号的,所以称为参量编码。这种编码技术可实现低速语音编码,比特率可压缩到 2~4.8 kbit/s,甚至更低,但是语音质量只能达到中等。

混合编码是波形编码和参量编码的结合。混合编码的数字语音信号中既包含若干语音特征参量,又包含部分波形编码信息。GSM 中使用的 RPE-LTP 就是一种混合编码。NR 中的语音信源编码采用了 AMR 技术语音速率与目前各种主流移动通信系统使用的编码方式兼容,编码速率为 4.75~23.85 kbit/s,有利于设计多模终端。根据用户离基站的远近,系统可自动调整语音速率,减少切换、掉话。当移动终端离开小区覆盖范围且已达到最大发射功率时,可利用较低的 AMR 速率来扩展小区覆盖范围。根据小区负荷,系统可自动降低部分用户语音速度,节省部分功率,从而容纳更多用户。在高负荷期间,如忙时,可以采用较低的 AMR 速率在保证略低的语音质量的同时提供较高的容量。利用 AMR 声码器可以在网络容量、覆盖及话音质量间按运营商的要求进行协调。

2. 信道编码

在移动通信的语音业务中,因为检错只会在收端检出错误时才让发端重发,这在传输数据时是可以的,而在传送语音时是不可能中断后重发的。因此,在数字语音传输中,信道编码也称为前向纠错(forward error correction,FEC)。在无线信道上,误码有两种类型,一种是随机性误码,即单个码元错误,并且随机发生,主要由噪声引起;另一种是突发性误码,即连续数个码元发生差错,亦称群误码,主要由衰落或阴影造成。信道编码主要用于纠正传输过程中产生的随机差错。

信道编码是在数据发送前,在信息码元中增加一些冗余码元(也称为监督码元或检验码元),供接收端纠正或检出信息在信道中传输时由于干扰、噪声或衰落所造成的误码。增加监督码元的过程称为信道编码。增加监督码元是指除了传送信息码元外,还要传送监督码元,所以为提高传输的可靠性付出的代价是提高传输速率、增加频带占用带宽。信道编码主要有分组码和卷积码。分组码是信道编码的基本格式,信道编码中语音业务常用卷积码。数据业务常用 Turbo 码(并行递归卷积码)。因为 Turbo 码纠错性能比较好,但译码比较复杂,处理时延大,适用对时延要求较低的数据业务。卷积码是一种特殊的分组码,它的监督码元不仅与本组的信息有关,还与若干组的信息码元有关。这种码的纠错能力强,不仅可以纠正随机差错,还可以纠正一定的突发差错。例如,GSM 采用二种(2,1)卷积码,其码率为 1/2,监督位只有一位,比较简单。对于编码速率为 1/2 的卷积编码,每输入一个比特到编码器中,就会在输出端同时得到 2 个符号,输出符号速率是输入比特速率的 2 倍。对于编码速率为 1/3 的卷积编码,每输入一个比特到编码器中,输出端会同时得到 3 个符号,输出符号速率是输入比特速率的 3 倍。

3. 交织

信道中的噪声或衰落导致的信号误码一般会影响连续的几个比特,而信道编码中的卷积码和 Turbo 码在纠正单个或离散的误码时效果较好。也就是说,信道编码在纠正无线信道中的随机差错时效果较好,但对较长时间的突发错误的纠错能力较差,为解决这个问题而引入了交织技术。

交织是为了抵抗无线信道的噪声及衰落的影响而采用的时间分集技术,作用是打乱符号间的相关性,减小信道快衰落和干扰带来的影响。使用交织编码的方法把信道编码输出的编码信息编成交错码,使突发差错比特分散,再利用信道编码使差错得到纠正,即交织编码是在解码比特流中降低传输突发差错。也就是说,交织就是把一连串连续发送的比特序列通过交织来转换发射顺序,使相邻比特在不同的时间发送,起到打乱比特间衰落相关性的作用。假定有一些由 4 bit 组成的消息分组,交织时把 4 个连续分组中的第 1 个比特取出来,并将其组成一个新的 4 bit 分组,称作一帧。4 个消息分组中的第 2~4 位也做相同处理。依次传送第 1 个比特组成的帧,第 2 个比特组成的帧等,交织编码示意图如图 4-8 所示。

语音编码后,比特流传输前进行交织,到接收端再去交织恢复到原先的次序,这样序列中的差错就趋向于随机地分散到比特流中。每帧的比特数 m 称为交织度,b 为突发差错长度,若 $m > b$,则可将 B 个突发差错分散到每一分组码中。

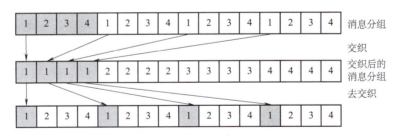

图 4-8 交织编码示意图

如图 4-9 所示在 GSM 系统中,每 20 ms 的 456 bit 编码后语音信息依次横向写入 8 个缓存器,再将每个缓存器中的比特分别输出,把连续的信息比特分散成 8 个无连续比特的数据块。因此,交织过程可看作一个矩阵行列转换的过程,把编码器输出的信息比特横向写入交织矩阵,然后纵向读出,即可获取比特次序改变的数据流。对于形成的分段比特流,经加密等后续处理,按系统规定形成相应的突发脉冲串信息格式,随后送入射频信号处理部分进行射频信号发射前的处理。如果交织后的信息出现在同一个数据块中,那么由于衰落造成突发脉冲串的损失就较严重。

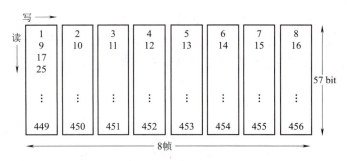

图 4-9　GSM 中 20 ms 编码语音信息交织

若同一数据块中填入不同语音的信息,则可降低收端出现连续差错比特的可能性,即通过二次交织可降低由于突发干扰引起的损失。在 GSM 中,语音信息就进行了二次交织。当然,交织次数越多,深度越大,突发错误被分散得越彻底,信道解码器的性能会越好。但交织和去交织的时延增加,交织所带来的好处是以时延为代价的,所以在性能的提高和交织深度间需要慎重考虑。

4. 加扰

扰码用于区分不同小区,相邻小区需要分配不同的扰码。扰码不仅要关注码间的互相关特性,还要考虑码本身的自相关特性。不同的系统使用的扰码不同,如 TD-SCDMA 使用 Gold 序列作为扰码,长度固定为 16 码片,共 128 个;LTE 的扰码又称为物理小区标识(physical cell identifier,PCI),共 504 个;NR 的扰码也称为 PCI,共 1 008 个。

5. 调制

在数字移动通信系统中,数字调制是关键技术之一。为实现带宽内较高的传送速率,适应信道传输,在解调时能用较低的信噪比条件达到所要求的误码率,对数字调制有以下几点要求:调制的频谱效率高,每带宽能传送的比特率高,即 bit/s/Hz 的值要大,调制的频谱应有小的旁瓣,以避免对邻道产生干扰;能适应瑞利衰落信道,抗衰落的性能好,即在瑞利衰落的传输环境中,解调所需的信噪比较低,调制解调电路易于实现。

数字调制就是把需要传递的信息送到射频信道,提高空中接口数据业务能力,也就是说将基带信号送到射频信道上,这是无线接口宽带化的首选技术。数字调制就是利用数字信号对射频载波的振幅、相位、频率或其组合进行调制。但是信号不是连续的,所以形成了幅移键控、相移键控和频移键控等基本调制方式。在实际使用时,几种调制方式往往互相结合,以达到更好的效果。随着技术的发展,还形成了诸如四相移相键控(quaternary phase shift keying,QPSK)、正交振幅调制等调制方式。每种调制方式都有特定的"星座图",一种调制方式的"星座点"越多,每个点代表的比特数就越多,在同样的频带宽度下提供的数据传输速率就越快。

不同的系统采用了不同的调制技术,例如,GSM 采用了高斯最小移频键控(gauss-minimum shift keying,GMSK)技术,GSM 演进的增强数据速率(enhanced data rates for the GSM evolution,EDGE)采用了 8PSK 技术;TD-SCDMA 采用了 QPSK、16QAM 技术;LTE 采用了 QPSK、16QAM、64QAM 技术;NR 采用了 QPSK、16QAM、64QAM、256QAM 技术。高阶调制的优点是速率提高,如 64QAM 比 16QAM 提高了 50%。但和所有其他技术一样,调制方式的选择也受到很多条件的限制。最重要的限制是:高性能(速率高)对信号质量(信噪比的要求高)。这意味着,如果某个用户离基站远,或所处位置信号变弱,就不能用高性能调制方式了,其得到的数据速率就会下降。

6. 变频

在发送端,调制后的信号即进入射频电路进行信号处理,需要上变频到发射频率。而在接收端,接收的高频信号也必须下变频(混频)到中频才能实现解调。

在信号处理过程中,通过混频器将有用的发射信号与本振信号进行混频,产生差频和和频,再通过滤波器保留所需的包含有用信号的差频信号。上变频示意图如图 4-10 所示。

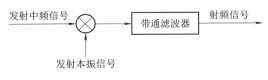

图 4-10　上变频示意图

上变频后的信号由功率放大器将信号放大到所需功率,并由天线将信号向空中发射出去。在基站中,功率放大后的信号会经合路器合路,再通过双工器将信号送至天线。

7. 均衡

移动通信的电波传播特点是存在严重的多径衰落。来自不同路径的电波,各自振幅随机分布,各相位是随机均匀分布的,它们总和的包络也是一个随机量,对于数字移动通信而言,可造成传输信号中的码间干扰。码间干扰示意图如图 4-11 所示。

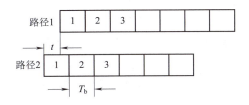

图 4-11　码间干扰示意图

两条路径的信号,若相对时延为 t,则当 $t > T_2$ 时,会在最后码元周期中发生重叠。假设两个信号的强度相差不多,则接收端将会发生误判而出错,这就是码间干扰。也就是说,信号在时间上有了扩散,因而相邻码元间会产生相互干扰。多径时延并不是一个常数,它是一个随地点变化的随机量,大体服从指数分布规律,它和码速率有关。因 $t > T_2$ 就会产生误码,如果能求出 $t > T_2$ 的概率,即可得到误码率。由图 4-12 可看出当传输速率增加时,误码率迅速增加。当 $t/T_b = 0.3$ 时(为平均时延),即会产生严重误码,误码率已达到 10^{-1}。当多径时延平均值为 3 μs 时,说明码速率应小于 10 kbit/s。利用均衡器产生的信道模型可以解决在传输中可能出现的差错,GSM 中采用了 Viterbi 均衡。

均衡器工作原理如图 4-13 所示。由图 4-13 可知,当输入为 001 时,经过信道传输,输出为 010;当输入为 111 时,经过信道传输后,输出为 001。反之,若得到的输出信号为 010,则对应于建立的信道模型,可知正确的输入编码应为 001。

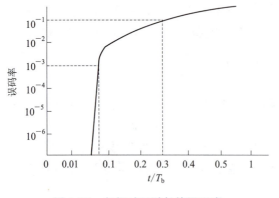
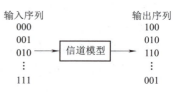

图 4-12　多径时延引起的误码率　　　　　图 4-13　均衡器工作原理

4.4　移动通信基本技术概述

4.4.1　无线区域覆盖结构

移动通信网络的通信质量与其无线区域覆盖密切相关。本节主要介绍移动通信系统的组网制式、无线区群结构、网络结构和信道含义。

无线区域覆盖根据其接续、覆盖方式，分成多重结构，如图 4-14 所示。在图 4-14 中，小区是指一个基站或基站的一部分（扇形天线）所覆盖的区域；基站区域是指一个基站的所有小区所覆盖的区域；位置区是指 MS 可任意移动不需要进行位置更新的区域，位置区可由一个或若干个小区组成；MSC 区是指一个 MSC 所管辖的所有小区共同覆盖的区域，一个 MSC 可由一个或若干个位置区组成；PLMN 服务区由若干个 MSC 区组成；系统服务区是 MS 可获得服务的区域，即无须知道 MS 实际位置而可马上通信的区域，可由若干个同标准公共移动电话网组成。

图 4-14　无线区域覆盖多重结构

1. 组网制式

移动电话网的结构可根据服务覆盖区的范围划分成大区制和小区制两种。

1) 大区制

大区制是指在一个服务区内只有一个基站负责移动通信的联络和控制，如图 4-15 所示。为增大基站的服务区域，天线架设要高，发射功率要大，但这只能保证 MS 可以接收到基站的发射信号。但当 MS 发射的功率较小，离基站较远时，无法保基站的正常接收。为解决上行信号弱的问题，可以在区内设若干个分集接收台与基站相连，图 4-15 中用"R"表示。大区制设备简单、技术容易实现，但频谱利用率低，用户容量小，只适用于小城市与业务量不大的城市。

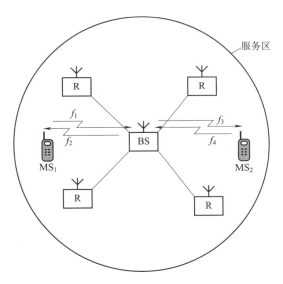

图 4-15　大区制

2) 小区制

小区制是将整个服务区划分为若干个小无线区,每个小无线区分别设置一个基站,用于负责本区的移动通信的联络和控制,同时又可在 MSC 的统一控制下,实现小区间移动通信的转接及与公共电话网的联系,如图 4-16 所示。

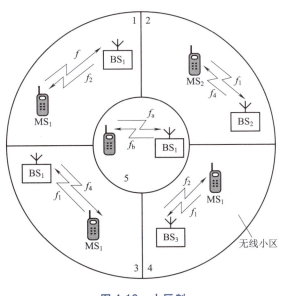

图 4-16　小区制

在频分多址的小区制结构中,每个小区使用一组频道,邻近小区使用不同的频道。由于小区内基站服务区域缩小,同频复用距离减小,同一组频道可以在整个服务区中多次重复使用,因此提高了频率利用率。另外,在区域内可根据用户的多少确定小区的大小。随着用户数目的增加,小区还可以继续划小,即实现"小区分裂",以适应用户数的增加。因此,小区制解决了大区制中存在的频道数有限而用户数不断增加的矛盾,可使用户容量大大增加。由于基站服务区域缩小,移动台和基站的发射功率减小,同时减小了电台之间的相互干扰,因此其普遍应用于用户量较大的公共移动通信网。但是,在这种结构中,移动用户在通信过程中,从一个小区转入另一个小区的概率会增加,移动台需要经常更换工作频道。此外,因为增加了基站的数目,所以带来了控制交换复杂等问题,建网的成本也提高了。

3)小区形状的选择

对于大容量移动通信网来说,需要覆盖的是一个宽广的平面服务区。由于电波的传播和地形地物有关,因此小区的划分应根据环境和地形条件而定。为了研究方便,假定整个服务的地形地物相同,并且基站采用全向天线,可认为无线小区是圆形的。考虑到多个小区彼此邻接覆盖整个区域,只能用圆内接正三角形、正方形和正六边形代替圆(见图4-17)。比较这三种图案,正六边形小区的中心间隔最大,基站间干扰最小;交叠区面积最小,同频干扰最小;交叠距离最小,便于跟踪交换;覆盖面积最大,对同样大小的服务区所需的小区数最少,即所需基站数少,最经济,所需的频率个数最少,频率利用率高。由此可得,面状区域组成方式最好选择正六边形小区结构。

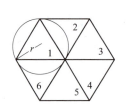 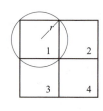 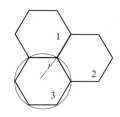

图4-17 邻接小区的覆盖方式

2. 正六边形无线区群结构

现代陆上移动通信广泛应用蜂窝状区域网,即用正六边形小区构成服务区,该服务区状似蜂窝,故名蜂窝移动通信网。

1)无线区群的构成

先由若干个正六边形小区构成单位无线区群,再由单位无线区群彼此邻接形成大服务区域。若同频无线小区之间的中心间隔距离大于同频复用保护距离,则各个单位无线区群可以使用相同的频道组,以提高频率的利用率。单位无线区群的构成应满足以下两个条件:若干单位无线区群能彼此邻接;相邻单位无线区群中同频小区中心间隔距离相等。以上条件可表示为 $N = a^2 + ab + b^2$。式中,N 为构成单位无线区群的正六边形数目,a、b 均为正整数,包括0,但不能同时为0或一个为1。将不同的数值代入,可确定 $N = 3,4,7,9,12,13,16,19,21,\cdots$ 由不同的 N 值得到各种单位无线区群的图形,如图4-18所示。

按图4-18所示的单位无线区群彼此邻接排布可扩大服务区,但如何选择单位无线区群呢?这要根据系统所要求的同频复用保护距离而定。在进行频分多址的蜂窝状网络的频率分配时,每个无线小区分给一个频道组,每个单位无线区群分给一组频道组,图4-18中的 f_1、f_2、$\cdots$、f_9 分别表示互不相同的频道组。当服务区扩大后,为了实现同频复用,不同的单位无线区群可以使用相同的频道组,其条件是:相同号码的无线区中心之间的距离 d_g 大于或等于同频复用保

护距离 D。d_g 与单位无线区群中无线小区数 N 和无线小区半径 r 三者间的关系为 $d_g = \gamma\sqrt{3N}$。在满足所要求的同频复用保护距离的前提下，N 应取最小值，此时，频率利用率最高。

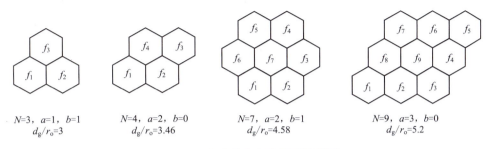

图 4-18 各种单位无线区群的图形

2）激励方式

在划分区域时，若基站位于无线区的中心，则采用全向天线实现无线区的覆盖，称为"中心激励"方式，如图 4-19（a）所示。若在每个蜂窝间的 3 个顶点上设置基站，并采用 3 个互成 120°扇形覆盖的定向天线（每个基站 3 个无线小区），同样能实现小区覆盖，这称为"顶点激励"方式，如图 4-19（b）所示。

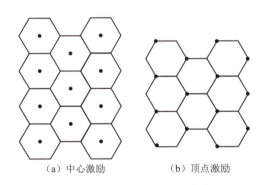

图 4-19 无线小区的激励方式

顶点激励方式主要有"三叶草形"和"120°扇面"两种，如图 4-20（a）和图 4-20（b）所示。在顶点激励方式中，3 个 60°扇面（天线的半功率点夹角为 60°）的正六边形无线小区可构成一个"三叶草形"的基站小区，而"120°扇面"则由 3 个菱形无线小区构成一个正六边形的基站小区。另外，采用 6 个 60°扇面的三角形小区也可以构成一个正六边形的基站小区，如图 4-20（c）所示。

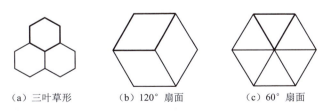

图 4-20 顶点激励方式

以上的分析是假定整个服务区的容量密度(用户密度)是均匀的,所以无线区的大小相同,每个无线区分配的信道数也相同。但是,就一个实际的通信网来说,各地区的容量密度通常是不同的,一般市区密度高,市郊密度低。为适应这种情况,对于容量密度高的地区,应将无线区适当划分得小一些,或分配给每个无线区的信道数应多一些。当容量密度不同时,无线区域划分可如图 4-21 所示,图中的数字表示小区中使用的信道数。

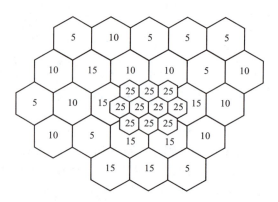

图 4-21 容量密度不同时的无线区域划分

考虑到用户数随时间的增长而不断增长,当原有无线小区的容量高到一定程度时,可将原有无线小区再细分为更小的无线小区,即小区分裂,以增大系统的容量和容量密度。其划分方法是:将原来的无线区一分为三或一分为四,如图 4-22 所示。

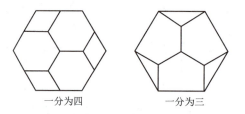

图 4-22 无线小区分裂

总之,无线区域的划分和组成应根据地形地物情况、容量密度、通信容量、频谱利用率等因素综合考虑。根据现场调查和勘测,先从技术、经济、使用、维护等几方面,确定一个最佳的区域划分和组成方案,再根据无线区的范围和通信质量要求进行电波传播电路的计算。

4.4.2 频谱利用

无线电技术的发展离不开电波传播,无线电频谱是人类共享的宝贵资源,随着无线业务种类和电台数量的不断增加,使用的频率越来越拥挤。频谱的有效利用和科学管理成为移动通信的当务之急。

无线电频谱是一种特殊的资源,不会因为使用而消耗殆尽,也不能存起来以后再用,不使用就是浪费,使用不当也是浪费。无线电频谱资源具有三维性质,即具有空间、时间、频率三个参数,应从这三方面来考虑频谱的科学管理和有效利用。同一时间,同一地点,频率是有限的,不能无限制地使用,尤其是不能重复使用,但不用却是浪费;不同时间,不同地点,频率可重复利用。无线电频谱易被污染,各种噪声源产生的噪声、电台之间的干扰等都是造成频谱污染的因素。无线电频谱资源是一种公共资源,必须考虑国际、国内及各地区之间的频率协调问题。

频谱的有效利用和科学管理涉及很多因素,既有技术问题,又有行政管理问题,应在掌握和分析大量技术资料和管理资料(如设备资料、电波传播资料、环境资料等)的基础上,采用频率复用、频率协调、频率规划等措施,以便解决频率拥挤问题。

4.4.3 频谱管理

国际上,由 ITU 通过召开无线电行政大会,制定无线电规则。无线电规则包括各种无线电通信系统的定义、国际频率分配表和使用频率的原则、频率的指配和登记、抗干扰措施、移动业务的工作条件及无线电业务的种类等,并由 ITU 下属的频率登记委员会登记、公布、协调各会员国使用的频率;提出合理使用频率的意见,执行行政大会规定的频率分配和频率使用的原则等。

1. 频谱管理

国内按当地当时的业务需要进行频率分配,并制定相应的技术标准和操作准则,技术标准应包括设备和系统的性能标准、抑制有害干扰的标准等。用户必须在满足合理的技术标准、操作标准和适当的频道负荷标准的条件下,才能申请使用频率。

日常的频谱管理工作应包括:审核频率使用的合法性;检查有害干扰,检查设备与系统的技术条件;考核操作人员的技术条件,登记业务种类、电台使用日期等。频谱管理的任务还包括频率使用的授权、建立频率使用登记表、无线电监测业务、控制人为噪声等。

合理分配频谱可有效地利用频率资源,提高频率利用率,频谱的分配应遵循:频道间隔要求;公共边界的频率协调原则;多频道共用、频率复用原则;共同遵守一些主要规则,包括双工间隔、频率分配、辐射功率、有效天线高度等方面的要求。

在移动通信的组网过程中,用户所使用的频率一般由主管部门分配,或根据能够购买到的设备来确定,用户本身无选择余地,这种情况对网络的进一步扩充会带来不利影响,也可能会造成本来可以避免的相互干扰。实际上,影响频率选择的因素很多,主要有传播环境、组网需求、多频道共用、互调等。

2. 我国移动通信系统的频谱使用

我国移动通信系统的频谱使用见表 4-5。表 4-5 中所示部分频段已分配但未使用,如 1 725~1 745 MHz、1 820~1 840 MHz 分配给了 FDD 但未分配给运营商使用;部分频段 2G、3G 共用如 825~840 MHz、870~885 MHz 由 IS-95CDMA 和 CDMA2000 共用;也有部分频段已分配但被占用,如 1 900~1 920 MHz 已分配给 3G 的 TDD 系统使用,但被 PAS 占用(PAS 实际上也为 TDD 模式)。

表 4-5　我国移动通信系统的频谱使用

频率（MHz）	用　途	频率（MHz）	用　途
825～840（上行） 870～885（下行）	CDMA(2G、3G) FDD	1920～1935（上行） 2110～2125（下行）	CDMA2000(3G)
885～915（上行） 930～960（下行）	EGSM900(2G) FDD	1940～1955（上行） 2130～2145（下行）	WCDMA(3G) FDD
1710～1785（上行） 1805～1880（下行）	GSM(DCS1800)(2G) FDD	1880～1920 2010～2025	TD-SCDMA(3G) TDD

我国 4G 的 TDD-LTE 主要使用 2 300～2 400 MHz、2 500～2 690 MHz 频段，各运营商具体用频段是：中国移动使用 1 880～1 900 MHz（原 TD-SCDMA 频段）、2 320～2 370 MHz、2 575～2 635 MHz；中国联通使用 2 300～2 320 MHz、2 555～2 575 MHz；中国电信使用 2 370～2 390 MHz、2 635～2 655 MHz。

增加带宽是增加容量和传输速率最直接的方法，5G 最大带宽将会达到 1 GHz，考虑到目前频率占用情况，5G 将不得不使用更高频率进行通信。3GPP 协议定义了从 Sub3G、C-band 到毫米波的 5G 目标频谱，如图 4-23 所示。其中，FR1 对应频率为 450～6 000 MHz；FR2 对应频率为 24 250～52 600 MHz。

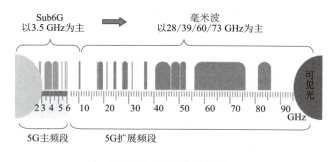

图 4-23　5G 目标频谱

在 3GPP 协议定义的 5G 频谱 FR1 中，NR 频段 n1、n2、n3、n5、n7、n8、n20、n28、n66、n70、n71、n74 用于 FDD 模式；n38、n41、n50、n51、n77、n78、n79 用于 TDD 模式；n75、n76 用于下行辅助（supplementary download，SDL）；n80、n81、n82、n83、n84 用于上行辅助（supplementary upload，SUL）。SDL 与 SUL 属于辅助频段。

毫米波是频率为 30～300 GHz 的电磁波，频段位于微波和红外波之间。应用到 5G 技术的毫米波频段为 24～100 GHz。毫米波的高频率让它有着极快的传输速率，同时较高带宽也让运营商的频段选择更广。但毫米波的超短波长（1～10 mm）使得其穿透能力很弱，信号衰减快，其优点在于可使收发天线做到很小，轻松塞进手机，小体积天线让在有限空间内建造多天线组合系统变得更容易。在 3GPP 协议定义的 5G 毫米波 FR2 只定义了 4 个 NR 频段——n257、n258、n260、n261，全部为 TDD 模式，最大小区带宽支持 400 MHz。按照各频段特点，Sub 6 GHz（6 GHz 以下）频谱将兼顾覆盖与容量的需求，是峰值速率和覆盖能力两方面的理想折中;6 GHz 以上频谱可以提供超大带宽和更大容量、更高速率,但是连续覆盖能力不足。5G 各频段覆盖对比如图 4-24 所示。

3. 载波干扰保护比

在系统组网时,会产生很多干扰,基站的覆盖范围将受这些干扰的限制。因此,在设计系统时,必须把这些干扰控制在可容忍的范围内。载波干扰保护比又称为载干比,是指接收到的希望信号电平与非希望电平的比值。

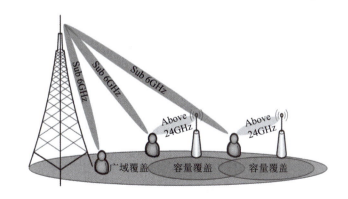

图 4-24　5G 各频段覆盖对比

此比值与 MS 的瞬时位置有关,这是由于地形地物、天线参数、站址、干扰源等不同所造成的。同频干扰保护比(C/I)是指当不同小区使用相同频率时,服务小区载频功率与其他的同频小区对服务小区产生的干扰功率的比值。例如,GSM 规范中一般要求 C/I > 9 dB;工程中一般加 3 dB 的余量,即要求此值大于 12 dB。

邻道干扰保护比(C/A)是指在同频复用时,服务小区载频功率与相邻频率对服务小区产生的干扰功率的比值。例如,GSM 规范中一般要求 C/A > -9 dB;工程中一般加 3 dB 的余量,即要求此值大于 -6 dB。

除了同频、邻道干扰以外,当与载波偏离 400 kHz 的频率电平远高于载波电平时,也会产生干扰,但此种情况出现极少,干扰程度也不太严重。例如,GSM 规范中载波偏离 400 kHz 时的 C/I > -41 dB;工程中一般加 3 dB 的余量,即要求此值大于 -38 dB。采用空间分集接收将会改善系统的 C/I 性能。

采用保护频带的原则是移动通信系统能满足干扰保护比要求。例如,在 GSM900 系统中移动和联通两个系统间应留有保护带宽;当 GSM1800 系统与其他无线系统的频率相邻时,应考虑相互干扰情况,留出足够的保护带宽。

4.4.4　同频复用

随着移动通信的发展,频道数目有限和移动用户数急剧增加的矛盾越来越大。要解决移动通信的频率拥挤问题,一是开发新频段,二是采用各种有效利用频率的措施。移动通信发展的过程,就是有效利用频率的过程,且仍是今后移动通信发展中的关键问题之一。提高频率利用率的有效措施主要有同频复用和多信道共用。

同频复用即频率复用,是指同一载波的无线信道用于覆盖相隔一定距离的不同区域,相当于频率资源获得再生。在蜂窝结构的移动网中,无线区群是以 N 个正六边形小区组成的,各区群可以按一定的规律使用相同的频率组。假设每个群有 N 个小区,则需用 N 组频率。频率复用的结果是系统内部必然会产生同频干扰,因此必须采取抗干扰措施,使频率干扰控制在系统允许范围内。典型的频率复用方式除 4×3 外,还有 3×3、2×6、1×3 等方式,如图 4-25 所示,还可采用分层复用方式。4×3 频率复用方式,即每 4 个基站为一群,每个基站小区分成 3

个三叶草形 60°扇区或 3 个 120°扇区,共需 12 组频率,因此,4×3 方式也常表示为 4/12 方式。

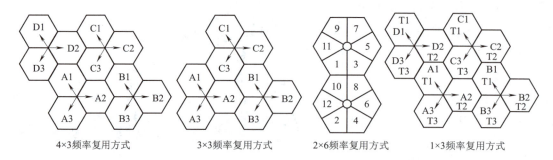

图 4-25 典型的频率复用方式

移动通信系统本身采用了许多抗干扰技术,如跳频、自动功率控制、基于语音激活的非连续发射、天线分集等,这些技术的合理利用将有效提高载干比,因此可以采用更紧密的频率复用方式,增加频率复用系数,提高频率利用率。例如,原采用 4×3 频率复用方式的网络改用 3×3 频率复用方式,一般不需要改变网络结构,但容量增加有限,同时需要采用跳频技术降低干扰。随着 5G 中同时同频全双工技术的应用,需要采用更有效的抗干扰技术。

4.4.5 多址技术

为了提高频率利用率,移动通信系统常采用多址技术,有些系统同时采用两种以上的多址技术。蜂窝系统中是以信道来区分通信对象的,一个信道只容纳一个用户进行通话,许多同时通话的用户互相以信道来区分,这就是多址。移动通信系统是一个多信道同时工作的系统,具有广播信道和大面积覆盖的特点,在无线通信环境的电波覆盖区内,如何建立用户间的无线信道的连接,是多址接入方式的问题。解决多址接入问题的技术称为多址接入技术。

多路复用是必须在发送端用复用器将多路信号合在一起,在接收端用分路器将各路信号分开的多用户共用信道方式。而多址接入技术中各路信息不需要集中,而是各自调制送入无线信道传输,接收端各自从无线信道上取下已调信号,解调后得到所需信息,即多址技术中的合路是在空中自然形成的。

多址技术是指射频信道的复用技术,对不同的移动台和基站发出的信号赋予不同的特征使基站能从众多的移动台发出的信号中区分出是哪个移动台的信号,移动台也能识别基站发出的信号中哪一个是发给自己的。信号特征的差异可表现在某些特征上,如工作频率、出现时间、编码序列等,多址技术直接关系到蜂窝移动系统的容量。蜂窝移动系统中最基本的多址方式有 FDMA、TDMA、CDMA 等,示意图如图 4-26 所示。

1. FDMA 方式

1) FDMA 系统原理

FDMA 以传输信号的频率不同来区分信道的接入方式,即为不同的用户分配不同的载波频率以共享无线信道。在 FDMA 系统中,总频带被分成若干个带宽相等且没有交集的子频带,将不同的子频带分配给不同的用户,一个子频带相当于一个信道。每个子频带在同一时间只能供一个用户使用,相邻子频带间有保护间隔,频带间无明显干扰。

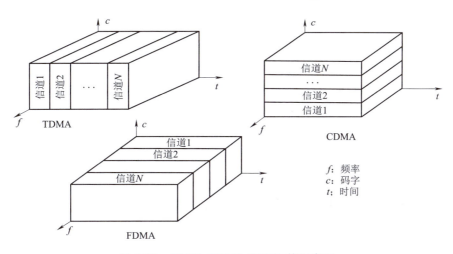

图 4-26　FDMA、TDMA、CDMA 的示意图

也就是说，FDMA 为每一个用户指定了特定频率的信道，这些信道按要求分配给请求服务的用户，在呼叫的整个过程中，其他用户不能共享这一频道。FDMA 系统的工作示意图如图 4-27 所示。

图 4-27　FDMA 系统的工作示意图

在频分双工 FDD 系统中，分配给用户一个信道，即一对频率。一个频率用作前向信道，即 BS 向 MS 方向的信道，另一个则用作反向信道，即 MS 向 BS 方向的信道。这种通信系统的基站必须同时发射和接收多个不同频率的信号，任意两个移动用户之间进行通信时都必须经过基站的转接，因而必须同时占用 2 个信道（2 对频率）才能实现双工通信，它们的频谱分割。在频率轴上，前向信道占有较高的频带，反向信道占有较低的频带，中间为保护频带，前向信道和反向信道的频带分割是实现频分双工通信的要求。在用户频道间，设有频道间隔，以免因系统的频率漂移造成频道间的重叠。

2）FDMA 系统的特点

（1）每个频道一对频率，只可送一路语音，频率利用率低，系统容量有限。

（2）信息连续传输，当系统分配给 MS 和 BS 一个 FDMA 信道时，MS 和 BS 之间连续传输信号，直到通话结束信道收回。

（3）FDMA 不需要复杂的成帧、同步和突发脉冲序列的传输，MS 设备相对简单，技术成熟且易实现，但系统中有多个频率信号，易相互干扰，且保密性差。

（4）BS 的共用设备成本高且数量大，每个信道都需要一套收发信机。

（5）越区切换时，只能在语音信道中传输数字指令，要抹掉一部分语音而传输突发脉冲序列。

2. TDMA 方式

1）TDMA 系统原理

TDMA 以传输信号存在的时间段不同来划分信道的接入方式，给不同的用户分配不同的时间段以共享无线信道，即 TDMA 是在一个宽带的无线载波上，把时间分成周期性的顿，将每一顿再分割成若干时隙（无论帧或时隙都是互不重叠的），每个时隙就是一个信道，分配给一个用户使用 TDMA 系统与工作示意图如图 4-28 所示。

图 4-28 TDMA 系统的工作示意图

系统根据一定的时隙分配原则，使各个移动台在每帧内只能按指定时隙向基站发射信号（突发信号），在满足定时和同步的条件下，基站可以在各时隙中接收到各移动台的信号而互不干扰，同时基站发向各移动台的信号都按顺序在预定的时隙中传输，各移动台只要在指定的时隙内接收，就能在空中合路的时分复用信号中把发给它的信号区分出来，所以 TDMA 系统发射数据时采用了缓存-突发法，因此对任何一个用户而言发射都是不连续的。

2）TDMA 的帧结构

TDMA 帧是 TDMA 系统的基本信息单元，它由时隙组成，在时隙内传送的信号称为突发。各个用户的发射时隙相互连成 1 个 TDMA，为保证相邻时隙中的突发不发生重叠，时隙间有保护时间间隔 T。

在 TDMA 系统中，每帧中的时隙结构的设计通常要考虑三个主要问题：一是控制和信令信息的传输；二是信道多径的影响；三是系统的同步。

3）TDMA 系统的同步与定时

同步和定时是 TDMA 系统正常工作的前提。TDMA 通信双方只允许在规定的时隙中发送信号和接收信号，而移动台的移动使其与基站的距离时刻发生着变化，距离的随机变化会给突发的定时带来偏差，因而必须在严格的帧同步、时隙同步和比特（位）同步的条件下进行工作。如果通信设备采用相干检测，则接收机必须获得载波同步。TDMA 的帧同步和位同步是由帧结构的细节来保证的。

（1）位同步。位同步是接收机正确解调的基础。在移动通信系统中，用于传输位同步信息的方法有两种：一种是用专门的信道传输；另一种是插入业务信道中传输，如在每一时隙的前面发送一段"0""1"交替的信号作为位同步信息。此外，在有些系统中，位同步信息是从其数字信号中提取的，可以不再发送专门的同步信息，但 TDMA 系统是按时隙以突发方式传输信号的，为了迅速、准确而可靠地获得位同步信息，不宜采用这种方法。

（2）帧同步与时隙同步。帧同步和时隙同步所采用的方法一样，如果需要，可以在每帧和每时隙的前面分别设置一个同步码作为同步信息。同步码的选择是在帧长度确定后，根据信道条件和对同步的要求而确定的。对帧同步和时隙同步的要求是：建立时间短、错误捕获概率小、同步保持时间长和失步概率小。从提高传输效率出发,希望同步码短一些;从同步的可靠性和抗干扰能力考虑,希望同步码长一些。对同步码的码型选择,应使之具有良好的相关特性,不易被信息流中的随机比特所混淆而出现假同步。

(3)系统定时。系统定时也称为网同步,是 TDMA 系统中的关键问题。只有全网中有统一的时间基准时,才能保证整个系统有条不紊地进行信息的传输、处理和交换,协调一致地对全网设备进行管理、控制和操作。就同步而言,可以既保证各基站和移动台迅速进入同步状态,又不会因为定时误差随时间积累而引起失步。

系统定时可以采用不同的方法。在移动通信系统中常用的是主从同步法,即系统所有设备的时钟均直接或间接地从属于某一个主时钟的信息。主时钟通常有很高的精度,其信息以广播的方式送给全网的设备,或者以分层的方式逐层送给全网的设备。各设备从收到的时钟信号中提取定时信息,或者说锁定到主时钟频率上。

(4)定时保护时间。信号在空间传输是有延迟的,如移动台在呼叫期间向远离基站的方向移动时,从基站发出的信号将"越来越迟"地到达移动台,与此同时,移动台的信号也会"越来越迟"地到达基站,延迟过长会导致基站收到的某移动台在本时隙上的信号与基站收到的下一个其他移动台信号的时隙相互重叠,引起码间干扰。因此,在呼叫期间,移动台发送给基站的测量报头上携带有移动台测量的时延值,而基站必须监视呼叫到达的时间,并在下行信道上以一定的频率向移动台发送指令,指示移动台提前发送的时间,即时间提前量(time advance,TA)。TA 是根据移动台与基站间不断变化的距离而确定的,该信息在移动台与基站间不断传送。

4)TDMA 系统的特点

(1)TDMA 系统的基站只用少量发射机,可避免多部不同频率的发射机(FDMA)同时工作而产生互调干扰,抗干扰能力强,保密性好。

(2)TDMA 系统不存在频率分配问题,对时隙的管理和分配通常比对频率的管理和分配简单而经济。其对时隙动态分配,有利于提高容量,系统容量较 FDMA 系统大。

(3)在一帧中的空闲时隙,可用来检测信号强度或控制信息,有利于加强网络的控制功能和保证 MS 的越区切换。

(4)TDMA 系统需要严格的定时与同步,以免信号重叠或混淆,因为信道时延不固定。

(5)TDMA 方式可提高频谱利用率,减少 BS 工作频道数,从而降低 BS 造价,还可方便非话业务的传输。

3.CDMA 方式

1)CDMA 系统原理

在 CDMA 系统中,用户间的信息传输也是由基站进行转发和控制的。为实现双工通信,正向传输和反向传输各使用一个频率,即频分双工。无论是正向传输还是反向传输,除了传输业务信息外,还必须传输相应的控制信息。为了传输不同的信息,需要设置相应的信道,但 CDMA 系统既不分频道又不分时隙,无论传输何种信息,信道都以不同的码型来区分,类似的信道属于同一逻辑信道,均占有相同的频段和时间。CDMA 以传输信号的码字不同来区分信道的接入方式,即给每个移动用户分配不同的码字,每个用户所分配到的码字是唯一的、互相正交或准正交的,使不同用户的信号在频率、时间上都可以重叠。系统的接收端必须有与发送端完全一致的本地地址码,用来对接收的信号进行相关检测。CDMA 系统的工作示意图如图 4-29 所示。

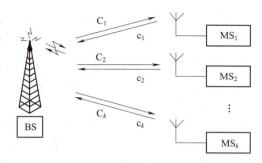

图 4-29　CDMA 系统的工作示意图

2) CDMA 系统的特点

(1) CDMA 系统中许多用户使用同一频率、占用相同带宽,各用户可同时收发信号。

(2) CDMA 系统通信容量大。CDMA 系统容量的大小主要取决于使用编码的数量和系统中干扰的大小,采用语音激活技术也可增大系统容量。CDMA 系统的容量约是 TDMA 系统的 4～6 倍,是 FDMA 系统的 20 倍左右。

(3) CDMA 系统具有软容量特性。CDMA 系统是干扰受限系统,任何干扰的减少都直接换为系统容量的提高。CDMA 系统的软容量特性在多增加一个用户时只会使通信质量略有下降,不会出现阻塞现象。也就是说,CDMA 系统容量与用户数间存在一种"软"关系,在业务高峰期,系统可在一定程度上降低系统的误码性能,以适当增加可用信道数;当某小区的用户数增加到一定程度时,可适当降低该小区的导频信号的强度,使小区边缘用户切换到周围业务量较小的区域。

(4) CDMA 系统可采用"软切换"技术。CDMA 系统的软容量特性可支持过载切换的用户直到切换成功,当然,在切换过程中其他用户的通信质量可能会受到一些影响。在 CDMA 系统中切换时只需改变码型,不用改变频率与时间,其管理与控制相对比较简单。

(5) CDMA 系统中上下行链路均可采用功率控制技术。

(6) CDMA 系统具有良好的抗干扰、抗衰落性能和保密性能。由于信号被扩展在较宽频谱上,频谱宽度比信号的相关带宽大,则固有的频率分集具有减小多径衰落的作用。同时,由于地址码的正交性和在发送端对频谱进行了扩展,在接收端进行逆处理时可很好地抑制干扰信号。非法用户在未知某用户地址码的情况下不能解调接收该用户的信息,信息的保密性较好。

3) 码同步

码同步是 CDMA 系统中特有的。在接收端进行地址解码时必须采用与发送端相同的地址码,而且相位必须相同。在 CDMA 系统中,同步系统主要实现本地地址码与接收信号中地址码的同步,即频率上相同,相位上一致。同步过程主要包括两个阶段:第一阶段是捕获阶段,收信机在伪随机码(pseudo-number,PN,简称伪码)精确同步(跟踪)前,先搜索对方的发送信号,把对方发来的 PN 与本地 PN 在相位上纳入可保持同步的范围内,即在一个 PN 码元内。这一阶段完成后,同步系统即进入跟踪阶段,无论何种因素引起的收发两端 PN 的频率和相位发生较小的偏移,同步系统都能自动加以调整,使收、发双方的 PN 保持精确同步。

地址码的捕获须以载频捕获为前提,若载频频率偏差较大,则接收信号经解扩后的输出幅度很小,无法正确判断本地 PN 与信号中 PN 间的偏差。载频的跟踪又建立在伪码跟踪的基础上,若地址码不同步,解扩器输出的载噪比太低,则载频跟踪的锁相环路无法锁定。因此,系统一般按"载频捕获→伪码捕获→伪码跟踪→载频跟踪"的顺序建立同步。

4. 空分多址方式

空分多址(space division multiple access,SDMA)也称为多波频率复用,即通过在不同方向上使用相同频率的定位天线波束来区分信道的接入方式。该多址方式以天线技术为基础,用点射束天线实现信道复用。在理想情况下,要求天线给每个用户分配一个点波束,根据用户的空间位置即可区分每个用户的无线信号,从而完成多址划分。也就是说,SDMA 是通过空间分割来区分不同用户的。在移动通信中,能实现空间分割基本技术的就是自适应阵列天线,其可在不同用户方向上形成不同的波束。SDMA 系统的工作示意图如图 4-30 所示。SDMA 使用定向波束天线来服务于不同的用户,相同的频率或不同的频率都可用来服务于被天线波束覆盖的这些不同区域,扇形天线可被看作 SDMA 的一个基本方式。在极限情况下,自适应阵列天线具有极小的波束和无限快的跟踪速率,可实现最佳 SDMA,用自适应天线可迅速地引导能量沿用户方向发送。

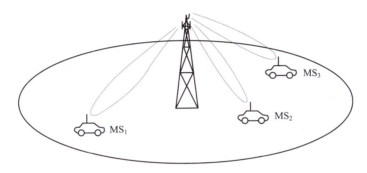

图 4-30 SDMA 系统的工作示意图

SDMA 基站由多个天线和多个收发信机组成,利用与多个收发信机相连的 DSP 来处理接收到的多路信号,从而精确计算出每个移动台相应无线链路的空间传播特性,根据此传播特性即可得出上下行的波束赋形矩阵,利用该矩阵通过多个天线对发往移动台的下行链路的信号进行空间合成,从而使移动台所处的位置接收信号最强。使用 SDMA 技术还可以大致估算出每个用户的距离和方位,可为移动用户的定位并切换提供参考信息。

5. 多址技术的应用

在 1G 模拟蜂窝系统中,采用 FDMA 方式是唯一的选择,而在数字移动通信系统中,已经不再使用单一的 FDMA 方式。

2G 的 GSM 采用了 FDMA 和 TDMA 技术,即先把 890~915 MHz(共 25 MHz)的总频段划分成 124 个频道,每个频道再划分为 8 个时隙,共可提供 992 个信道,用户使用的信道是某一个频道上的一个时隙。

3G 中无一例外地使用了 CDMA 方式,而 SDMA 与 CDMA、TDMA、FDMA 一起在 TD-SCDMA 中应用。

4G 中下行采用具有循环前缀(cyclic prefix,CP)的正交频分多址(orthogonal frequency division multiple access,OFDMA),上行采用具有 CP 的单载波频分多址(single-carrier frequency-division multiple access,SC-FDMA)。OFDMA 以相互正交的不同频率子载波来区分信道的接入方式,即为不同的用户分配若干不同的正交频率子载波来共享无线信道。在 OFDMA 系统中,总频带被分成若干个相互正交的子载波,根据用户需求调度若干个不同的子载波给不同的用户,每个子载波在同一时间只能供一个用户使用。由于 OFDMA 系统中的子载波之间是相互正交的,子载波之间的排列更紧密,因此能够提高频谱效率和系统容量。

5G 中的 NR 继承了 4G 的正交频分多址技术,同时引入了更好的滤波技术,即 F-OFDM 技术,减少了保护带宽的要求,进一步提升了频率利用率。5G 的另一种多址技术为稀疏码分多址接入(sparse code multiple access,SCMA),引入稀疏编码对照簿,通过实现多个用户在码域的多址接入来实现无线频谱资源利用效率的提升。

4.5 移动通信中的控制与交换

控制与交换功能及控制与交换区域的构成与通信网络结构相对应。不同的通信系统要求的交换控制功能是不同的。大容量公共移动电话网不仅要具有市话网的控制交换功能,还要有移动通信特有的交换技术,如移动台位置登记技术、一起呼叫功能、通话中的越区切换技术、无线通路的控制技术等。本节主要介绍移动交换系统的特殊要求、控制与交换技术。

4.5.1 移动交换系统的特殊要求

在移动通信中,无线用户之间、无线用户与市话用户之间建立通话时需要进行接续和交换,完成这种接续和交换的设备称为移动交换设备,移动交换设备多为程控电话交换机。移动通信中的交换方式随着系统的发展从程控交换到软交换,由最初 2G 中电路交换方式提供语音和数据业务,到 3G 中电路交换提供语音业务,而分组交换提供数据业务,再到 4G/5G 中语音和数据业务均由分组域承载。

移动通信的用户在一定地理区域内任意移动,因此完成移动用户之间或移动用户与固定用户之间的一个接续,须经过固定的地面网和不固定的按需分配的无线信道的链接。同时,移动台位置的变动使整个服务区内话务分布状态随时发生剧烈的变化,这就产生了对移动交换系统的一些特殊要求。

1. 设置用户数据寄存器

设置用户数据寄存器的目的在于存储本地移动交换局所辖区内的移动用户的识别码等用户管理数据、其他呼叫接续相关数据及漫游用户的数据等。当移动用户发出呼叫时,移动交换局根据呼叫信号中包含的用户识别码来检索用户数据寄存器所存的用户名单,以确定该呼叫是否被允许进入系统,经核实无误才可接入系统,并提供相应的呼叫接续。

2. 越区切换

在通话过程中,当移动用户从一个小区进入另一个小区时,为保持通话不中断,需将信道从原小区的工作频道转换到新小区的空闲频道,移动交换局应能实现对用户的透明切换。

3. 位置登记

移动用户被呼叫时,需要知道移动用户所处的地理位置,即在哪一个位置区域内,这样才能有效地发出寻呼信号。为此,须进行移动用户的位置登记。通常,以同时寻呼的区域作为位置区。当移动用户进入新的位置区,或漫游用户进入本局辖区时,用户需做位置登记,移动交换机应更新用户的位置登记信息。

4. 远距离档案存取

移动用户进行入网注册登记,并存储信息的局称为本局(即归属局),其他服务区域称为目的局(非归属局)。移动用户在归属局服务区域内时称为本局用户,而在非归属局服务区域时称为漫游用户。当漫游用户进入非归属局并发生呼叫(主叫或被叫)时,该局必须先查明这个用户是归属于哪个局的,是否有权进行漫游,才能处理这个呼叫。此时,非归属局要通过局间专用数据链路向归属局查询和调用该漫游用户的信息档案,即远距离档案存取。非归属局一方面对该有权的漫游用户进行位置登记和呼叫处理;另一方面通知归属局更新该用户档案。当该漫游用户移动回到归属局,或移动至另一个非归属局时,重复以上进程。

5. 过荷控制

当大量移动台涌向某一特定地区时,将使该基站区话务量突然增大,造成无线频道负荷过高,引起阻塞。为了避免这种情况发生,并保证重要用户在这种状态下的可通信率,移动交换机应对用户进行过荷控制。过荷控制的方法很多,最常用的方法是给予不同用户一定的级别,发生过荷时,可以通过指令暂时禁止某些低级别的用户入网,等话务量下降后再解除限制。另外,还可以采用动态频道分配技术,即按话务量来增减各基站的无线频道;如果有重叠区,且质量合格,则可以临时调用邻近基站的无线频道作为支撑。

6. 路由控制

移动台可随意移动,在基站覆盖的交叠区内,常常会有多个基站为其提供服务,此时移动交换机应根据各基站的话务分布情况,合理地控制由哪一个基站对该用户提供无线频道。另外,当要求发生越区切换时,要根据情况确定切换门限,以控制接续路由。

此外,为了掌握网络动态,移动交换机要具有很强的统计分析功能。例如,对每条无线频道和每个移动用户进行分析等。

4.5.2 移动通信中主要的控制与交换技术

1. 位置登记

移动台在开机或进入新的位置区时都会执行位置登记,位置登记是指移动台向基站发送报文,表明自己所处的位置的过程。在大范围的服务区域中,当一个移动通信系统的移动用户达到一定数目时,要寻呼某个移动台,如果不事先知道它所处的位置,则要在所有区域内依次寻呼,或者在所有区域内同时发起寻呼,这样就可能使呼叫接续时间比通话时间还长,时间和线路的利用率都不够高。为此,需要划分位置区,通常一个 MSC 服务区为一个位置区,也可以分为若干个位置区。位置区域划分示意图如图 4-31 所示。

尽管移动用户没有固定的位置,但它入网注册的位置区域称为这个移动台的"家区",家区将每个移动台的位置信息及用户识别码等存入 MSC 的归属位置寄存器(home location register,HLR)中。每当移动台离开家区进入其他位置区时,移动台自动向新的位置区域进行登记，即向被访位置寄存器（visitor location register，VLR）进行位置登记，报告原籍位置区号及自己的识别码等，并由被访 MSC 将这一新的位置信息通知家区，使 HLR 中的位置信息得以更新，以便在移动用户被叫时能根据被叫移动用户的位置登记信息，决定该呼叫的被访 MSC 区域。也就是说，在移动台进行位置登记的同时，系统必须对该移动台进行位置信息的更新。

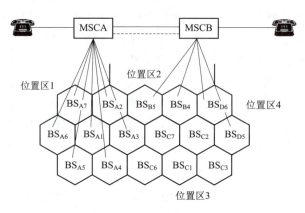

图 4-31　位置区划分示意图

若位置信息表明被叫移动用户在某个位置区，但不知其所处的具体小区，则此位置区内所有基站一起发出被叫移动用户识别码，被叫移动用户应答后，即由应答小区提供接续服务，系统的这种功能称为"一起呼叫"。

2. 越区切换

为保证通信的连续性，正在通话的移动台从一个小区进入相邻的另一个小区时，工作频道从一个无线频道转换到另一个无线频道，而通话不中断，这就是越区切换。越区切换根据切换小区的控制区域可分为在同一基站控制器（base station controller，BSC）下小区间的越区切换，在同一 MSC、不同 BSC 下小区间的越区切换，在不同 MSC 下小区间的越区切换（即越局切换）。若进行越区切换的两个小区分属于不同的位置区域，则在切换完成通话后还必须进行位置登记。

不论是主叫还是被叫移动台，当它在通信中越区过界时都须切换信道。在 GSM 中，越区切换是频道的切换，为硬切换。在切换时，移动台要先中断与原通信基站的联系，再建立与目标基站间的通信，但由于切换时间很短，用户基本没有感觉，而认为通话没有中断。CDMA 系统既支持硬切换，又支持软切换。所谓软切换，就是移动台在切换时，先不中断与原通信基站的联系，而与目标基站建立通信，两个基站可同时为一个用户提供服务，当与目标基站取得可靠通信且原基站信号变差到一定程度后，再切断与原基站间的通信。这种切换没有中断通话，切换过程中不易产生"乒乓效应"，不易掉话，但是只能在使用相同频率的小区间进行。在硬切换和软切换时，上下行信道同时执行切换，而在 TD-SCDMA 中将上下行信道分开执行切换，形成接力切换技术。利用开环上行预同步和功率控制，在切换过程中先将上行链路转移到目标小区，而下行链路仍与原小区保持通信，经短暂时间的分别收发过程后，再将下行链路转移到目标小区，完成接力切换。图 4-32 所示为硬切换、软切换和接力切换示意图。越区切换中的切换定位和切换时间，是根据基站接收到移动台的信号强度测试报告或误码率报告确定的。

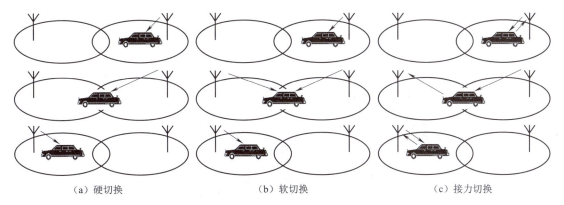

图 4-32　硬切换、软切换和接力切换示意图

3. 漫游

在蜂窝移动通信系统中，某地区的移动电话用户可能持本地登记注册的移动话机到另一地区的移动电话网中使用。在联网的移动通信系统中，移动台从一个 MSC 区到另一个 MSC 区后，仍能入网使用的通信服务功能称为漫游。漫游的实现包括3个过程：位置登记、转移呼叫和呼叫建立。

第 5 章 光纤通信技术

本章导读

近年来,随着通信业的迅速发展,大量新兴的业务不断出现,信息高速公路正在世界范围内以惊人的速度发展,同时也产生了诸多通信应用,这些应用都对大容量通信提出了更高的技术要求。光传输技术作为一项主要的通信技术,正朝着高速度、大容量、扩展性好的方向发展。

本章以光传输技术的发展历程为依托,简单介绍光纤通信的发展历程,重点阐述光传输网络技术的演进,并对现网中采用的光传输关键技术进行介绍。

学习目标

(1) 了解光纤通信的发展史及光前通信的基本概念。
(2) 熟悉光纤通信系统的基本结构及光纤的结构与分类。
(3) 熟悉波分复用技术,包括 DWDM 波分技术的特点与应用。
(4) 熟悉数字光纤通信的特点。

5.1 光纤通信概念

5.1.1 光纤通信发展简史

1880 年,贝尔发明了光话系统(见图 5-1),但光纤通信的关键困难——光源和传光介质没有解决。1960 年,美国科学家海曼发明了世界上第一台红宝石激光器;同年,贝尔实验室又发明了氦-氖激光器,初步解决了光纤通信的光源问题。但上述两种激光器的体积和重量较大,还不能进入实用阶段。

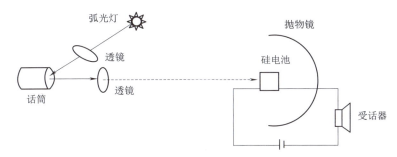

图 5-1　光话系统

1966 年,英籍华人高锟指出利用光纤进行信息传输的可能性和技术途径,奠定了光纤通信的理论基础。当时石英纤维的损耗率高达 1 000 dB/km 以上,而同轴电缆的损耗率则为 20 dB/km(但同轴电缆的损耗率已无下降可能)。高锟指出,石英纤维的损耗率并非其固有特性,而是由于材料中杂质的吸收产生的,因此,对材料提纯可以制造出适合远距离通信使用的低损耗光纤。高锟在实验室(20 世纪 60 年代)进行试验的过程如图 5-2 所示。

1970 年,光纤研制取得重大突破。美国康宁公司研制成损耗率为 20 dB/km 的石英光纤,1972 年光纤损耗率下降到 4 dB/km,1973 年则下降到 2.5 dB/km,1974 年更是降到 1.1 dB/km,1986 年降为 0.154 dB/km,接近光纤最低损耗的理论极限。从此,光纤的实用成为可能。

图 5-2　高锟在实验室(20 世纪 60 年代)进行试验的过程

1970 年,光纤通信所用的光源器件也取得了进展,美国、日本、苏联的科学家分别成功研制了可在室温条件下使用的半导体激光器。1976 年,日本成功研制了 1 310 nm 波长的半导体激光器,1979 年,美国和日本又成功研制了 1 550 nm 波长的半导体激光器。半导体激光器的成功研制和不断完善,使光纤通信系统实用化成为可能。

1976 年,美国在亚特兰大进行了世界上第一个实用多模光纤通信系统的现场试验,传输速率为 44.7 Mbit/s,传输距离为 10 km;1980 年,美国标准化 FT-3 多模光纤通信系统投入商用,传输速率为 44.7 Mbit/s,传输容量相当于 672 个 64 kbit/s 的话路。

此外,1976 年,日本进行了突变型多模光纤通信系统的试验,其传输速率为 34 Mbit/s,相当于 480 个 64 kbit/s 的话路,传输距离为 64 km;1978 年,日本又进行了 100 Mbit/s 的渐变型多模光纤通信系统的试验,相当于同时传输 1 440 个 64 kbit/s 的话路;1983 年敷设了纵贯日本南北的长途光缆干线,全长 3 400 km,初期传输速率为 400 Mbit/s,相当于同时传输 5 760 个话路,后来日本将其扩容到 1.6 Gbit/s,相当于同时传输 23 040 个话路。

1988 年,第一条横跨大西洋的海底光缆建成,全长 6 400 km;1989 年,第一条横跨太平洋的海底光缆建成,全长 13 200 km。从此,海底光缆通信系统的建设全面展开,促进了全球通信网的发展。

我国光纤通信技术的研究始于 20 世纪 70 年代初,光纤通信系统的实用化则始于 20 世纪 80 年代初。

5.1.2 光纤通信的基本概念

光纤通信技术(optical fiber communications,OFC)从光纤通信中脱颖而出,已成为现代通信的主要支柱之一,在现代电信网中起着举足轻重的作用。光纤通信作为一门新兴技术,其近年来发展速度之快、应用面之广是通信史上罕见的,也是世界新技术革命的重要标志和未来信息社会中各种信息的主要传送工具。

光纤即为光导纤维的简称。光纤通信是以光波作为信息载体,以光纤作为传输媒介的一种通信方式。从原理上看,构成光纤通信的基本物质要素是光纤、光源和光检测器。光纤除了按制造工艺、材料组成及光学特性进行分类外,在应用中,光纤常按用途进行分类,可分为通信用光纤和传感用光纤。传输介质光纤又分为通用与专用两种,而功能器件光纤则指用于完成光波的放大、整形、分频、倍频、调制及光振荡等功能的光纤,并常以某种功能器件的形式出现。

光纤通信是利用光波作为载波,以光纤作为传输媒介将信息从一处传至另一处的通信方式,被称为"有线"光通信。当今,光纤以其传输频带宽、抗干扰性高和信号衰减小,而远优于电缆、微波通信的传输,已成为世界通信中主要传输方式。光纤通信所使用的电磁波谱如图 5-3 所示。

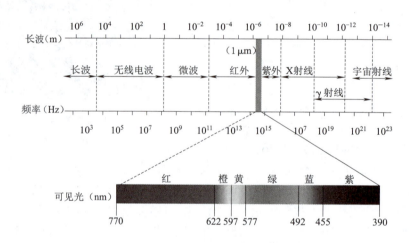

图 5-3 光纤通信所使用的电磁波谱

光纤技术的进步可以从两个方面来说明:一是通信系统所用的光纤;二是特种光纤。早期光纤的传输窗口只有 3 个,即 850 nm(第一窗口)、1 310 nm(第二窗口)及 1 550 nm(第三窗口)。近几年相继开发出第四窗口(L 波段)、第五窗口(全波光纤)及 S 波段窗口。其中特别重要的是无水峰的全波窗口。这些窗口开发成功的巨大意义就在于从 1 280 nm 到 1 625 nm 的广阔的光频范围内,都能实现低损耗、低色散传输,使传输容量几百倍、几千倍甚至上万倍的增长。这一技术成果将带来巨大的经济效益。特种光纤的开发及其产业化是一个相当活跃的领域。

5.1.3 光纤通信系统的基本结构

光纤通信系统的基本结构如图 5-4 所示。光纤通信系统主要由信源、光发射机（电光转换）、光纤信道、光接收机（光电转换）、信宿等基本单元组成。此框图只是一个讲述原理的简略图，实际的光纤通信系统中还包括一些光互联与光信号处理器件，如光纤跳线、光耦合器、光分束器、光放大器、再生中继器等。

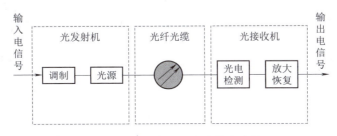

图 5-4 光纤通信系统的基本结构

1. 光源（信源）

光源是光发射机的核心器件。光源的作用是将信号电流转换为光信号功率，即实现电/光的转换。目前光纤通信系统中常用的光源主要有半导体激光器（laser diode, LD）、半导体发光二极管（light emitting diode, LED）、半导体分布反馈激光器（distributed feedback laser, DFB）等。半导体激光器体积小、价格低、调制方便，只要简单地改变通过器件的电流，就能将光进行高速的调制，因而其已发展成为光纤通信系统中最重要的器件。常见的半导体激光器如图 5-5 所示。

图 5-5 常见的半导体激光器

2. 光接收机

光接收机的核心器件是光电检测器，其作用是通过光电效应，将接收的光信号转换为电信号。光电二极管是最常见的光电检测器，光电二极管的种类很多，在光纤通信系统中，主要采用 PIN 光电二极管（positive intrinsic negative photodiode）和雪崩光电二极管（avalanche photodiodes, APD）。在实际系统中还要将光电检测器、放大电路、均衡滤波电路、自动增益控制（automatic gain control, AGC）电路及其他电路集成一体，形成光接收机。常见的光电检测器如图 5-6 所示。

图 5-6 常见的光电检测器

3. 光纤或光缆

光纤或光缆构成光的传输通路。其功能是将发信端发出的已调光信号，经过光纤或光缆的远距离传输后，耦合到收信端的光电检测器上去，完成传送信息任务。

4. 光中继器

光中继器由光电检测器、光源和判决再生电路组成。它的作用有两个：一个是补偿光信号在光纤中传输时受到的衰减；另一个是对波形失真的脉冲进行整形。常见的光中继器如图 5-7 所示。

5. 光纤连接器、耦合器等无源器件

由于光纤或光缆的长度受光纤拉制工艺和光缆施工条件的限制，且光纤的拉制长度也是有限度的（如 1 km）。因此一条光纤线路可能存在多根光纤相连接的问题。于是，光纤间的连接、光纤与光端机的连接及耦合，对光纤连接器、耦合器等无源器件的使用是必不可少的。

图 5-7　常见的光中继器

5.2　光纤的结构与分类

5.2.1　光纤的结构

1870 年的一天，英国物理学家丁达尔到皇家学会的演讲厅讲光的全反射原理，他做了一个简单的实验：在装满水的木桶上钻个孔，然后用灯从桶上边把水照亮。结果使观众们大吃一惊。人们看到，放光的水从水桶的小孔里流了出来，水流弯曲，光线也跟着弯曲，光居然被弯弯曲曲的水俘获了。

人们曾经发现，光能沿着从酒桶中喷出的细酒流传输；人们还发现，光能顺着弯曲的玻璃棒前进。这是为什么呢？难道光线不再直进了吗？这些现象引起了丁达尔的注意，经过他的研究，发现这是光的全反射的作用，由于水等介质密度比周围的物质（如空气）大，即光从水中射向空气，当入射角大于某一角度时，折射光线消失，全部光线都反射回水中。表面上看，光好像在水流中弯曲前进。

光是一种电磁波。可见光部分波长范围是 390～770 nm。大于 760 nm 部分是红外光，小于 390 nm 的部分是紫外光。光纤通信中应用的是：850 nm、1 310 nm、1 550 nm 三种。

因光在不同物质中的传播速度是不同的，所以光从一种物质射向另一种物质时，在两种物质的交界面处会产生折射和反射。而且，折射光的角度会随入射光的角度变化而变化。当入射光的角度达到或超过某一角度时，折射光会消失，入射光全部被反射回来，这就是光的全反射。不同的物质对相同波长光的折射角度是不同的（即不同的物质有不同的光折射率），相同的物质对不同波长光的折射角度也是不同的。光纤通信就是基于以上原理而形成的。

后来人们制造出一种透明度很高、粗细像蜘蛛丝一样的玻璃丝——玻璃纤维，当光线以合适的角度射入玻璃纤维时，光就沿着弯弯曲曲的玻璃纤维前进。因为这种纤维能够用来传输光线，所以称它为光导纤维。现代光纤通信中所使用的光纤基本结构示意图

如图 5-8 所示。

一根实用化的光纤是由多层透明介质构成的,一般分为三部分:纤芯、包层和外面的涂覆层。纤芯由高度透明的材料制成,设纤芯和包层的折射率分别为 n_1 和 n_2,光能量在光纤中传输的必要条件是 $n_1 > n_2$,纤芯的折射率比包层的稍高,光能量主要在纤芯内传输;包层为光的传输提供反射面和光隔离,并起到一定的机械保护作用;涂覆层保护光纤不受水汽的侵蚀和机械擦伤。

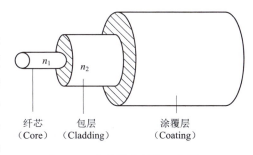

图 5-8 光纤基本结构示意图

5.2.2 光纤的分类

根据不同光纤的分类标准的分类方法,同一根光纤将会有不同的名称。常见的分类方法有如下几种:

1. 按光纤截面上的折射率分布不同分类

其分为阶跃型光纤和渐变型光纤两种,如图 5-9 所示。

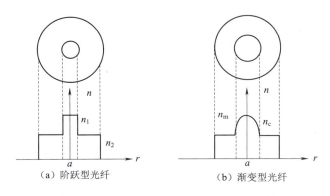

图 5-9 阶跃型和渐变型光纤折射率分布

1) 阶跃型光纤

纤芯部分折射率不变,而在芯-包界面折射率突变。纤芯中光线轨迹呈锯齿形折线。这种光纤模间色散大,带宽只有几十兆赫·公里。其常做成大芯径、大数值孔径(如芯径为 100 μm,NA 为 0.30)光纤,以提高与光源的耦合效率,适用于短距离、小容量的通信系统。

2) 渐变型光纤

纤芯中心折射率最高,沿径向渐变。可以把这种光纤的纤芯分割成多层阶跃型光纤来分析其传输原理。在分析中可近似地认为各层内折射率均匀。当入射光进入纤芯后,在各层界面依次折射。按折射定律,折射角逐渐增大,直到大于全反射临界角;发生全反射后,即折向纤芯中心。然后,经各层时折射角又逐渐减小,到达中心时仍为入射角。结果光线呈正弦形轨迹。高次模即入射角较大的光线处于靠近包层的区域,这里折射率较小,光速较大,因此虽然路程较长,传输时间仍有可能与处于中心区的低次模接近或一致,即各模式的光线轨迹可聚焦于一点,使模间色散大大减小。当折射率分布接近抛物线时,模间色散最小,带宽可达吉赫·公里的水平。

2. 按传播模式分类

1）单模光纤

这是指在工作波长中，只能传输一个传播模式的光纤，通常简称为单模光纤（single mode fiber，SMF）。在有线电视和光纤通信中，是应用最广泛的光纤。光纤的纤芯很细（约 10 μm），而且折射率呈阶跃状分布，当归一化频率 V 参数小于 2.4 时，在理论上，只能形成单模传输。另外，SMF 没有多模色散，不仅传输频带较多模光纤更宽，再加上 SMF 的材料色散和结构色散的相加抵消，其合成特性恰好形成零色散的特性，使传输频带更加拓宽。在 SMF 中，因掺杂物不同与制造方式的差别有许多类型。凹陷包层光纤（dePr-essed clad fiber），其包层形成两重结构，邻近纤芯的包层较外侧包层的折射率低。光纤结构示意图如图 5-10 所示。

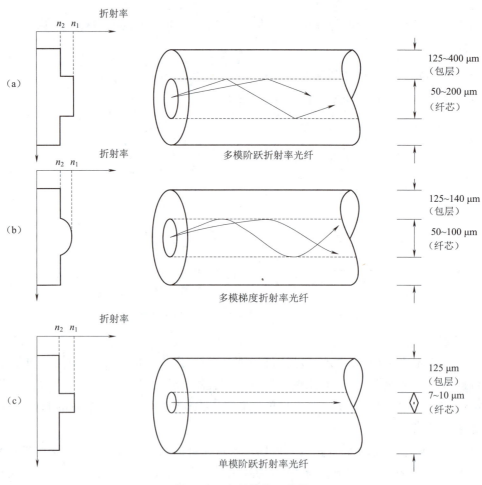

图 5-10　光纤结构示意图

2）多模光纤

将光纤按工作波长以其传播可能的模式为多个模式的光纤称作多模光纤（multi mode fiber，MMF）。纤芯直径为 50 μm，传输模式可达几百个，与 SMF 相比，传输带宽主要受模式色散支配。在历史上曾用于有线电视和通信系统的短距离传输。自从出现 SMF 后，似乎已成历史产品。但实际上,由于 MMF 较 SMF 的芯径大且与 LED 等光源结合容易,在众多 LAN 中更有优势。所以,在短距离通信领域中 MMF 仍在受到重视。MMF 按折射率分布进行分类时,有渐变(GI)型和阶跃(SI)型两种。GI 型的折射率以纤芯中心为最高,沿向包层徐徐降低。SI 型的光波在光纤中的反射前进过程中,产生各个光路径的时差,致使射出光波失真,色激较大。其结果是传输带宽变窄,SI 型 MMF 应用较少。

3. 按制造材料分类

1) 石英光纤(silica fiber)

石英光纤是以二氧化硅(SiO_2)为主要原料,并按不同的掺杂量,来控制纤芯和包层的折射率分布的光纤。石英(玻璃)系列光纤,具有低耗、宽带的特点,已广泛应用于有线电视和通信系统。石英光纤的优点是损耗低,当光波长为 $1.0 \sim 1.7\ \mu m$(约 $1.4\ \mu m$ 附近),损耗只有 1 dB/km,在 $1.55\ \mu m$ 处最低,只有 0.2 dB/km。

掺氟光纤(fluorine doped fiber)为石英光纤的典型产品之一。通常,作为 $1.3\ \mu m$ 波域的通信用光纤中,控制纤芯的掺杂物为二氧化锗(GeO_2),包层是用 SiO_2 做成的。但掺氟光纤的纤芯大多使用 SiO_2,而在包层中却是掺入氟元素的。瑞利散射损耗是因折射率的变动而引起的光散射现象。所以希望形成折射率变动因素的掺杂物以少为佳。氟元素的作用主要是可以降低 SiO_2 的折射率,因而常用于包层的掺杂。石英光纤与其他原料的光纤相比,还具有从紫外线光到近红外线光的透光广谱,除通信用途之外,还可用于导光和图像传导等领域。

2) 复合光纤(compound fiber)

复合光纤是在 SiO_2 原料中,再适当混合诸如氧化钠(Na_2O)、氧化硼(B_2O_3)、氧化钾(K_2O)等氧化物制作成的多组分玻璃光纤。特点是多组分玻璃比石英玻璃的软化点低且纤芯与包层的折射率差很大。主要用在医疗业务的光纤内窥镜。

3) 氟化物光纤(fluoride fiber)

氟化物光纤是由氟化物玻璃制作成的光纤。氟化物光纤的代表是 ZBLAN 光纤,其原料是将氟化锆(ZrF_2)、氟化钡(BaF_2)、氟化镧(LaF_3)、氟化铝(AlF_3)、氟化钠(NaF)等氟化物按照一定比例进行组合的。主要在 $2 \sim 10\ \mu m$ 波长实现光传输。由于 ZBLAN 光纤具有超低损耗光纤的可能性,正在进行着用于长距离通信光纤的可行性开发,例如,其理论上的最低损耗,在 $3\ \mu m$ 波长时可达 $10^{-2} \sim 10^{-3}$ dB/km,而石英光纤在 $1.55\ \mu m$ 时却在 $0.15 \sim 0.16$ dB/km 之间。ZBLAN 光纤由于难于降低散射损耗,只能用在 $2.4 \sim 2.7\ \mu m$ 的温敏器和热图像传输,尚未广泛实用。最近,为了利用 ZBLAN 进行长距离传输,正在研制 $1.3\ \mu m$ 的掺镨光纤放大器(PDFA)。

4) 塑包光纤(plastic clad fiber)

塑包光纤是将高纯度的石英玻璃作成纤芯,而将折射率比石英稍低的如硅胶等塑料作为包层的阶跃型光纤。它与石英光纤相比较,具有纤芯粗、数值孔径(NA)高的特点。因此,易与发光二极管 LED 光源结合,损耗也较小。所以,非常适用于局域网(LAN)和近距离通信。

5) 塑料光纤

塑料光纤(plastic optical fiber)是将纤芯和包层都用塑料(聚合物)做成的光纤。早期产品主要用于装饰和导光照明及近距离光纤键路的光纤通信中。原料主要是有机玻璃(PMMA)、聚苯乙烯(PS)和聚碳酸酯(PC)。损耗受到塑料固有的 C－H 结构制约,一般每千米可达几十分贝。为了降低损耗,正在开发应用氟元素系列塑料。塑料光纤的纤芯直径为 1 000 μm,比单模石英光纤大 100 倍,接续简单,而且易于弯曲施工容易。近年来,加上宽带化的进度,作为渐变型(GI)折射率的多模塑料光纤的发展受到了社会的重视。最近,在汽车内部 LAN 中应用较快,未来在家庭 LAN 中也可能得到应用。

4. 按光纤特殊性能分类

1) 色散位移光纤

单模光纤的工作波长在 1.3 pm 时,模场直径约 9 pm,其传输损耗约 0.3 dB/km。此时,零色散波长恰好在 1.3 pm 处。在石英光纤中,从原材料上看 1.55 pm 波段的传输损耗最小(约 0.2 dB/km)。由于已经实用的掺铒光纤放大器(EDFA)是工作在 1.55 pm 波段的,如果在此波段也能实现零色散,就更有利于应用 1.55 pm 波段的长距离传输。于是,巧妙地利用光纤材料中的石英材料色散与纤芯结构色散的合成抵消特性,就可使原在 1.3 pm 波段的零色散,移位到 1.55 pm 波段也构成零色散。因此,被命名为色散位移光纤(dispersion shifted fiber, DSF)。加大结构色散的方法主要是对纤芯的折射率分布性能进行改善。在光纤通信的长距离传输中,光纤色散为零是重要的,但不是唯一的。其他性能还有损耗小、接续容易、成缆化或工作中的特性变化小(包括弯曲、拉伸和环境变化影响)。光纤色散特性产生的影响如图 5-11 所示。

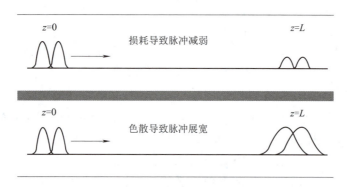

图 5-11 光纤色散特性产生的影响

2) 色散平坦光纤

色散平坦光纤(dispersion flattened fiber, DFF)却是将从 1.3～1.55 pm 的较宽波段的色散,都能做到很低,几乎达到零色散的光纤。由于 DFF 要做到 1.3～1.55 pm 范围的色散都减少,就需要对光纤的折射率分布进行复杂的设计。不过这种光纤对于波分复用(WDM)的线路却是很适宜的。由于 DFF 光纤的工艺比较复杂,因此费用较高。今后随着产量的增加,价格会降低。

3) 色散补偿光纤

对于采用单模光纤的干线系统,多数是利用 1.3 pm 波段色散为零的光纤构成的。可是,损耗最小的 1.55 pm,由于 EDFA 的实用化,如果能在 1.3 pm 波段零色散的光纤上也能令 1.55 pm 波长工作,将是非常有益的。因为,在 1.3 pm 波段零色散的光纤中,1.55 pm 波段的色散约有 16 ps/(km·nm)①之多。如果在此光纤线路中,插入一段与此色散符号相反的光纤,就可使整个光线路的色散为零。为此目的所用的光纤则称作色散补偿光纤(DisPersion Compe-nsation Fiber,DCF)。DCF 与标准的 1.3 pm 波段零色散光纤相比,纤芯直径更细,而且折射率差也较大。DCF 也是 WDM 光线路的重要组成部分。

4) 偏振保持光纤

偏振保持光纤简称保偏光纤,用来保持传输中光的偏振状态。由于一般的光纤结构不是完全的轴对称形式,光纤中两个正交光波模式在传播过程中发生耦合,因此不能用于传输偏振光。为了保持传输中光的偏振状态,发展了保偏光纤,其中包括高双折射光纤和低双折射光纤。

高双折射光纤是通过增加纤芯的椭圆度(如椭圆纤芯型等)或非圆对称应力施加制作成的,利用高的双折射性,把光波偏振方向控制在一定方向上,实现保偏。低双折射光纤是通过把纤芯尽可能地做成理想圆形或减少纤芯剩余应力制作成的。

在光纤中传播的光波,因为具有电磁波的性质,所以,除了基本的光波单一模式之外,实质上还存在着电磁场(TE、TM)分布的两个正交模式。通常,光纤截面的结构是圆对称的,这两个偏振模式的传播常数相等,两束偏振光互不干涉,但实际上,光纤不是完全的圆对称,例如有着弯曲部分,就会出现两个偏振模式之间的结合因素,在光轴上呈不规则分布。偏振光的这种变化造成的色散,称为偏振模式色散(PMD)。

5) 双折射光纤

双折射光纤是指在单模光纤中,可以传输相互正交的两个固有偏振模式的光纤。折射率随偏振方向变异的现象称为双折射。它又称作 PANDA 光纤,即偏振保持与吸收减少光纤(polarization-maintai-ning and absorption-reducing fiber)。它是在纤芯的横向两则,设置热膨胀系数大、截面是圆形的玻璃部分。在高温的光纤拉丝过程中,这些部分收缩,其结果在纤芯 Y 方向产生拉伸,同时又在 X 方向呈现压缩应力,致使纤材出现光弹性效应,使折射率在 X 方向和 Y 方向出现差异。依此原理达到偏振保持恒定的效果。

6) 抗恶环境光纤

通信用光纤通常的工作环境温度可在 -40~60 ℃之间,设计时也是以不受大量辐射线照射为前提的。相比之下,对于更低温或更高温以及能在遭受高压或外力影响、曝晒辐射线的恶劣环境下也能工作的光纤,则称作抗恶环境光纤(hard condition resistant fiber)。一般为了对光纤表面进行机械保护,多涂覆一层塑料。可是随着温度升高,塑料保护功能有所下降,致使使用温度也有所限制。如果改用抗热性塑料,如聚四氟乙烯等树脂,即可工作在 300 ℃环境。也有在石英玻璃表面涂覆镍(Ni)和铝(Al)等金属的。这种光纤则称为耐热光纤(heat resistant fiber)。另外,当光纤受到辐射线的照射时,光损耗会增加。这是因为石英玻璃遇到辐射线照射时,玻璃中会出现结构缺陷(也称作色心,colour center),尤在 0.4~0.7 pm 波长时损耗增大。防止办法是改用掺杂 OH 或 F 元素的石英玻璃,就能抑制因辐射线造成的损耗缺陷。这

---

① ps/(km·nm)是色散系数的单位,表示光谱宽度为 1 nm 的光源,在光纤中传输 1 km 后,所产生的时延为 1 ps。p 是一个系数,等于 10^{-12};s 是秒,用于衡量时延差的单位;nm 是光源 -20 dB 对应的全谱宽的单位(n 也是一个系数,等于 10^{-9},m 是米);km 是光纤长度的单位(表示千米)。

种光纤则称作抗辐射光纤（Radiation Resistant Fiber），多用于核发电站的监测用光纤维镜等。

7）密封涂层光纤

为了保持光纤的机械强度和损耗的长时间稳定，而在玻璃表面涂装碳化硅（SiC）、碳化钛（TiC）、碳（C）等无机材料，用来防止从外部来的水和氢的扩散，这种光纤称为密封涂层光纤（hermetically coated fiber，HCF）。通用的是在化学气相沉积（CVD）法生产过程中，用碳层高速堆积来实现充分密封效应。这种碳涂覆光纤（CCF）能有效地截断光纤与外界氢分子的侵入。据报道，它在室温的氢气环境中可维持20年不增加损耗。当然，它在防止水分侵入，延缓机械强度的疲劳进程中，其疲劳系数（fatigue parameter）可达200以上。所以，HCF被应用于严酷环境中要求可靠性高的系统，例如海底光缆。

5.3 波分复用技术

波分复用（WDM）是将两种或多种不同波长的光载波信号（携带各种信息）在发送端经复用器（亦称合波器，multiplexer）汇合在一起，并耦合到光线路的同一根光纤中进行传输；在接收端，经解复用器（亦称分波器或去复用器，demultiplexer）将各种波长的光载波分离，然后由光接收机做一步处理以恢复原信号。波分复用原理示意图如图5-12所示。

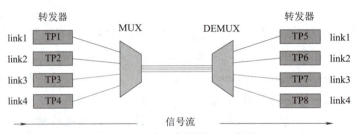

图 5-12 波分复用原理示意图

中国开展WDM技术的研究起步比较晚，首先在长途干线上采用WDM技术进行点到点扩容，后在节点上采用OADM、OXC技术进行上/下话路。中国于1997年引进第一套8波长WDM系统，并安装在西安至武汉的干线上。1998年，中国开始大规模引进 8×2.5 Gb/s WDM系统，对总长达2万多千米的12条省际光缆干线进行扩容改造。同时各省内干线也相继采用WDM技术扩容，如在"南昌—九江"光缆扩容工程中，采用的就是AT&T公司的设备和双窗口WDM系统，即在G.652光纤的1 310 nm、1 550 nm两个低损耗工作窗口分别运行一个系统。这样可在不拆除1 310 nm窗口原有PDH设备的情况下，利用未使用的1 550 nm窗口，加开SDH 2.5 Gbit/s系统。为保证中国干线网的高速率、大容量并有足够的余量确保网络安全和未来发展的需要，采用WDM技术的工作已全面展开。

5.3.1 波分复用的分类

WDM通常有三种复用方式，即 $1.31~\mu m$ 和 $1.55~\mu m$ 波长的波分复用、粗波分复用（coarse wavelength division multiplexing，CWDM）和密集波分复用（dense wavelength division multiplexing，DWDM）。

1. 波长 1.31 μm 和 1.55 μm 的波分复用

这种复用技术在 20 世纪 70 年代初时仅用两个波长:1 310 nm 窗口波长,1 550 nm 窗口波长,利用 WDM 技术实现单纤双窗口传输,这是最初的波分复用的使用情况。充分利用光纤的低损耗波段,增加光纤的传输容量,使一根光纤传送信息的物理限度增加一倍至数倍。目前我们只是利用了光纤低损耗谱(1 310~1 550 nm)极少一部分,波分复用可以充分利用单模光纤的巨大带宽约 25 THz,传输带宽充足。其具有在同一根光纤中,传送两个或数个非同步信号的能力,有利于数字信号和模拟信号的兼容,与数据速率和调制方式无关,在线路中间可以灵活取出或加入信道。对已建光纤系统,尤其早期铺设的芯数不多的光缆,只要原系统有功率余量,可进一步增容,实现多个单向信号或双向信号的传送而不用对原系统做大改动,具有较强的灵活性。

2. 粗波分复用

CWDM 是一种面向城域网接入层的低成本 WDM 传输技术。从原理上讲,CWDM 就是利用光复用器将不同波长的光信号复用至单根光纤进行传输,在链路的接收端,借助光解复用器将光纤中的混合信号分解为不同波长的信号,连接到相应的接收设备。

相对于 DWDM 系统中 0.2~1.2 nm 的波长间隔而言,CWDM 具有更宽的波长间隔,业界通行的标准波长间隔为 20 nm。各波长所属的波段覆盖了单模光纤系统的 O、E、S、C、L 等五个波段。

由于 CWDM 系统的波长间隔宽,因此对激光器的技术指标要求较低。因为波长间隔达到 20 nm,所以系统的最大波长偏移可达 -6.5~6.5 ℃,激光器的发射波长精度可放宽到 ±3 nm,而且在工作温度范围(-5~70 ℃)内,温度变化导致的波长漂移仍然在容许范围内,激光器无须温度控制机制,所以激光器的结构大大简化,成品率提高。另外,较大的波长间隔意味着光复用器/解复用器的结构大大简化。例如,CWDM 系统的滤波器镀膜层数可降为 50 层左右,而 DWDM 系统中的 100 GHz 滤波器镀膜层数约为 150 层,这使成品率提高,成本下降,而且滤波器的供应商大大增加有利于竞争。CWDM 滤波器的成本比 DWDM 滤波器的成本要少 50% 以上,而且随着自动化生产技术和批量的增大会进一步降低。常见的粗波分复用技术应用如图 5-13 所示。

CWDM 的最重要的优点是设备成本低,具体情况前面已经介绍过了。除此之外,CWDM 的另一个优点是可以降低网络的运营成本。CWDM 设备体积小、功耗低、维护简便、供电方便,可以使用 220 V 交流电源。因其波长数较少,所以板卡备份量小。使用 8 波的 CWDM 设备对光纤没有特殊要求,G.652、G.653、G.655 光纤均可采用,可利用现有的光缆。CWDM 系统可以显著提高光纤的传输容量,提高对光纤资源的利用率。城域网的建设都面临着一定程度的光纤资源的紧张或租赁光纤的昂贵价格。目前典型的粗波分复用系统可以提供 8 个光通道,按照 ITU-T 的 G.694.2 规范最多可以达到 18 个光通道。CWDM 还有一个优点是体积小、功耗低。CWDM 系统的激光器无须半导体制冷器和温度控制功能,所以可以明显减小功耗,如 DWDM 系统每个激光器要消耗大约 4 W 的功率,而没有冷却器的 CWDM 激光器仅消耗 0.5 W 的功率。CWDM 系统中简化的激光器模块使得其光收发一体化模块的体积减小,设备结构的简化也减小了设备的体积,节约机房空间。与传统的 TDM 方式相比,CWDM 具有速率和协议透明性,这使之更适应城域网高速数据业务的发展。城域网中有许多不同协议和不同的速率的业务,CWDM 提供了在一根光纤上提供不同速率的、对协议透明的传输通道,如以太网、ATM、POS、SDH 等,而且 CWDM 的透明性和分插复用功能可以允许使用者直接上下某一个波长,而不用转换原始信号的格式。也就是说,光层提供了独立于业务层的传送结构。CWDM 具有很好的灵活性和可扩展性。对于城域业务来讲,业务提供的灵活性,特别是业务提供速度和随着业务发展进行扩展的能力非常重要。利用 CWDM 技术可以在 1 天或者几个小时的时间内为用户开通业务,而且随着业务量的增加,可以通过插入新的 OTU 板进行容量的扩展。在城域网中应用 CWDM 系统可以使光层恢复成为可能。光层恢复比电层恢复要经济得多。考虑到光层恢复是独立于业务和速率的,那么原来一些自身体制无保护功能的体系(如千兆以太网),则可以利用 CWDM 来进行保护。因为 CWDM 技术的上述优点,所以 CWDM 在电信、广电、企业网、校园网等领域获得越来越多的应用。

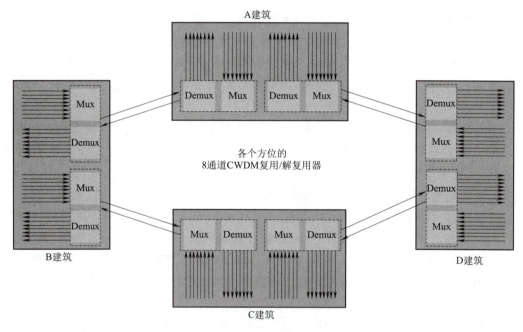

图 5-13　10G 粗波分复用网络应用

3. 密集波分复用

密集波分复用是能组合一组光是一项用来在现有的光纤骨干网上提高带宽的激光技术。更确切地说,该技术是在一根指定的光纤中,多路复用单个光纤载波的紧密光谱间距,以便利用可以达到的传输性能(如达到最小程度的色散或者衰减)。这样,在给定的信息传输容量下,就可以减少所需要的光纤的总数量。在模拟载波通信系统中,为了充分利用电缆的带宽资源,提高系统的传输容量,通常利用频分复用的方法,即在同一根电缆中同时传输若干个信道的信号,接收端根据各载波频率的不同利用带通滤波器滤出每一个信道的信号。同样,在光纤通信系统中也可以采用光的频分复用的方法来提高系统的传输容量。事实上,这样的复用方法在光纤通信系统中是非常有效的。与模拟的载波通信系统中的频分复用不同的是,在光纤通信系统中是用光波作为信号的载波,根据每一个信道光波的频率(或波长)不同将光纤的低损耗窗口划分成若干个信道,从而在一根光纤中实现多路光信号的复用传输。

DWDM 系统的基本结构及频谱示意图如图 5-14 所示。

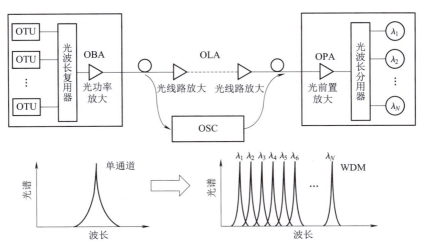

图 5-14 DWDM 系统的结构及频谱示意图

其功能单元如下:

1)光转发单元(OTU)

完成非标准波长信号光到符合 G.694.1(2)标准波长信号光的波长转换功能。

2)光波长复用器

又称合波器(OMU),完成 G.694.1(2)标准固定波长信号光的合波。

3)光波长分用器

又称分波器(ODU),完成 G.694.1(2)标准固定波长信号光的分波。

4)光功率放大器(OBA)

通过提升合波后的光信号功率,从而提升各波长的输出光功率。

5)光前置放大器(OPA)

通过提升输入合波信号的光功率,从而提升各波长的接收灵敏度。

6)光线路放大器(OLA)

完成对合波信号的纯光中继放大处理。

7)光监控信道(OSC)

通常采用 1 510 nm 和 1 625 nm 两个中心波长,负责整个网络的监控数据传送(后来出现了 ESC 技术,即中监控信道技术,利用 OTU 光信号直接携带监控信息,在 ESC 方式下不需要 OSC,但要求 OTU 支持 ESC 功能)。光监控信号用于承载 DWDM 系统的网元管理和监控信息,使网络管理系统能有效地对 DWDM 系统进行管理。

5.3.2 DWDM 技术的特点

密集波分复用(DWDM)本质上就是 WDM,所不同的是复用信道波长间隔不同。20 世纪 80 年代中期,复用信道的波长间隔一般在几十到几百纳米,如 1.3 μm 和 1.5 μm 波分复用,当时称为 WDM。90 年代后,EDFA 实用化,为了能在 EDFA 的 35~40 nm 带宽内同时放大多个波长信号,DWDM 发展起来,波长间隔为纳米量级。根据 ITU-T 的建议,DWDM 系统标准的波长间隔为 0.8 nm(在 1.55 μm 波段对应 100 GHz 频率间隔)的整数倍,如 0.8 nm、1.6 nm、2.4 nm、3.2 nm 等。

DWDM 光传送网在未来的网络中提供了一个经济、大容量、高生存性和灵活性的传输基础设施,具有极诱人的前景。它的主要特点如下:

1. 高容量

每个波长的速率可达 40 Gbit/s,单纤可传送 160 个以上波长,法国阿尔卡特公司和日本 NEC 公司最大分别已达到每路 256 波和 274 波。最大限度地利用光纤传输带宽,这是 WDM 技术特有的优点。

2. 波长路由

在 WDM 网络中,通过波长选择性器件实现路由选择,建立不同波长在各个节点之间的拓扑连接。

3. 透明性

透明性有多层含义,完全透明的传送网与信号的格式、速率无关;但考虑到各种物理限制、成本和管理等因素,要实现完全透明还比较困难,尤其是在大型网络中,因此,将透明性定义为光传送网可支持尽可能多的客户层更合适。WDM 光传送网将提供与 SDH/SONET 不同的新透明性,即传输波长与协议和速率无关,这是 WDM 光传送网的关键优点,它保证了光传送网可在光信道上传输任何协议,也可传输各种比特率的信号。不再需要特定协议和比特率所需的专用传输接口,从而有可能去掉一些传送网子层,减少网络单元的数目和种类,这既可以减小网络提供商的设备投入和运行费用,又可以提高网络的灵活性。

4. 可重构性

WDM 光传送网通过光交叉连接(OXC)和光分插复用(OADM)技术可以实现光波长信道的动态重构功能,即根据传送网中业务流量的变化和需要动态地调整光路层中的波长资源和光纤路径资源分配,使网络资源得到最有效的利用;同时在发生器件失效、线路中断及节点故障时,可以通过波长信道的重新配置或保护倒换,为发生故障的信道重新寻找路由,使网络迅速实现自愈或恢复,保证上层业务不受影响。因此,WDM 光传送网能够直接在光路层上提供很强的生存能力。

5. 兼容性

WDM 光传送网要得到市场的认可,必须能够兼容原有传送网技术,与现有传送网相连并允许现有技术继续发挥作用,从而能够维护用户原来的投资。

另外,虽然波分复用系统具有以上优点,但在实现过程中,由于光纤的物理性质,它除了色散效应外,相邻信道之间信号相互影响,非线性效应对其影响严重。这些非线性效应使得多路WDM信道间产生串音和功率损耗,从而限制光纤通信的传输容量和最大传输距离,影响系统的设计参数(无中继传输距离、信道数、信道间距和信道功率)。

5.3.3 DWDM技术的应用

新型通信设备的问世并不表明对原有设备和技术的否定,而应该是继承、发展与创新。64 kbit/s子速率—PDH—SDH—DWDM都体现和遵循了这一原则。从目前在电力通信系统的应用现状分析,DWDM技术水平还不能完全取代SDH,却能与SDH技术分工合作、取长补短,使电力通信网络得以优化,全面提高通信带宽,确保网络系统的安全与稳定。

从现在密集波分复用设备和技术来看,设备内部不仅需要使用光放、分波器、合波器、色散补偿等部件,还需要较多的跳纤,理论上讲DWDM比SDH设备存在更高的故障概率,因此全部采用DWDM传输调度数据是不科学的。从另一个角度来看,DWDM作为SDH的完善和补充,是完全可以提供调度数据传输的保护通道的。除此之外,SDH的网管数据是基于包传输的,大部分是以太网,所以DWDM技术可以为SDH网管提供保护通道,而SDH也能够为DWDM网管提供保护通道的作用。

我们可以预测,推广和实施密集波分复用技术将在高清会议电视、远程视频监控及NGN等方面提供强大的支持,以提升电力通信带宽。其最大的优势就是高性能,价格低。科学合理地划分DWDM与SDH业务,可以充分发挥它们各自的优势,减轻网管的压力,提高通信运行管理水平。

5.4 数字光纤通信系统

数字光纤通信系统是用参数取值离散的信号(如脉冲的有和无、电平的高和低等)代表信息,强调的是信号和信息之间的一一对应关系;而模拟通信系统则是用参数取值连续的信号代表信息,强调的是变换过程中信号和信息之间的线性关系。这些基本特征决定着两种通信方式的优缺点和不同时期的发展趋势。20世纪70年代光纤通信的应用和80年代计算机的普及,为数字通信的发展创造了极其有利的条件。虽然有数字通信欲代替模拟通信的趋势,但是模拟通信仍然有着重要的应用。光纤传输系统是数字通信的理想通道。与模拟通信相比较,数字通信有很多的优点,灵敏度高、传输质量好。因此,大

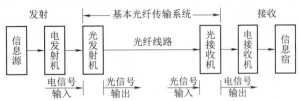

图5-15 数字光纤通信系统原理

容量长距离的光纤通信系统大多采用数字传输方式。数字光纤通信系统原理如图5-15所示。

在光纤通信系统中,光纤中传输的是二进制光脉冲0码和1码,它由二进制数字信号对光源进行通断调制而产生。而数字信号是对连续变化的模拟信号进行抽样、量化和编码产生的。这种电的数字信号称为数字基带信号,由脉冲编码调制发射产生。

5.4.1 数字光纤通信系统的特点

从码率角度看,数字光纤通信系统有两种制式,即 1 544 kbit/s 的北美、日本制式和 2 048 kbit/s 的欧洲、中国制式。从数字复接方式看,可分为伪随机数字复接系列(PDH,即异步或准同步系列)与同步数字复接系列(SDH)两种制式。从传输波形角度看,可分为两电平制与多电平制。两电平制即传输的光脉冲为 0 或 1 电平。多电平制为几种不同电平的光脉冲,它很少采用。

数字光纤通信系统的优点如下:
(1)抗干扰能力强,传输质量好。
(2)可以用再生中继,传输距离长。
(3)适用各种业务的传输,灵活性大。
(4)容易实现高强度的保密通信。
(5)数字通信系统大量采用数字电路,易于集成,从而实现小型化、微量化,增强设备可靠性,降低成本。

数字光纤通信系统的缺点如下:
(1)占用频带比较宽,系统的频带利用率不高。
(2)对非线性失真不敏感。
(3)在通信全程中,即使有多次中继、失真(包括线性失真和非线性失真)和噪声也不会累积。
(4)对光源的线性要求和接收信噪比的要求都不高。
(5)适合长距离、大容量和高质量的信息传输。

5.4.2 传统的两种传输机制

1. 准同步数字系列

准同步数字系列(PDH)有两种基础速率:以 1.544 Mbit/s 为第一级(一次群,或称基群)基础速率,采用的国家有北美各国和日本,即 PCM24 路系列;以 2.048 Mbit/s 为第一级(一次群)基础速率,采用的国家有西欧各国和中国,即 PCM30/32 路系列。

扩大数字通信容量,形成二次群以上的高次群的方法通常有两种:PCM 复用和数字复接。PCM 复用就是直接将多路信号编码复用。数字复接是将几个低次群在时间的空隙上叠加合成高次群。在各低次群复接之前,必须使各低次群数码率互相同步,就必须采用正码速调整方法来实现准同步。PDH 的 T 系列和 E 系列各等级复用关系如图 5-16 所示。

如图 5-16 所示,方框内的数字从上到下依次为各等级速率,两个方框之间带有乘号的数字表示由这两个方框的低速率等级到高速率等级之间转换的复用数,或者反过来表示由这两个方框的高速率等级到低速率等级之间转换的解复用数。可以看出,无论是 T 系列还是 E 系列,相邻两个等级由低速率复用成高速率时,需要在低速率一边插入一些额外开销比特以便复用后能与规定的高速率相同。

PDH 的弊端越来越限制通信系统性能的提升,主要表现在以下几个方面。

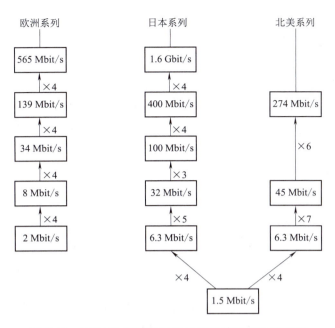

图 5-16　PDH 的 T 系列和 E 系列各等级复用关系图

1）国际互通困难

PDH 采用将多个话机终端的信号复用成"群",将多个"低次群"复用成"高次群"来传输信号。在所有群中,一次群(也称基群)的传输速率最低。

从中国和欧洲使用的一次群的结构可以看出,一个一次群中包含有 32 个时隙,每个时隙传输一路语音信号,容量为 8 bit。32 个时隙中,有两个时隙特殊:一个为帧定位时隙,用于系统确定一个一次群的开始;另一个为信令时隙,用于传输一些信令信息。如果采用一次群通信,系统每秒要传输 8 000 个一次群,则一次群速率为 $8 \times 32 \times 8\,000 = 2.048$ Mbit/s。

由低次群复用成高次群时的复用关系可以看出,在将低次群复用成高次群的过程中,北美和日本的一次群结构相同,速率也相同,是 PCM24 路体系,但与中国和欧洲使用的 PCM30/32 路系列却不一样,这就在世界上形成了以不同一次群结构速率为标志的两大体系。另外,北美和日本虽同属于一个体系中,但复用关系却不一样,例如在形成三次群的过程中,北美是将 7 个二次群复用成一个三次群,而日本是将 5 个二次群复用成一个三次群,因此,在北美和日本的体系内部,也有不同的地区性标准。在 PDH 中,由于存在"两大体系,三大地区性标准"使得国际通信困难,阻碍"世界一体化"的发展。

2）无统一的光接口标准,设备横向兼容困难

准 PDH 系统中,没有世界性的光接口标准,各公司自行开发和生产专用光接口,使得光接口技术不同,一个公司生产的设备无法与其他公司的设备实现横向兼容,使得光接口无法在光路上实现互通。这给组网、管理及网络互通带来了很大的困难。

3）准同步复用方式,上下电路不便

每一个 PDH 标准中,高次群与低次群的速率之间不是严格的倍数关系。例如,中国的二次群是由 4 个一次群构成,但其速率 8.448 Mbit/s 却大于一次群速率的 4 倍。这是因为在将

低次群复用成高次群时,加入了一些系统开销,用以表示低次群在高次群中的位置。由于速率不匹配和时钟调整困难等原因,PDH 的群无法越级解复用。

4)网络管理能力弱,建立集中式电信管理网困难

从 PDH 群各次群的形成过程可以看出,在一次群的 32 个时隙中,只有一个时隙用于传输信令;在将低次群复用成高次群的过程中,虽然系统加入了一些开销,但这些开销主要用于解复用,并非用于传输系统指令。因此,在 PDH 技术体系中,没有安排很多的用于网路运行、管理、维护的比特,无法通过发送/接收指令的方式检测系统运行情况,网络管理能力弱,系统发生故障时,自动修复的能力很弱。

2. 同步数字系列

SDH 技术的诞生有其必然性,随着通信的发展,要求传送的信息不仅是话音,还有文字、数据、图像和视频等。加之数字通信和计算机技术的发展,在 20 世纪 70~80 年代,陆续出现了 T1(DS1)/E1 载波系统(1.544 Mbit/s/2.048 Mbit/s)、X.25 帧中继、综合业务数字网(ISDN)和光纤分布式数据接口(FDDI)等多种网络技术。随着信息社会的到来,人们希望现代信息传输网络能快速、经济、有效地提供各种电路和业务,而上述网络技术由于其业务的单调性、扩展的复杂性、带宽的局限性,仅在原有框架内修改或完善已无济于事。SDH 就是在这种背景下发展起来的。在各种宽带光纤接入网技术中,采用了 SDH 技术的接入网系统是应用最普遍的。SDH 的诞生解决了由于入户媒质的带宽限制而跟不上骨干网和用户业务需求的发展,而产生了用户与核心网之间的接入"瓶颈"的问题,同时提高了传输网上大量带宽的利用率。SDH 技术自从 20 世纪 90 年代引入以来,至今已经是一种成熟、标准的技术,在骨干网中被广泛采用,且价格越来越低,在接入网中应用 SDH 技术可以将核心网中的巨大带宽优势和技术优势带入接入网领域,充分利用 SDH 同步复用、标准化的光接口、强大的网管能力、灵活网络拓扑能力和高可靠性带来的好处,在接入网的建设发展中长期受益。

为了便于对信号进行分析,往往将信号的帧结构等效为块状帧结构,这不是 SDH 信号所特有的,PDH 信号、ATM 信号、分组交换的数据包,它们的帧结构都算是块状帧结构。例如,E1 信号的帧是 32 个字节组成的 1 行×32 列的块状帧,ATM 信号是 53 个字节构成的块状帧。将信号的帧结构等效为块状,仅仅是为了分析的方便。SDH 帧结构如图 5-17 所示。

从图 5-17 中可以看出,STM-N 的信号是 9 行×270×N 列的帧结构。此处的 N 与 STM-N 的 N 相一致,取值范围为 1,4,16,64,…,表示此信号由 N 个 STM-1 信号通过字节间插复用而成。由此可知,STM-1 信号的帧结构是 9 行×270 列的块状帧。由图 5-17 看出,当 N

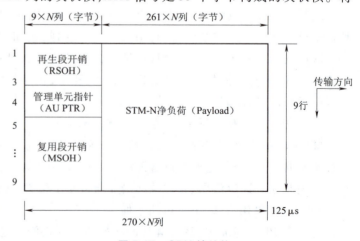

图 5-17　SDH 帧结构

个 STM-1 信号通过字节间插复用成 STM-N 信号时,仅仅是将 STM-1 信号的列按字节间插复用,行数恒定为 9 行。

我们知道,信号在线路上传输时是一个比特一个比特地进行传输的,那么这个块状帧是怎样在线路上进行传输的呢?难道是将整个块都送上线路同时传输吗?当然不是这样传输的,STM-N 信号的传输也遵循按比特的传输方式。那么先传哪些比特后传哪些比特呢?SDH 信号帧传输的原则是:帧结构中的字节(8 bit)从左到右、从上到下一个字节一个字节(一个比特一个比特)的传输,传完一行再传下一行,传完一帧再传下一帧。

STM-N 信号的帧频(也就是每秒传送的帧数)是多少呢?ITU-T 规定对于任何级别的 STM-N 帧,帧频是 8 000 帧/秒,也就是帧长或帧周期为恒定的 125 μs。8 000 帧/秒听起来很耳熟,因为 PDH 的 E1 信号也是 8 000 帧/秒。

这里需要注意的是,帧周期的恒定是 SDH 信号的一大特点,任何级别的 STM-N 帧的帧频都是 8 000 帧/秒。帧周期的恒定使 STM-N 信号的速率有其规律性。例如,STM-4 的传输数速恒定等于 STM-1 的传输数速的 4 倍,STM-16 的传输数速恒定等于 STM-4 的 4 倍,等于 STM-1 的 16 倍。而 PDH 中的 E2 信号速率不等于 E1 信号速率的 4 倍。SDH 信号的这种规律性使高速 SDH 信号直接分/插出低速 SDH 信号成为可能,特别适用于大容量的传输情况。这就是 SDH 按字节同步复用的优越性。SDH 速率等级见表 5-1。

表 5-1 SDH 速率等级

STM-N	STM-1	STM-4	STM-16	STM-64
速率(Mbit/s)	155.520	622.080	2 488.320	9 953.280

3. SDH 与 PDH 对比

1) 电接口方面

SDH 体制对网络节点接口(NNI)做了统一的规范。规范的内容有数字信号速率等级、帧结构、复接方法、线路接口、监控管理等。这就使 SDH 设备容易实现多厂家互连,也就是说,在同一传输线路上可以安装不同厂家的设备,体现了横向兼容性。

2) 光接口方面

线路接口(这里指光口)采用世界性统一标准规范,SDH 信号的线路编码仅对信号进行扰码,不再进行冗余码的插入。扰码的标准是世界统一的,这样对端设备仅需通过标准的解码器就可与不同厂家 SDH 设备进行光口互连。

3) 复用方式

低速 SDH 信号是以字节间插方式复用进高速 SDH 信号的帧结构中的,这样就使低速 SDH 信号在高速 SDH 信号的帧中的位置是固定的、有规律性的,也就是说是可预见的。这样就能从高速 SDH 信号中直接分/插出低速 SDH 信号,简化了信号的复接和分接,使 SDH 体制特别适合于高速大容量的光纤通信系统。

4) 运行维护方面

SDH 信号的帧结构中安排了丰富的用于运行维护(OAM)功能的开销字节,使网络的监控功能大大加强,维护的自动化程度大大加强。

5）兼容性

SDH 有很强的兼容性，这也就意味着当组建 SDH 传输网时，原有的 PDH 传输网不会作废，两种传输网可以共同存在。

5.4.3 多业务传送平台

多业务传送平台技术是指基于 SDH 平台，同时实现 TDM、ATM、以太网等业务的接入、处理和传送，提供统一网管的多业务传送平台。MSTP 充分利用 SDH 技术，特别是保护恢复能力和确保延时性能，加以改造后可以适应多业务应用，支持数据传输，简化了电路配置，加快了业务提供速度，改进了网络的扩展性，降低了运营维护成本。在 PTN 技术应用以前，MSTP 技术是主要的传输承载网技术。

第一阶段是 MSTP 核心技术发展的初期，也是相应的第一个发展阶段。在技术发展的初期，MSTP 第一代以支持以太网透明传输为主要特征。在传输的过程中具有一定的片面性。MSTP 工作原理如图 5-18 所示。

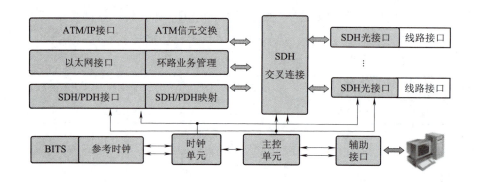

图 5-18 MSTP 工作原理

第二阶段的发展是通过改进和不断地完善，使得 MSTP 核心技术支持了以太网的二次交换。其由于科技的不断发展和完善，MSTP 核心技术能够实现以太网用户和多个基于同步数字体系的虚容器（VC）进行点对点的传输方式，实现了路径帧的交换。相较于第一代的技术，第二代的技术当中包含的更加全面。

第三阶段的 MSTP 核心技术是近年来经过改善和发展得来的，其重要的特点是支持以太网的 QoS。在第三个发展阶段，其中加入了智能化的技术手段，引入了成帧规程（generic framing procedure，GFP）、高速封装协议及智能适配层及调控机制相应的技术应用，使得 MSTP 核心技术的发展更加全面，对于网络用户的隔离及接入控制都有一定的推动作用，并且能够确保在传输的过程中做到以太网保护层的安全。除此之外，第三代的 MSTP 技术还具有相当强的可扩展性，是发展最为全面的 MSTP 技术，并且能够为以太网的发展提供强有力的支持。MSTP 带宽模型如图 5-19 所示。

MSTP 是将传统的 SDH 复用器、数字交叉链接器（DXC）、WDM 终端、网络二层交换机和 IP 边缘路由器等多个独立的设备集成为一个网络设备，即基于 SDH 技术的多业务传送平台，进行统一控制和管理。基于 SDH 的 MSTP 技术最适合作为网络边缘的融合节点支持混合型业务,特别是以 TDM 业务为主的混合业务。以 SDH 为基础的多业务传送平台可以更有效地支持分组数据业务,有助于实现从电路交换网向分组网的过渡。MSTP 可以实现对多种业务的处理,包括 PDH 业务、SDH 业务、ATM 数据业务及 IP、以太网业务等,既能实现快速传输,又能满足多业务承载,更重要的是能提供电信级的 QoS 能力。

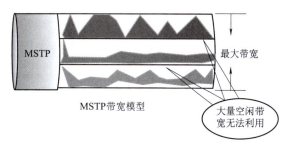

图 5-19　MSTP 带宽模型

5.4.4　分组传送网

分组传送网是指这样一种光传送网络架构和具体技术:在 IP 业务和底层光传输媒质之间设置了一个层面,它针对分组业务流量的突发性和统计复用传送的要求而设计,以分组业务为核心并支持多业务承载,具有更低的总体使用成本(TCO),同时秉承光传输的传统优势,包括高可用性和可靠性、高效的带宽管理机制和流量工程、便捷的 OAM 和网管、可扩展、较高的安全性等。

PTN 与 MSTP 特性对比见表 5-2。

表 5-2　PTN 与 MSTP 特性对比

各方面对比	MSTP	PTN
网络 TCO	基于 SDH 体系,采用刚性管道,不具备分组的弹性和扩展性,带宽浪费严重	未来兼容 MSTP/WDM/OTH 主要部件,充分适应城域组网需求,适应网络演进需求,充分保护原有投资。网络 TCO 低
面向连接特性	基于传统 SDH 的面向连接特性	SDH-LIKE 面向连接的特性
OAM&PS 能力	基于传统 SDH 的 OAM&PS,满足电信级运营的要求	SDH-LIKE 的 OAM&PS,满足电信级运营的要求
多业务承载能力	采用 TDM 结构承载分组业务,不能很好适应分组业务的特性,多次封装后降低了效率	通过 PWE3 机制支持现有及未来的分组业务,兼容传统的 TDM、ATM、FR 等业务
	受 SDH 架构限制,难以扩展,不符合网络分组化融合的趋势	分组架构满足未来网络演进、业务扩展的需求
E2E 管理能力	基于传统 SDH 的 E2E 管理	基于面向连接特性提供 E2E 的业务/通道监控管理
同步定时能力	不支持时间同步,不能在分组网络上为各种移动制式提供可靠的频率和时间同步信息	时钟/时间同步,可以在分组网络上为各种移动制式提供可靠的频率和时间同步信息

1. PTN 主要特点

PTN 网络是 IP/MPLS、以太网和传送网三种技术相结合的产物，具有面向连接的传送特征，适用于承载电信运营商的无线回传网络、以太网专线、L2 VPN（二层虚拟专用网）及交互式网络电视（internet protocol television，IPTV）等高品质的多媒体数据业务。PTN 网络具有以下特点。

（1）基于全 IP 分组内核。

（2）秉承 SDH 端到端连接、高性能、高可靠、易部署和维护的传送理念。

（3）保持传统 SDH 优异的网络管理能力和良好体验。

（4）融合 IP 业务的灵活性和统计复用、高带宽、高性能、可扩展的特性。

（5）具有分层的网络体系架构。传送层划分为段、通道和电路各个层面，每一层的功能定义完善，各层之间的相互接口关系明确清晰，使得网络具有较强的扩展性，适合大规模组网。

（6）采用优化的面向连接的增强以太网、IP/MPLS 传送技术，通过 PWE3 仿真适配多业务承载，包括以太网帧、MPLS（IP）、ATM、PDH、FR 等。

（7）为 L3（Layer3）/L2（Layer2）乃至 L1（Layer1）用户提供符合 IP 流量特征而优化的传送层服务，可以构建在各种光网络/L1/以太网物理层之上。

（8）具有电信级的 OAM 能力，支持多层次的 OAM 及其嵌套，为业务提供故障管理和性能管理。

（9）提供完善的 QoS 保障能力，将 SDH、ATM 和 IP 技术中的带宽保证、优先级划分、同步等技术结合起来，实现承载在 IP 之上的 QoS 敏感业务的有效传送。PTN 可根据 DSCP/TOS/VLAN/802.1p 等多种方式识别业务类型和优先级，其优先级主要有 EF、AF 和 BE 三个级别。EF：快速转发，有一个保证带宽。AF：保证转发，有一个保证带宽，一个限制带宽，比如保证带宽 100 M，限制带宽 200 M，就是说 100 M 的肯定能传送，但是超过 100 M 的通过优先级进行限制。AF 又分为 AF11、AF12、AF21、AF22、AF31、AF32。BE：尽量转发，只有一个限制带宽，不管进来的带宽为多大，都需要进行带宽竞争。

（10）提供端到端（跨环）业务的保护。

2. PTN 功能组成

PTN 是基于分组交换、面向连接的多业务统一传送技术，不仅能较好地承载以太网业务，而且兼顾了传统的 TDM 和 ATM 业务，满足高可靠、可灵活扩展、严格 QoS 和完善的 OAM 等基本属性。从网元的功能结构来看，PTN 网元由传送平面、管理平面和控制平面共同构成。

1）传送平面

传送平面实现对 UNI 接口的业务适配、业务报文的标签转发和交换、业务的服务质量（QoS）处理、操作管理维护（OAM）报文的转发和处理、网络保护、同步信息的处理和传送及接口的线路适配等功能。

2）管理平面

管理平面实现网元级和子网级的拓扑管理、配置管理、故障管理、性能管理和安全管理等功能，并提供必要的管理和辅助接口，支持北向接口。

3) 控制平面(可选)

目前，PTN 的控制平面的相关标准还没有完成，一般认为它可以是 ASON 向 PTN 领域的扩展，用 IETF 的 GMPLS 协议实现，支持信令、路由和资源管理等功能，并提供必要的控制接口。

3. PTN 关键技术

PTN 是基于分组转发的面向连接的多业务传送技术。其包括如下一些关键技术。

1) 分组转发机制

PTN 数据转发基于标签进行，即由标签构成端到端的面向连接的路径，MPLS-TE 基于 20 bit 的 MPLS-TP 标签转发，是局部标签，在中间节点进行 LSP 标签交换。

2) 多业务承载

MPLS-TP 采用伪线电路仿真技术来适配不同类型的客户业务，包括以太网、TDM 和 ATM 等客户业务。支持以太网点到点线型业务、以太网多点到多点专网线业务和以太网点到多点树形业务。

3) 运行维护管理机制

PTN 的 MPLS-TP 运行维护管理机制分为虚线层、标签交换路径层和段层三层。每层都支持运行维护管理功能机制，包括连续性检验、连接确认、性能分类、告警抑制、远端完整性能等。

4) 网络保护方式

MPLS-TP 支持的标签交换路径的保护方式，主要有环路保护、线路倒换和网状网恢复等。保护倒换时间不大于 50 ms，保护范围包括光纤、节点、环的段层等；线路倒换时间不大于 50 ms，网状网的恢复主要依靠重新选择路由机制完成。

5) 服务质量机制

PTN 支持的服务质量机制，包括流量管理、优先级映射、流量整形、队列调度和拥塞控制等。

5.5 全光网络

全光网络(all optical network, AON)是指信号只是在进出网络时才进行电/光和光/电的变换，而在网络中传输和交换的过程中始终以光的形式存在。在光层直接完成网络通信的所有功能，即在光域直接进行信号的随机存储、传输与交换处理等，网络中以光节点取代现有网络的电节点，以光纤为基础构成的直接光纤通信网络，也即全部采用光波技术完成信息传输和交换的宽带网络。

全光网络中的信息传输、交换、放大等无须经过光/电、电/光转换，因此不受原有网络中电子设备响应慢的影响，有效地解决了"电子瓶颈"的影响。就信号的透明性而言，全光网络对光信号来讲是完全透明的，即在光信号传输过程中，任何一个网络节点都不处理客户信息，实现了客户信息的透明传输。信息的透明传输可以充分利用光纤的潜力，使得网络的带宽几乎是取之不尽、用之不竭的。如一根光纤利用 n 路 WDM，每路带有 10 Gbit/s 的数字信号，则光纤传输容量将是 n×10 Gbit/s，而当前半透明网络就大大限制了光纤的潜力。因为在整个传输过程中没有电的处理,所以 PDH、SDH、ATM 等各种传送方式均可使用,提高了网络资源的利用率。目前,全光网络的主要技术有光纤技术、SDH、WDM、光交换技术、OXC、无源光网技术、光纤放大器技术等。

5.5.1 全光网络的构成

全光网络由光节点、光链路、光网络管理单元等构成。

1. 光节点

光节点是重要的网元,主要有两种类型:光接入节点和光交换节点。光接入节点具有光信道的选择特性;而光交换节点适用于作为网状型网的光节点及两个环形网之间的连接节点。

光接入节点的基本功能如下:

(1)光信道进入网络和从网络下路;

(2)非本地信息直接旁路,不在本地节点上进行处理,贯通而过;

(3)光信道的性能监测、故障检测、保护和恢复;

(4)对网络的管理和控制;

(5)具有好的透明性,适应不同种类的、不同格式的、不同传输速率的本地信息,畅通地进出网络。

光交换节点的基本功能如下:

(1)路由选择;

(2)按其所选择的路由,建立各输入端和输出端之间的全光连接,将输入端的光信号在所建立的全光通道上无阻塞地到达所指定的任意输出端;

(3)可实现光信号交换功能;

(4)可以进行光信号的处理;

(5)光信道的性能监测、故障检测、保护及恢复;

(6)控制、管理。

光交换节点由光输入接口、光输出接口、光交换单元、控制及管理单元组成。

2. 光链路

光链路一般指光纤链路。光纤链路中可设置光放大器,用以提高链路性能。典型的光纤链路有 G.652 光纤链路、G.655 光纤链路和其他光纤链路。

G.652 光纤链路:迄今为止使用量最大的光纤链路。

G.655 光纤链路:适合密集波分复用系统使用的光纤链路。

其他光纤链路:无线光纤通信(大气及自由空间光纤通信)。

3. 光网络管理单元

光网络管理系统是全光网络的"头脑"和指挥系统,具有性能管理、设备管理、故障管理等功能,还包括网络的安全体系、安全管理,确保网络的存活性、可靠性和安全性,以及计费管理等实用化功能。

5.5.2 全光网络与传统电信网络对比

全光网络比传统的电信网络有较大的吞吐能力,具有先前通信网和当前网络不可比拟的优点。全光网络与传统网络组网对比如图5-20所示。

相较于传统电信网络,全光网络的优点可概括如下:

(1)就结构而言,全光网络结构简单,端到端采用的是透明光通路连接,沿途无光/电转换与存储,从而具有极大的传输容量和很好的传输质量。

(2)全光网络突出的特点是开放性,在光网络中,路由方式是以波长选择路由,对不同的速率、协议、调制频率和制式的信号都具有兼容性,同时不受限制地提供端对端业务。

(3)在全光网络中,对光信号处理的许多光元件是无源的,这有利于网络的维护,可大大提高网络的可靠程度。

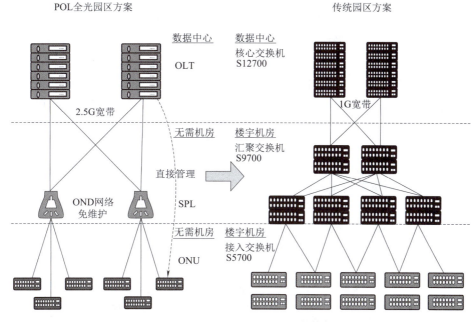

图5-20 全光网络与传统网络组网对比

(4)对于全光网络的扩展,利用虚波长通道技术,在加入新的节点时,可不影响原有网络和设备,直接实现网络的扩展,这大大节约了网络资源,降低了网络成本。

(5)全光网络具有可重构性,网络可随业务的不同而改变网络的结构,可以为大业务量的节点建立直通的光通道,可实现在不同节点灵活利用波长,也可实现波长路由选择动态重建、网间互联、自愈功能。

5.5.3 全光网络组网示例

全光网络基础建设传输过程分为四个部分:园区机房、馈线段、配线段、入户段。
它们的具体位置如图5-21所示。

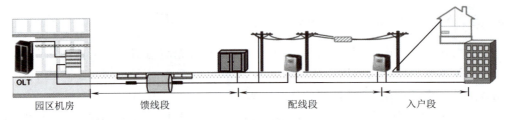

图 5-21 全光网络基础建设四个部分

（1）园区机房：主要有 ODF、跳线、分光器。园区机房示意图如图 5-22 所示。
（2）馈线段：光缆接头盒、光缆交接箱、分光器、馈线光缆。
（3）配线段：光缆交接箱、分纤箱、分光器、配线光缆。
（4）入户段：分纤箱、光缆插座、皮线光缆。

基于 PON 设备的光缆网络，使用 ODN 在 OLT 和 ONU 间提供光传输通道。OLT 放置在园区机房，一级分光情况下，分光器放置在楼栋地下室或楼道内的光交箱或分纤箱中；弱电井内使用垂直布线的室内光缆，可采用掏接工艺，分光器采用 1∶32 或 1∶64 分光，分光器规模由覆盖的用户数量决定。

亲身经历过全光网络建设工程的人应该知道，全光网络的建设关键在于分光器的放置，这个在项目中尤其重要，因为整个传输过程中都是光纤，分光是必然的。目前根据项目的情况，有三种分光方式。

图 5-22 园区机房示意图

1. 大集中分光

分光器设置在大的配线光节点处，如园区机房或园区光交（FDT），一般采用多个分光器在 ODF 或大容量 FDT 内集中放置，覆盖用户在 200 户以上。大集中分光组网如图 5-23 所示。

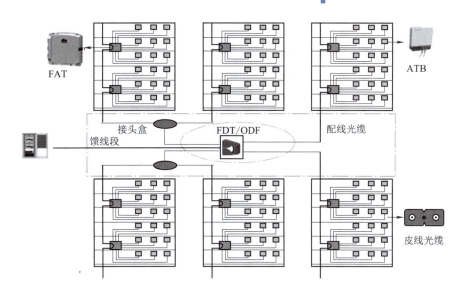

图 5-23 大集中分光组网

大集中分光特点如下：

(1) 适用于低层住宅 FTTH、办公楼多租户场景，需要较多的管线资源。

(2) 采用一级分光，1∶32 或 1∶64 分光器。

(3) 分光器在大容量 ODF/FDT 上架安装，分光器数量按用户数配置。

(4) 楼道内设置 FAT，覆盖 1 或多个楼层；FAT 可选用直熔或配接模块。

(5) 建设成本最高，但运营维护最为方便。

2. 小集中分光

分光器设置在较大的配线光节点处，如楼宇配线间或楼道外墙，一般采用 2~5 个分光器在大容量 FAT 或小型 FDT 内集中放置，覆盖用户在 100~200 户。小集中分光组网如图 5-24 所示。

小集中分光特点如下：

(1) 适用于住宅 FTTH、办公楼租户、商场等场景对管线资源要求一般。

(2) 采用一级分光，1∶32 或 1∶64 分光器，覆盖一层或多层。

(3) 分光器在大容量 FAT 或小型 FDT 内集中放置，数量按用户数配置，一般最大配置不超过 4 个。

(4) 建设成本中等，运营维护较为便利。

3. 分布式分光

分光器设置在小的配线光节点处，如高楼的楼层弱电间、中低层楼宇的楼道，一般采用内置 1~2 个分光器的小容量 FAT 楼宇的各单元或各楼层分开放置，覆盖用户在 36 户以下。

分布式分光特点如下：

(1) 适用于超高层、办公楼多租户等用户密集场景，对管线资源要求最低。

(2) 分光器采用 1∶8+1∶8 或 1∶6+1∶4，组合比不超过 1∶64；第一级分光器在 ODF 或 FDT 内上架安装，第二级分光器用挂墙式 FAT 安装，数量一般不超过 4 个。

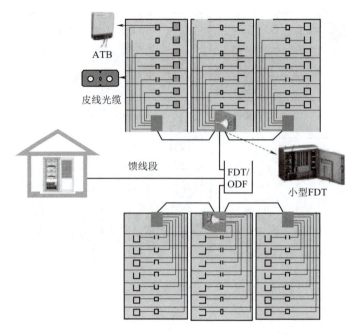

图 5-24　小集中分光组网

(3) 楼道内设置 FAT, 覆盖一层或多层; FAT 可选用直熔或配接模块。

(4) 建设成本最低, 但运营维护较为不便。

虽然光网发展可期, 而且 WB、WSS 等 ROADM 器件已经发展成熟, 利用它们构造一个动态可配置的全光网络已经不再是"空中楼阁"式的深化。但是要构建一个可获得的、可运营的、可管理的、可维护的、性价比高的电信级传送网, 全光网络还面临着一些困难和挑战, 如物理参数预算、光层信号透明、网络传送成本等。

从技术成熟度来看, 纵然 WB、WSS 等可扩展的 ROADM 器件已经成熟, 全光网络能够实现动态可调。但在解决光层监控等问题之前, WB、WSS 等器件只是用于改善波分网络的柔性, 实现无波长规划可任意扩容, 而不是用于动态调度。全光网络在短期内还只能处于一个理想状态中, 不可能规模铺设。

全光网络作为光纤通信技术发展的最高阶段, 随着光纤通信技术的发展, 特别是长距离超长距离传输技术、高密度复用技术、光监控技术、光交换交叉连接技术、全光波长转换技术等的发展, 全光网络最终也会走向成熟。从初级阶段简单的环、链, 会逐步扩展到 P-ccyle、双环、多环、局部无线蜂窝网格网络(局部 Mesh), 最终到光传送网的高级阶段, 各种技术都已成熟, 原有的多个彼此非透明的局部全光网络将会被打通, 形成相对完整的全光网络。

第 6 章　接入网技术

本章导读

近年来,随着高清直播、P2P 应用、VR/AR、大型网游等互动式业务的兴起,未来多媒体应用和"智慧家庭"业务的逐渐成熟,接入网用户带宽需求将从几百兆增长到上千兆,尤其 HDTV 业务和家庭网络的发展,将使用户带宽有更高的需求,所以对宽带电信网的大力建设尤为迫切。宽带电信网的建设是从网络的核心部分开始的,从核心网向外看,网络的接入部分是信息高速公路的"最后一英里"(The last mile)。从用户的角度来看,接入网是电信网向用户打开的窗口,透过这扇窗,用户才能享用电信网为其提供的宽带服务。因此,接入网也是用户所在地与信息高速公路之间的连接线,是用户进入信息高速公路的"第一英里"(The first mile)。因此,接入网已经成为当下网络建设和应用的关键领域。

学习目标

(1) 理解接入网的定义,了解接入网的主要功能结构和物理拓扑。
(2) 了解接入技术的分类及常用接入技术的特点。
(3) 熟悉有线接入技术,包括 xDSL 技术、光纤接入、HFC 接入、电力线接入技术等。
(4) 熟悉无线接入技术,包括短距离无线接入技术、WLAN 技术、蜂窝移动网、微波和卫星网络等。
(5) 理解 FTTx 的组网模式,包括 FTTH、FTTB、FTTO 等。
(6) 理解当前新型的无线接入技术,如 SDN 等。

6.1 接入网技术概述

6.1.1 接入网的定义

接入网(也称用户接入网)是电信网的重要组成部分。现代电信网是传统电话网的延伸和扩展,这种延伸和扩展不仅表现在数量上,更重要的是表现在质量上。它不仅能够提供普通电话业务,而且能够提供数字化、宽带化的综合业务。在电话业务占绝对主导地位的过去,电信网几乎就是电话网的同义词。在电话网中,用户环路担负着将用户话机接入电话网的重任。因此,过去电话网中的用户环路是今天接入网的原型,今天的接入网是用户环路的延伸和扩展,同样,这种延伸和扩展不仅表现在数量上,更重要的是表现在质量上。在带宽和业务承载能力上,接入网较用户环路有了质的飞跃。

现代电信网按功能不同可划分为传输网、交换网和接入网,交换网和传输网合在一起称为核心网。电信网的基本组成如图6-1所示。其中,核心网主要负责连接的建立、信息的交换、链路的拆除和释放,是整个电信网的核心部分。接入网主要完成将用户接入核心网的任务。用户驻地网可大可小,大到一栋大楼内的网络,小到一个家庭的一台电话座机、计算机或传真机,主要负责连接用户终端。

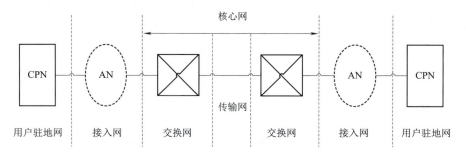

图6-1 电信网的基本组成

接入网的发展是受核心网的迅猛发展和互联网的爆炸性增长推动的。随着干线网上SDH的大规模实施、密集波分复用技术和宽带交换技术的迅速商用化,离用户最近的接入网部分成为制约网络向宽带化发展的瓶颈。接入网也迫切需要宽带化,以满足互联网、多媒体业务等高带宽业务接入的需求,以适应整个通信网的发展。接入网技术的发展将促进电信网的数字化、宽带化、综合化和个人化,对电话、数据、电视三网合一也将起到至关重要的作用。

6.1.2 接入网的功能结构

接入网有5种基本功能,即用户接口功能(UPF)、核心功能(CF)、传送功能(TF)、业务接口功能(SPF)、接入网系统管理功能(AN-SMF)。接入网的功能结构如图6-2所示。

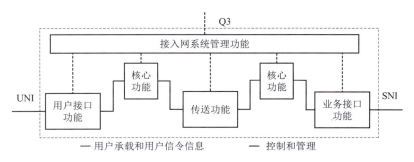

图 6-2　接入网的功能结构

1. 用户接口功能(UPF)

将特定的 UNI 要求与核心功能和管理功能相适配,具体功能如下:

(1)终结 UNI 功能;

(2)A/D 转换和信令转换功能;

(3)UNI 的激活/去激活功能;

(4)处理 UNI 承载通路及容量功能;

(5)UNI 的测试和 UPF 的维护功能、管理及控制功能。

2. 核心功能(CF)

将各个用户接口承载要求或业务接口承载要求适配到公共传送承载体之中,包括对协议承载通路的适配和复用处理。核心功能可以分布在整个接入网内,具体功能如下:

(1)接入承载通路的处理功能;

(2)承载通路的集中功能;

(3)信令和分组信息的复用功能;

(4)ATM 传送承载通路的电路模拟功能;

(5)管理和控制功能。

3. 传送功能(TF)

为接入网中不同位置的公共承载通路提供传输通道,并进行所用传输介质的适配,具体功能如下:

(1)复用功能;

(2)交叉连接功能(包括疏导和配置);

(3)管理功能;

(4)物理介质功能。

4. 业务接口功能(SPF)

将特定 SNI 规定的要求与公共承载通路相适配,以使用核心功能进行处理,并选择关信息,以便在 AN 系统中进行处理,具体功能如下:

(1)终结 SNI 功能;

(2)将承载要求、时限管理和操作运行及时映射进核心功能;

(3) 特定 SNI 所需要的协议映射功能;
(4) SNI 的测试和 SPF 的维护功能。

5. 接入网系统管理功能(AN-SMF)

对 UPF、SPF、CF 和 TF 功能进行管理,进而通过 UNI 与 SNI 来协调用户终端和业务节点的操作,具体功能如下:

(1) 配置和控制功能;
(2) 业务协调功能;
(3) 故障检测与指示功能;
(4) 用户信息和性能数据的采集功能;
(5) 安全控制功能;
(6) 通过 SN 协调 UPF 和 SN 的时限管理与运行要求功能;
(7) 资源管理功能。

6.1.3 接入网的特点

传统的接入网是以双绞线为主的铜线接入网。近年来,随着接入网技术和接入手段的不断更新,出现了光纤接入、无线接入并行发展的格局。接入网具有以下特点。

(1) 接入网结构变化大、网径大小不一。接入网用户类型复杂,结构变化大,规模小,由于各用户所在位置不同,因此接入网的网径大小不一。

(2) 接入网支持各种不同的业务。接入网的主要作用是实现各种业务的接入,如语音、数据、图像、多媒体业务等。

(3) 接入网技术的可选择性大、组网灵活。在技术方面,接入网可以选择多种技术,如铜线接入技术、光纤接入技术、无线接入技术、混合光纤同轴电缆(Hybrid Fiber Coaxial,HFC)接入技术等。接入网可根据实际情况提供环状、星状、总线状、树状、网状等灵活多样的组网方式。

(4) 接入网成本与用户有关、与业务量无关。各用户传输距离的不同是造成接入网成本差异的主要原因,市内用户比偏远地区用户的接入网成本要低得多,接入网成本与业务量基本无关。

此外,接入网还具有不对称性和突发性特点。由于宽带接入网传输的业务大多是数据业务和图像业务,这些业务是不对称的,并且突发性很大,上行和下行需要采用不同大小的带宽,因此如何动态分配带宽也是接入网的关键问题之一。

6.2 接入网的发展和分类

6.2.1 接入网的演变

19 世纪 90 年代初产生了用来终接和连接大量双绞线对并配有集中供电电源的局用主配线架(实际仅为用户线而已),标志着用户接入网雏形的诞生。1978 年,英国电讯在 CCITT 相关会议上正式提出接入网组网概念,标志着接入网技术得到国际电信技术界的认同。20世纪80年代,随着电子技术的发展、电缆网络的普及,扩大了接入网的规模。光纤网络的诞生和应用促成了接入网更大的一次飞跃。由于早先网络建设采用的大都是铜缆,再引入光缆,经历了优先在核心网和骨干网的干线部分应用光纤再逐渐实施配线和引入线的光纤化的演变过程。以铜线技术为基础的一系列 xDSL 接入技术,使传统的铜线技术得以平稳地向全面的光纤技术过渡。

除了有线接入技术以外,无线接入技术也因其独特的优势近年来表现得十分活跃。下面按发展顺序分别介绍各种接入网技术。

1. 拨号上网

20世纪90年代,刚有互联网的时候,人们上网使用最为普遍的一种方式是拨号上网:要拥有一台个人计算机、一个外置或内置的调制解调器和一根电话线,再向本 ISP 供应商申请自己的账号,或购买上网卡,拥有自己的用户名和密码后,通过拨打 ISF 接入号 163xx(169xx)就能连接到互联网上。

2. xDSL 接入

x 数字用户线(x digital subscriber line,xDSL)接入技术是指以现有的电话线为传输介质,利用先进的调制技术和编码技术、数字信号处理技术来提高铜线的传输速率和传输距离。电话线的传输带宽毕竟有限,电话线接入方式的传输速率和传输距离一直是一对难以调和的矛盾,从长远的观点来看,电话线接入方式很难适应将来宽带业务发展的需要。

xDSL 技术主要包括非对称数字用户线(asymmetrical digital subscriber line,ADSL)、高比特率数字用户线(high bit-rate digital subscriber line,HDSL)、甚高比特率数字用户线(very high bit-rate digital subscriber line,VDSL)等。

3. HFC 接入

HFC 接入技术是利用现有同轴电缆(即电视线)的一种接入技术。同轴电缆也是传输带宽比较大的一种传输介质,目前的有线电视 CATV 网就是一种混合光纤同轴网络,主干部分采用光纤,用同轴电缆经分支器接入各家各户。HFC 与 CATV 的基本区别是能够在原有的单向 CATV 网上实现双向通信业务,特别是电话业务,因而有人称其为电缆电话(CAP)。

HFC 可以提供宽带上网业务,但在用户侧需要配置电缆调制解调器。电缆调制解调器通常至少有两个接口,一个用来接墙上的有线电视端口,另一个与计算机相连。

4. 电力线接入

电力线通信(power line communication,PLC)技术是指利用电力线传输数据和话音信号的一种通信方式。PLC 利用电力线作为通信载体,终端用户只需要插上电源插头,就可以实现网络接入。

PLC 的基本原理是利用电网低压线路实现数据、语音、图像等多媒体业务信号的高速传输,把数据信号加载到电力线进行传输,接收端的调制解调器再把信号从电流中解调出来,并传送到计算机等终端设备,以实现信息的传递。电力线接入技术没有形成规模市场,只在很短的时间内使用,后来就被光纤接入代替了。

5. WLAN 接入

无线局域网络是一种利用射频(radio frequency,RF)技术进行传输的系统。该技术的出现并不是用来取代有线局域网络,而是用来弥补有线局域网络的不足,以达到网络延伸的目的,使得无线局域网络能利用简单的系统架构实现无网线、无距离限制的通畅网络。

6. 光纤接入

光纤是目前传输速率最高的传输介质,在主干网中已大量采用了光纤。如果将光纤应用到用户环路中,就能满足用户各种宽带业务的要求。可以说,光纤接入是宽带接入网的最终形式,目前"光进铜退"是广大电信运营商全力推进的网络建设方案。

6.2.2 接入网的分类

接入网的种类各异,并在不断地变化,按照传输方式可分为有线接入和无线接入。在有线接入领域,即使 DSL 曾经是是宽带市场上最主流的技术,但是以无源网络为主的光纤网络接入技术已经逐渐得到推广,无源网络(PON)相比于传统的铜线介质的 DSL 接入技术有更远的传输距离、更高的带宽。在无线接入领域,随着移动通信行业的迅速发展,蜂窝移动通信网络接入技术从过去的 4G 网络逐渐过渡到当前的 5G 网络,并在 5G 网络中应用越来越广泛。同时,有线网络与无线网络接入技术根据各自的特点在以相互融合的趋势发展,在家庭网络上,通过有线网络接入为无线网络在室外提供远距离或恶劣环境下的可靠网络传输,同时通过一定范围内的无线网络覆盖为用户提供最大的便捷。

接入网按传输方式分类见表 6-1。

表 6-1 接入网按传输方式的分类

接入类别	接入方式	接入技术
有线接入技术	光纤接入	光纤到交接箱(FTTCab)
		光纤到楼宇/分线盒(FTTB/C)
		光纤到户(FTTH)
	铜线接入	高比特率数字用户线(HDSL)
		非对称数字用户线(ADSL)
		单线数字用户线(SDSL)
		甚高比特率数字用户线(VDSL)
		速率自适应数字用户线(RADSL)
无线接入技术	蜂窝移动通信技术	4G/5G
	无线局域网技术	WLAN、基于 802.11 等
	短距接入技术	蓝牙、Wi-Fi 技术等
	卫星通信技术	北斗、GPS 等

6.2.3 接入网的发展趋势

随着电信行业垄断市场消失和电信网业务市场的开放,电信业务功能、接入技术的不断提高,接入网也伴随着发展,主要表现在以下六个方面:

(1)接入网的复杂程度在不断增加。不同的接入技术间的竞争与综合使用,以及要求对大量电信业务的支持等,使得接入网的复杂程度增加。

(2)接入网的服务范围在扩大。随着通信技术和通信网的发展,本地交换局的容量不断扩大,交换局的数量在日趋减少,在容量小的地方,改用集线器和复用器等,这使接入网的服务范围不断扩大。

(3)接入网的标准化程度日益提高。在本地交换局逐步采用基于 V5.X 标准的开放接口后,电信运营商更加自由地选择接入网技术及系统设备。

(4)接入网应支持更高档次的业务。市场经济的发展,促使商业和公司客户要求更大容量的接入线路用于数据应用,特别是局域网互联,要求可靠、短时限的连接。随着光纤技术向用户网的延伸,CATV 的发展给用户环路发展带来了机遇。

(5)支持接入网的技术更加多样化。尽管目前在接入网中光传输的含量在不断增加,但如何更好地利用现有的双绞线仍受重视。对要求快速建设的大容量接入线路,则可选用无线链路。

(6)光纤技术将更多的应用于接入网。随着光纤覆盖扩展,光纤技术用于接入网也将日益增多。从发展的角度看,目前 SDH、ATM、IP/DWDM 仅适用于主干光缆段和数字局端机接口,随着业务的发展,光纤接口将进一步扩展到路边,并最终进入家庭,真正实现宽带光纤接入,实现统一的宽带全光网络结构,因此,电信网络将真正成为 21 世纪信息高速公路的坚实网络基础。

6.3 光纤接入网技术

6.3.1 光纤接入网应用场景

随着数据业务需求的不断增长,光纤接入成为解决带宽的局限性和带宽与传输距离之间矛盾的最佳方案。根据光纤距用户的远近,光纤接入网的结构可以分为 FFTO、FTTV、FTTCab、FTTB、FTTH 等多种结构方式,其统称为 FTTx,成为当前宽带接入的主要应用形式。

FTTx 是新一代光纤接入网,是电信运营商和终端用户之间的物理路由。FTTx 接入网光纤化的进程中,依据 ONU 位置的不同而具有 FTTCab、FTTB、FTTH 等不同的应用模型,如图 6-3 所示。ONU 位置的选取,受运营商网络资源及承载业务类型、客户群业务需求及现场接入条件等多重因素影响。

光纤接入网的基本结构示意图如图 6-4 所示,在光纤接入网中传输的为光信号,当网络侧与用户侧的设备接口为电信号接口,则需要在光纤接入网中进行电/光转换、光/电转换;当设备接口为光接口,则此设备可直接与光纤接入网连接。

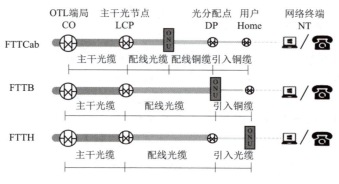

图 6-3　光纤接入网的应用模型

图 6-4　光纤接入网的基本结构示意图

FTTx 的网络拓扑结构可以是点对点（Point to Point，P2P），也可以是点对多点（Point to Multi-Point，P2MP）。碍于相对高昂的成本等因素，通常所指 FTTx 网络多为 P2MP 结构的无源光纤接入网。

1. 光纤到交接箱

在 FTTCab 结构中，馈线段采用光缆传输，ONU 光节点部署在交接箱，即灵活点（Flexible Point，FP）处，每个 ONU 支持用户数的典型值为数百户，ONU 以下的部分则采用其他介质（如金属线或者无线）接入到用户，形成 FTTCab 的应用类型。与 FTTCab 相关的术语还有光纤到节点（fiber To the node/neighborhood，FTTN）和光纤到小区（fiber To the zone，FTTZ），其代表的应用类型通常被划入 FTTCab 的范畴。在现有技术条件下，典型的配置可以提供最大下行 25 Mbit/s 的接入能力。通常 FP 距离用户都超过目前五类线的最大传输距离，因此不推荐采用五类线的以太网接入方式。实践中金属线/无线段采用的主要技术有 xDSL、Wi-Fi、WiMAX。

2. 光纤到楼宇/分线盒

在 FTTB/C 结构中，馈线段、配线段采用光缆传输，ONU 光节点部署在楼宇/分线盒，即分配点（distribution point，DP）处，每个 ONU 支持用户数的典型值为几十户，从 DP 以下的引入段采用金属线或者无线方式连接用户，形成 FTTB/C 的应用类型。在现阶段技术要求下，100 m 范围内采用基于五类线的以太网接入技术，可以使金属线上承载宽带业务的速率最大达到 100 Mbit/s，这与现阶段光纤到户时用户所能用到的带宽基本一致，且末端网络结构无须大的改变。实践中金属线/无线段采用的主要技术有 xDSL、以太网、Wi-Fi、WiMAX。

3. 光纤到户

在 FTTH 结构中,馈线段、配线段和引入段,全程做到光纤接入,是完全利用光纤传输媒质连接运营商局端和家庭住宅的接入方式。将 ONU 光节点部署到用户家中(此时 ONU 成为 ONT),直接提供 UNI 接口连接用户家庭网络,形成 FTTH 的应用类型。FTTH 增强了物理网络对数据格式和协议等的透明性,放宽了对环境和供电等的要求,提升了带宽与质量,简化了维护和安装。FTTB 的光纤化程度比 FTTCab 更进一步,FTTH 是光纤接入最终也是最理想的方式。FTTH 的出现和最终实现是接入网领域一场重大的变革,从此将用户由"电"的时代带入了一个全新的"光"的时代。FTTH 网络光缆结构如图 6-5 所示。

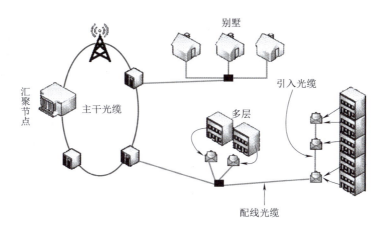

图 6-5 FTTH 网络光缆结构

别墅区,建筑分散、用户稀疏,建议采用一级集中分光方式(二级分光点很难合理经济的安置)。如该别墅区规模较大,可再增加分配点进一步分片设置。多层区,片区较大、楼高有限,建议在楼内设备/配线间处用集中分光方式,降低楼内配线复杂程度(利于施工和日后维护),同时也减少建设初期 PON 口占用率,充分利用分光器资源。高层区,建筑集中、用户密集,可将高层楼宇分作几个子层区,每个子层区分别设置光分配点(设置分光器);亦可仅设置为引入光缆熔接、配线的汇聚点(不设分光器),两者均缩短了引入光缆的接入长度,同时也减少了对楼宇配线管孔的占用。对于老旧小区的 FTTH 改造,一方面用户发展的不确定性增大,另一方面物业管理、环境要求等条件相对较低,故应尽量降低投资(避免大规模建设管道等),可利用明线方式接入(壁挂箱体安装在楼内单元缓步台或楼外的墙壁上,待用户有业务需求时再进行引入光缆的布放)。

6.3.2 无源光网络(PON)技术

FTTx 接入网建设可以采用多种技术手段,可以是有源光网络(active optical network,AON),也可以是无源光网络(passive optical network,PON)。其中最被关注、应用最多的无疑是 PON 技术。

PON 技术主要的特点:第一,是其不需要使用有源设备进行处理,对于一些干扰情况能够降低到最小,比如其对电磁等方面的干扰非常低,其设备故障情况也非常少,对于运营方面的投入则可以降低;第二,是其业务流程简单,操作透明,能够充分利用带宽资源,并且能够与传输速度、传输制式进行匹配,对于广播电视业务也有较好地支持,可以融合 NGN 业务;第三,其有较低的布线成本,如果初次建设,则可以使用较低成本铺设网络;第四,在用户比较多的情况下,成本分摊和 PON 协议可以实现安全性和带宽共享机制,PON 支持所有住宅用户和许多商业用户共享接入网络(包括物理接入网络),PON 支持传统语音服务和宽带服务。所以,在实际的项目应用过程中,在 FTTx 接入网络的技术实现上,利用 PON 技术的树形拓扑建设骨干网络,可以大大节省骨干光纤资源,FTTx 接入网络在建成后具有高带宽、高可靠性和低成本的优点,非常具有市场竞争力。

1. PON 技术概述

自从 PON 的概念在 1987 年由英国电信研究人员提出来后,凭借其频带宽、可靠性高和维护费用低等诸多优点,成为克服用户接入网瓶颈的首选网络。所谓"无源"是指光分配网络(optical distribution network,ODN)全部由无须能(电)源的器件组成,其是一种纯介质网络,减少了电磁干扰和雷电影响还简化了网管复杂性;有效地提高了系统可靠性并降低了建设运维成本。1996 年成立的全业务接入网(full service access networks,FSAN)联盟提出与 ATM 传输协议相配合的 PON,即 APON,2001 年又将其改称为 BPON。2000 年成立的以太网"最后一公里"研究组(EFM)推出与 Ethernet 传输协议相配合的 PON,即 EPON,2003 年被批准为 IEEE 802.3ah 协议。

2. PON 的基本结构

PON 是一种单纤双向、采用点到多点结构的光纤系统,由置于局端的有源设备光线路终端(optical line terminal,OLT),配套安装于用户端的有源设备光网络单元(optical network unit,ONU)以及连接它们之间的光缆、无源分光器(passive optical splitter,POS)等无源器件所组成。

PON 系统的参考结构如图 6-6 所示,在下行方向,OLT 发送的信号通过 ODN 到达各个 ONU,在上行方向,各个 ONU 通过 ODN 只会上传到 OLT,而不会到达其他的 ONU。为了避免数据冲突,提高光网络的效率,上行方向采用的是 TDMA 多址接入方式并对各个 ONU 发送来的数据进行运行管理。

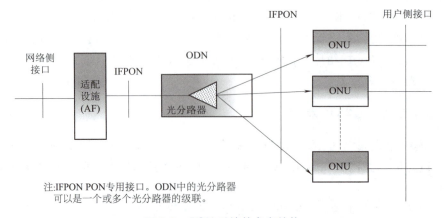

注:IFPON PON专用接口。ODN中的光分路器可以是一个或多个光分路器的级联。

图 6-6 PON 系统的参考结构

3. PON 的分类

1) APON/BPON

APON 主要结合 ATM 技术和无源光网络技术手段,能够针对窄带或者宽带的服务,其下载的速率可以达到几百兆每秒,上传速度则为一百多兆每秒的速度。传统的 BPON 主要通过光线路终端、光网络单元和相应的无源光分路器组成。无源光分路器能够针对不同的方向进行光的传输分配,可以针对不同光纤进行处理。光网络单元能够对业务功能进行汇聚,并且配合接口完成相关传输操作处理,更能够完成相关功能的适配及传输操作,结合相关的网络处理操作完成相关的接口处理。

2) EPON

EPON 是由 IEEE 802.3 工作组在 2000 年 11 月成立的 EFM(Ethernet in the First Mile)研究小组提出的。EPON 是几个技术和网络结构的结合,EPON 以以太网为载体,采用点到多点结构、无源光纤传输方式,下行速率目前最高可达到 10 Gbit/s,上行以突发的以太网包方式发送数据流。另外,EPON 也提供运行维护和管理(OAM)功能。EPON 技术和现有的设备具有很好的兼容性,而且 EPON 还可以实现带宽 10 Gbit/s 的平滑升级。新发展的服务质量(QoS)技术使以太网对语音、数据和图像等业务的支持成为可能,但目前以太网支持多业务的标准还没有形成。它对非数据业务,尤其是 TDM 业务还不能很好地支持。另外,由于采用 8B/10B 的线路编码,造成 EPON 的传输效率较低。

3) GPON

2001 年,FSAN 组启动了另外一项标准工作,旨在规范工作速率高于 1 Gbit/s 的 PON 网络,这项工作被称为 Gigabit PON(GPON)。GPON 除了支持更高的速率之外,还要以很高的效率支持多种业务,提供丰富的 OAM&P 功能和良好的扩展性。先进国家运营商的代表,提出一整套"吉比特业务需求"(GSR)文档,提交给 ITU-T,该文档成为提议和开发 GPON 解决方案的基础,这说明 GPON 是一种按照消费者的需求而设计,由运营商驱动的解决方案。

4) 技术对比

APON/BPON 在业务处理方面比较有局限性,同时其传输速率等方面效率较低,并且其成本相对较高,性价比相对较低,会影响实际的业务发展;对比 EPON 和 GPON,两种技术都有各自的特点,GPON 具有丰富的运营商级网络所需的网络管理功能,从 QoS 的角度来看,其对于业务处理来说具有比较大的限制,同时其服务周期也有一定的限制,对于其处理实际业务则会有一定的延迟。

结合成本考虑,GPON 技术相对于 EPON 技术更加的复杂多变,但总体上没有太大的差别,其在光模块处理方面具有一定的差异,模块驱动电路和前后放大器芯片非常紧凑,但产量很低,无法满足更高的功率预算。GPON 相对于 EPON 在光模块方面成本较高,一般是两倍以上,同时 EPON 目前发展较为成熟,可以流水线形式生产。但 GPON 的生产研究则处于刚起步阶段,规模相对较小,在标准化方面,其表现也较弱,使得 GPON 实际推广使用受到限制,其实际的竞争力受到影响,总成本可能最终取决于产出规模(即市场规模)。

6.3.3 光纤接入网的方案设计

1. EPON + FTTH 设计方案

FTTH 是宽带接入的最终解决方式,而 EPON 也将成为一种主流宽带接入技术。由于 EPON 网络结构的特点,宽带入户的特殊优越性,以及与计算机网络天然的有机结合,使得业界普遍认为无源光网络是实现"三网合一"和解决信息高速公路"最后一公里"的最佳传输媒介。目前全球宽带用户数目最高的是中国、美国、日本和韩国,四者之和已经超过全球宽带用户的 70%,包括中国在内的几个宽带发展较快的国家都已经开始大规模发展 EPON + FTTH 网络。

其具有 4 点优势:第一,是其对于光线的使用较少,能够降低成本支出;第二,其支持并发访问处理,能够使得其实际的设备用到最少,并且能够进行远程的管理维护;第三,其具有比较灵活的组网部署方式,能够以扩展形式组网,使得后期扩展业务能够得到较好支持;第四 ODN 中没有有源设备,设备很少,基本上不需要维护。图 6-7 所示为 EPON + FTTH 实现方式原理示意图。

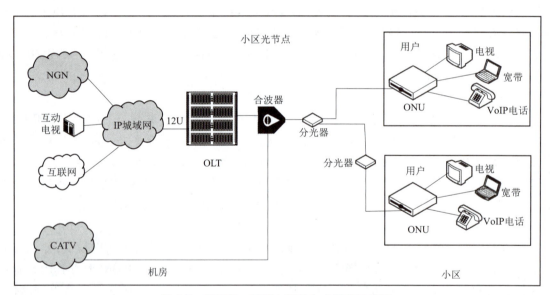

图 6-7　EPON + FTTH 实现方式原理示意图

2. GPON + FTTH 设计方案

GPON 是 FSAN 和 ITU-T 开发的标准;GPON 相关部署方面,其主要是指 GEM 相关数据帧方面,结合实际的部署要求,其主要能够较好地兼容适配很多数据格式及协议,其与 FTTB 接入相比,无须考虑交换机的电源需求,结合实际的安装要求,其环境要求也较为简单,使得后期维护等方面也相对简单,GPON 技术符合标准的要求,并且能够提供较高的传输带宽速度,超过 90% 的高效传输各种服务信号,其中有 ATM 技术。其主要通过相关汇聚处理,完成相关传输协议指定,并且通过数据帧进行梳理,完成相关业务流处理操作封装,并且其能够通过比较高的速度进行流量传输操作处理,能够完成比较好的适配性。图 6-8 所示为 GPON + FTTH 实现方式原理示意图。

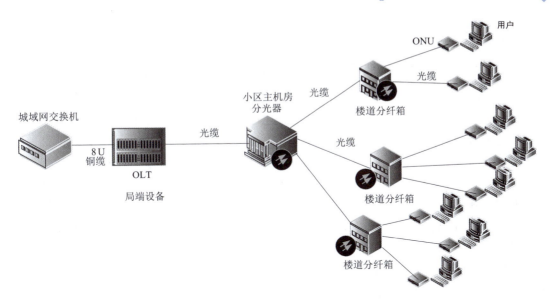

图 6-8　GPON+FTTH 实现方式原理示意图

6.4　无线接入网

随着通信技术的飞速发展,在铺设最后一段用户线的时候面临着一系列难以解决的问题:铜线和双绞线的长度在 4~5 km 的时候出现高环阻问题,通信质量难以保证;山区、岛屿及城市用户密度较大而管线紧张的地区,用户线架设困难而导致耗时、费力、成本居高不下。为了解决这个所谓的"最后一公里"的问题,达到安装迅速、价格低廉的目的,作为接入网技术中的一个重要部分——无线接入技术应运而生。无线接入是指从交换节点到用户终端之间,部分或全部采用了无线手段。

近年来,无线连接网络技术的发展取得了一定的成果。这种连接方式主要是采用同种无线传输设备,以便实现一般传输设备难以实现的多元化传输信息的目标。与传统设备一样,无线连接网络设备不仅具有话音通信的功能,同时也具有传真、图像、文字传输等方面的功能,这些功能都是传统通信装置无法实现的,因此其具有相对较好的发展前景。目前,在国内接入的无线网络系统中,应用的地区主要是人员相对较少的区域,如山区、乡村一带,或者是人员流动性相对较大的个人移动通信系统等。而在海外各国,由于宽带无线网络的开发相对迅速,这种技术也普遍应用于一些终端用户,如宾馆饭店、住宅小区等。无线宽带接入网络技术的快速发展,也在无形中提高了我国无线通信行业的运行效率,并在这一过程中逐步便利了人们的生活。

无线接入技术用于接入网领域有其不可替代的优点,宽带无线接入技术正在发展成为宽带接入的一个重要组成部分。无线接入技术的最大特点和最大优点是其具有接入不受线缆约束的自由性,这在扩展宽带覆盖面上有着很大的优势。同时,无线宽带接入系统凭借其建设速度快、运营成本低、投资成本回收快等特点,受到了电信运营商的青睐。

6.4.1 无线接入技术分类

常见的无线接入技术有无线局域网技术、短距接入技术和卫星通信技术等。

1. 无线局域网技术

WLAN 是利用无线技术实现快速接入以太网的技术,利用 WLAN 技术可以在家庭、公司、学校、机场等多种场合建立本地无线连接,使用户以无线方式接入局域网中。WLAN 具有安装便捷、使用灵活、经济节约、易于扩展等有线网络无法比拟的优点。WLAN 既可以是整个网络都使用无线通信方式(称为独立式 WLAN),也可以是 WLAN 无线设备与有线局域网相结合(称为非独立式 WLAN)。后者主要可为用户接入有线局域网提供无线接入手段,目前在实际应用中以非独立式 WLAN 为主。WLAN 已经在教育、金融、酒店及零售业、制造业等各领域有了广泛的应用。

如图 6-9 所示为 WLAN 组网示意图,WLAN 由用户终端、AP(无线接入点)、交换机、AC(无线控制器)组成。WLAN 可以工作在 2.4 GHz 频段,工作频率范围为 2 400～2 483.5 MHz。其可用带宽为 83.5 MHz,可划分为 3 个互不干扰的信道,每个信道带宽为 22 MHz。此频段为共用频段,WLAN 易受到无绳电话、微波基站、蓝牙网络设备等的干扰。WLAN 设备也可以工作在 5.8 GHz 频段,频率范围为 5 725～5 850 MHz。5.8 GHz 频段可用带宽为 125 MHz,划分为 5 个信道,每个信道带宽为 20 MHz。此频段相对干扰较少,但目前多数用户终端尚不支持该频段。

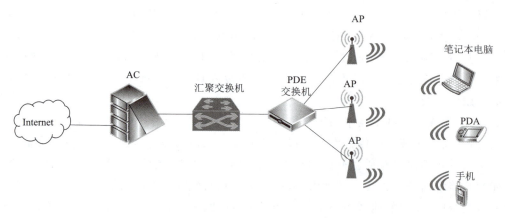

图 6-9　WLAN 组网示意图

WLAN 的优势在于,和蜂窝移动通信相比,接入速率较高,满足高速无线上网的需求,设备价格低廉,建设成本低;技术较成熟,在国内外已有丰富的应用。WLAN 的不足在于 AP 发射功率受限,覆盖范围较小,移动性较差;工作在自由频段,容易受到干扰。

2. 短距接入技术

1)蓝牙技术

蓝牙技术是广受业界关注的近距无线连接技术。它是一种无线数据与语音通信的开放性全球规范,它以低成本的短距离无线连接为基础,可为固定的或移动的终端设备提供廉价的接入服务。蓝牙技术是一种无线数据与语音通信的开放性全球规范,其实质内容是为固定设备或移动设备之间的通信环境建立通用的近距无线接口,将通信技术与计算机技术进一步结合起来,使各种设备在没有电线或电缆相互连接的情况下,能在近距离范围内实现相互通信或操作。其传输频段为全球公众通用的 2.4 GHz ISM 频段,提供 1 Mbit/s 的传输速率和 10 m 的传输距离。

蓝牙技术遭遇的最大的障碍是过于昂贵。突出表现在芯片大小和价格难以下调、抗干扰能力不强、传输距离太短、信息安全问题等。这就使得许多用户不愿意花大价钱来购买这种无线设备。因此,业内专家认为,蓝牙的市场前景取决于蓝牙价格和基于蓝牙的应用是否能达到一定的规模。

2) Wi-Fi 技术

Wi-Fi 是以太网的一种无线扩展。在理论上,只要用户位于一个接入点四周的一定区域内就可接入。但实际上,如果有多个用户同时通过一个点接入,带宽被多个用户分享,Wi-Fi 的连接速度一般只有几百千比特每秒的信号不受墙壁阻隔,但在建筑物内的有效传输距离小于户外。

Wi-Fi 未来最具潜力的应用将主要在 SOHO、家庭无线网络及不便安装电缆的建筑物或场所。目前这一技术的用户主要来自机场、酒店、商场等公共热点场所。Wi-Fi 技术可将 Wi-Fi 与基于 XML 或 Java 的 Web 服务融合起来,可以大幅度减少企业的成本。例如,企业选择在每一层楼或每一个部门配备 802.11b 的接入点,而不是采用电缆线把整幢建筑物连接起来。这样一来,可以节省大量铺设电缆所需花费的资金。

3) IrDA 技术

IrDA 是一种利用红外线进行点对点通信的技术,是第一个实现无线个人局域网(PAN)的技术。目前它的软硬件技术都很成熟,在小型移动设备,如 PDA、手机上广泛使用。事实上,当今每一个出厂的 PDA 及许多手机、笔记本电脑、打印机等产品都支持 IrDA。

IrDA 的主要优点是无须申请频率的使用权。其具有移动通信所需的体积小、功耗低、连接方便、简单易用的特点。此外,红外线发射角度较小,传输上安全性高。IrDA 的不足在于它是一种视距传输,两个相互通信的设备之间必须对准,中间不能被其他物体阻隔,因而该技术只能用于 2 台(非多台)设备之间的连接。IrDA 目前的研究方向是如何解决视距传输问题及提高数据传输率。

4) NFC 技术

NFC 是由 Philips、NOKIA 和 Sony 主推的一种类似于非接触式射频识别(RFID)的短距离无线通信技术标准。和 RFID 不同,NFC 采用了双向的识别和连接。在 20 cm 距离内工作于 13.56 MHz 频率范围。NFC 最初仅仅是遥控识别和网络技术的合并,但现在已发展成无线连接技术。它能快速自动地建立无线网络,为蜂窝设备、蓝牙设备、Wi-Fi 设备提供一个"虚拟连接",使电子设备可以在短距离范围进行通信。NFC 的短距离交互大大简化了整个认证识别过程,使电子设备间互相访问更直接、更安全和更清楚,不用再听到各种电子杂音。

NFC 通过在单一设备上组合所有的身份识别应用和服务,帮助解决记忆多个密码的麻烦,同时也保证了数据的安全保护。有了 NFC,多个设备如数码相机、PDA、机顶盒、电脑、手机等之间的无线互连,彼此交换数据或服务都将有可能实现。同样,构建 Wi-Fi 家族无线网络需要多台具有无线网卡的电脑、打印机和其他设备。除此之外,还得有一定技术的专业人员才能胜任这一工作。而 NFC 被置入接入点之后,只要将其中两个靠近就可以实现交流,比配置 Wi-Fi 连接容易得多。

5) ZigBee 技术

ZigBee 主要应用在短距离范围之内并且数据传输速率不高的各种电子设备之间。"ZigBee"名字来源于蜂群使用的赖以生存和发展的通信方式,蜜蜂通过跳"Z"字形的舞蹈来分享新发现的食物源的位置、距离和方向等信息。

ZigBee 可以说是蓝牙的同族兄弟,它使用 2.4 GHz 波段,采用跳频技术。与蓝牙相比,ZigBee 更简单、速率更慢、功率及费用也更低。它的基本速率是 250 kbit/s,当降低到 28 kbit/s 时,传输范围可扩大到 134 m,并获得更高的可靠性。另外,它可与 254 个节点联网。它可以比蓝牙更好地支持游戏、消费电子、仪器和家庭自动化应用。人们期望能在工业监控、传感器网络、家庭监控、安全系统和玩具等领域拓展 ZigBee 的应用。

6) UWB 技术

超宽带技术 UWB 是一种无线载波通信技术,它不采用正弦载波,而是利用纳秒级的非正弦波窄脉冲传输数据,因此其所占的频谱范围很宽。UWB 可在非常宽的带宽上传输信号,美国 FCC 对 UWB 的规定为:在 3.1~10.6GHz 频段中占用 500 MHz 以上的带宽。由于 UWB 可以利用低功耗、低复杂度发射/接收机实现高速数据传输,在近年来得到了迅速发展。它在非常宽的频谱范围内采用低功率脉冲传送数据而不会对常规窄带无线通信系统造成大的干扰,并可充分利用频谱资源。基于 UWB 技术而构建的高速率数据收发机有着广泛的用途。

UWB 技术具有系统复杂度低,发射信号功率谱密度低,对信道衰落不敏感,低截获能力,定位精度高等优点,尤其适用于室内等密集多径场所的高速无线接入,非常适于建立一个高效的无线局域网或无线个域网。UWB 主要应用在小范围,高分辨率,能够穿透墙壁、地面和身体的雷达和图像系统中。除此之外,这种新技术适用于对速率要求非常高(大于 100 Mbit/s)的 LANs 或 PANs。

3. 卫星通信技术

卫星通信是指利用人造地球卫星作为中继站转发无线电信号,在两个或多个地面站之间进行通信的一种方式。卫星通信是在地面微波中继通信和空间技术的基础上发展起来的。微波中继通信是一种"视距"通信,即只有在"看得见"的范围内才能通信。而通信卫星的作用相当于离地面很高的微波中继站。由于作为中继的卫星离地面很高,因此经过一次中继转接之后即可进行长距离的通信。卫星通信覆盖区域大,通信距离远。一颗同步通信卫星可以覆盖地球表面的 1/3 区域,因而利用 3 颗同步卫星即可实现全球通信。它是远距离通信和电视转播的主要手段。

根据卫星通信系统的任务,一条卫星通信线路要由发端地面站、上行线路、卫星转发器、下行线路和收端地面站组成,其中上行线路和下行线路就是无线电波传播的路径。为了进行双向通信,每一地面站均应包括发射系统和接收系统。由于收发系统一般是共用一副天线,因此需要使用双工器以便将收发信号分开。地面站收发系统的终端通常都是与长途电信局或微波线路连接。地面站的规模大小则根据通信系统的用途而定。卫星转发器的作用是接收地面站发来的信号,经变频、放大后,再转发给其他地面站。卫星转发器由天线、接收设备、变频器、发射设备和双工器等部分组成。

6.4.2 新型无线接入技术

1. 基于虚拟化的软件定义网络无线接入技术

近年来,软件定义网络(software defined network,SDN)得到了业界的广泛关注,SDN 将网络中数据平面与控制平面相分离,通过基于流的可编程特性满足了网络的灵活性和可控性。SDN 的概念在 2012 年被引入到无线网络中。同时,网络虚拟化技术为未来的网络体系架构提供了有效的思路。网络虚拟化技术使得同一个底层物理网络之上可以承载多个互相独立的虚拟网络。SDN 无线接入网有一个软件定义无线接入网络集中控制平面,把当地地理区域的所有基站抽象为由一个中央控制器和无线网元构成的虚拟大基站。

SDN 的基本网络要素包括三个方面:北向接口,即基于软件的 SDN 控制器,它在逻辑上是集中的,可以向上层应用层提供可编程的接口,用于实现更为丰富的网络应用,并且负责维护全局网络视图;南向接口,即转发抽象,通过 SDN 提供的转发平面的网络抽象,SDN 控制器可以构建全网视图;运行在控制器之上的控制应用程序,通过它整个网络可以被定义为一个逻辑的交换机,管理人员可以利用控制器提供的可编程的接口灵活地编写网络应用,如安全、多播、路由、带宽管理、服务质量、流量工程、接入控制等。

SDN 无线接入网架构如图 6-10 所示。SDN 的主要特征是:控制与转发分离、转发平面与控制平面之间开放接口及逻辑上的集中控制。基于其控制平面和数据平面想分离的特点,SDN 可以提供用于应用程序编程的接口,以实现更丰富的网络应用,具备灵活、高效、可定制、可扩展的特征。综合考虑既满足用户需求、业务需求,又兼容当前已经铺设完成的光接入网,发展基于 SDN 的汇聚接入网是必然趋势。因此,针对当前网络流量的迅速平稳增长及流量随着时间和用户类型波动的程度愈加增强的两方面问题,我们需要研究能够解决上述问题、符合发展方向的下一代宽带光接入网络解决方案,致力于增大宽带接入网的网络容量、提高接入速度、增加网络覆盖范围,提升网络的成本效益,提高运营商的利润空间,降低网络能耗,增强网络性能。

2. 面向 5G 云无线接入技术

在传统的无线接入网系统中,各大运营商面临着降低成本、提高经济效益和绿色节能减排的巨大压力,中国移动在 2009 年率先提出了一种面向绿色演进的新型无线接入网架构,即 C-RAN。C-RAN 的"C"包含四层基本含义,分别是"Centralized""Collaborative""Cloud""Clean"。"Centralized"代表 BBU 的集中化部署,"Collaborative"代表 BBU 的协作式管理,"Cloud"代表虚拟资源的云化处理,"Clean"代表绿色节能减排。基站数量通过 C-RAN 思想中 BBU 的集中部署而大幅减少,其优势在于建网成本的减少及能源消耗的降低。C-RAN 将软定义、虚拟化和协作化等新兴技术结合起来,在有限的频谱范围内提高了频谱资源利用率,BBU 池的规划部署使基带资源处理的实时动态调度成为可能,无线接入网络即将上升至高投入产出比、大带宽、高弹性的新层次。为了解决互联网业务种类和数量的激增给传统核心网带来的各式各样的挑战,并且追求经济效益的提升和业务的可持续增长,C-RAN 迎来了新一代无线接入网络的发展高峰。C-RAN 架构示意图如图 6-11 所示。基带处理集中在 BBU 池,而密集部署的远程无线电头(remote radio head,RRH)通过前传连接 BBU 池,从而实现以用户为中心的数据收发。无线信号处理和集中式的资源管理能明显减少基站建设和维护成本,并且协作处理 RRH 间的干扰。然而,受约束的前传容量和长时间的延迟降低了频谱效率和能量效率。同时,充分集中的架构给 BBU 池的计算能力带来了沉重的负担。

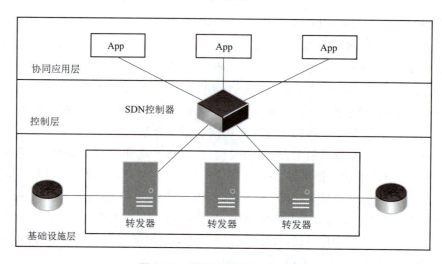

图 6-10　SDN 无线接入网架构

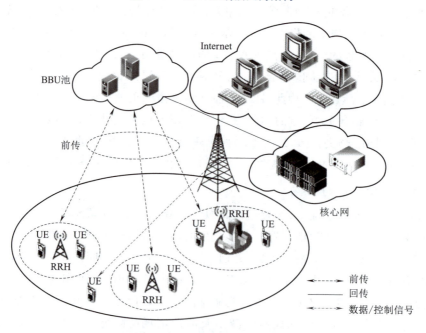

图 6-11　C-RAN 架构示意图

相比于传统的无线接入网,C-RAN 的特征明显,主要表现在以下几个方面:

(1) 基带处理单元的集中部署。传统的移动通信网络部署原则是将一个或几个基站分别单独部署在独立机房内,这不仅导致部署难度的加大,也造成了很多资源浪费。C-RAN 的部署理念是将一定数量的 BBU 集中起来,统一部署在一个容量较大的中心机房内,这种部署方法很明显在站点选取难度的降级、基站设备的共享使用、机房数量的大幅减少、资源处理效率的提高等方面占据很大的优势。

(2) 将基带资源池内的基带处理单元进行协作式管理。同一个基带资源池的不同 BBU 之间通过高速交换矩阵的连接可以快速实现业务信息、控制信息和信道信息的交换。在不同的用户小区之间通过采用多点协作传输技术达到避开小区干扰,提高接收信噪比和系统容量的目的。

(3) 在云计算架构的基础上对无线资源进行云化处理。C-RAN 架构下的基带计算资源打破了传统网络中单独附属在某一 BBU 下的固有思想,开启了动态附属于整个资源处理池的新篇章。因此,资源的分配和处理并不是固定在某一 BBU 内单独进行的,而是运用虚拟化的理念将计算资源集中安排到基带池这一层次上进行动态处理,降低成本的同时提高了资源的利用效率。由此可以看出,BBU 在 C-RAN 中的概念和处理能力并没有固定到某些具体指定的计算资源,而是可以根据时间和业务流量的不同实时进行动态分配。

(4) 基带处理单元的灵活可变性。C-RAN 采用协作式软件无线电技术对计算资源进行分配和处理,使得 BBU 所能支持的空口协议的数量增加,信号处理和设备处理能力大幅提高,同时由于基带资源的动态灵活分配,致使 BBU 的处理能力更加灵活,可"软"配置的基站得以实现。

3. 雾无线接入网技术

为了解决前传容量限制,同时满足大数据时代下爆发数据的计算需求,雾计算应运而生。雾无线接入网(fog radio access network,F-RAN)是在云无线接入网架构下基于"雾计算"理念演进出的一种新型无线接入方式。雾计算是一种分布式计算模型,充当云数据中心和物联网设备/传感器之间的中间层,提供存储、计算和网络设施,以便将基于云的服务扩展到更接近物联网设备/传感器的位置。其概念是由思科公司在 2012 年首次提出,以应对传统云计算中物联网应用的挑战。雾节点由路由器、网关、接入点和交换机组成,它们可以通过在网络边缘附近提供计算、联网和存储服务来处理数据,使得网络延迟大大减少。由于并非所有数据都需要发送到云端,部分数据可以直接在雾层上预处理,从而减少带宽需求、延迟和能耗。此外,由于雾无线接入网中支持分布式算法,从而可以轻松管理设备的移动性。隐私问题也可以通过在网络中的雾节点上执行数据计算来解决。

雾无线接入网作为 5G 无线接入网的解决方案。F-RAN 的网络架构示意图如图 6-12 所示。在 F-RAN 中,用户平面和控制平面解耦,控制能力和计算能力下沉,协作无线信号处理和协同无线资源管理功能不仅可以在 BBU 池中执行,也可以在雾终端(fog UE,F-UE)和雾接入点(fog access point,F-AP)中实现。如果用户终端应用只需在本地进行处理或者需求文件已经存储在邻近的 F-AP 中,则不必连接 BBU 池进行数据通信。F-RAN 通过将更多功能在边缘设备实现,克服了 C-RAN 中非理想前传链路受限的影响,从而实现更高的网络性能增益。

目前,雾无线接入网已成为支持地理分布、延迟敏感和服务质量感知的物联网应用的主要网络架构。作为一个高度虚拟化的平台,其在传统云计算的终端用户和数据中心之间提供计算、存储和网络服务。当终端用户执行缓存或计算卸载任务时,首先会向雾节点发送服务请求,若雾节点有能力处理这些计算或者缓存任务,则该任务在本地执行,否则由雾节点将这些任务进一步通过前传链路上传到云端执行。因此,在时延限制、带宽限制、能耗限制及边缘设备的计算和缓存能力限制下,如何为合理分配通信、计算和缓存资源做好任务规划是非常重要的。由此当前针对雾无线接入网络的研究主要体现在资源共享和任务规划上。

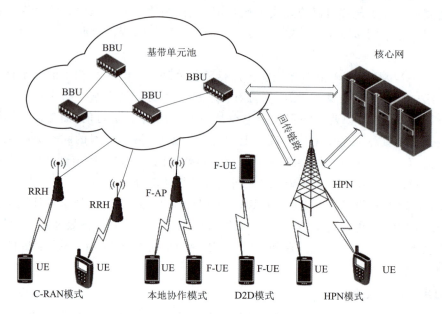

图 6-12　F-RAN 的网络架构示意图

6.4.3　无线接入技术的发展

1. 新型波形技术

在未来的通信系统中,单个波形将包含比在 5G NR 系统中更多的配置参数,因此需要研究不同的波形处理方法和对新参数的优化方法。由于新型波形技术不仅会增加参数配置方法和处理难度,且在单帧中可能有多个波形共存,从而带来干扰问题。在 5G NR 系统中提出不同数术法对波形进行处理,通过对波形参数的优化配置来实现数据传输。6G 系统需要更多不同的数术法来进一步提高参数配置的灵活性。除了已有的窗口法、滤波法等波形处理技术外,面向 5G 演进及 6G 通信系统,采用非正交波形设计方法,以提高系统的频谱效率。

2. 多址接入技术

多址接入技术是移动通信系统的核心技术之一,通过使多个用户接入并共享相同的时频资源来提高频谱效率。当前,非正交多址接入(non-orthogonal multiple access,NOMA)技术被业界看作是后 5G 和 6G 无线通信网络的潜在多址接入技术,该技术是以正交多址接入(orthogonal multiple access,OMA)技术为基础,通过功率复用或者特征码本设计,使多个用户占用相同的时间、空间及频谱等资源,从而显著提升频谱效率。

极化编码是一种可达信道容量的高性能编码,已被看作是未来通信中信道编码的重要候选方案,因此将极化编码技术引入6G无线通信系统,研究面向6G的极化编码NOMA技术也得到了关注。极化编码NOMA技术可以以一种"智简"的方式应对在6G多样化场景下所面对的超高可靠性、超高频谱效率、超大链接的技术挑战,是满足未来6G移动通信需求的重要候选方案。

3. 新型编码技术

信道编码也就是差错控制编码,通过在发送端增加与原数据相关的冗余信息,再在接收端利用此相关性进行检测和纠正传输过程中产生的错误,从而对抗传输过程中的干扰。基于信道编码可以实现无线传输的误比特率。为了满足更高可靠性、更低的时延和更高吞吐量的需求,探索新型的信道编码技术对未来移动通信来说极其重要。目前业界已经对此展开了大量的研究。

当前业界的普遍观点是智能化将贯穿6G网络的每个环节,以实现一个全自动化的网络体系,因此需要基于现有的信道编码理论,综合考虑6G通信场景中更为复杂的信息传输特性,在已有的信道编码方法上,结合相关的AI关键技术,研究新的智能信道编码机制。

4. 无蜂窝大规模MIMO技术

MIMO技术目前已被广泛应用,通过部署多根天线,极大地提升了无线链路传输的有效性和可靠性。但是随着运营商和用户需求的急剧增加,频谱资源显得尤为匮乏。相较于传统多用户多天线技术,大规模MIMO技术主要特征是在基站配置大量数目天线(几十、几百甚至上千)且同时为多个用户服务。理论结果表明,当天线数目增大到无穷时,大规模MIMO具有信道硬化效应,能够大幅度地提升系统的频率效率、能量效率和可靠性,成为未来无线接入的革命性技术之一。

第 7 章 微波与卫星通信

本章导读

微波通信(microwave communication)是使用波长在 0.1 mm～1 m 之间的电磁波——微波进行的通信。该段电磁波所对应的频率范围是 300 MHz～300 GHz。与同轴电缆通信、光纤通信等现代通信网传输方式不同的是,微波通信是直接使用微波作为介质进行的通信,不需要固体介质,当两点间直线距离内无障碍时就可以使用微波传输。利用微波进行通信具有容量大、质量好、传输距离远等特点,因此是国家通信网的一种重要通信手段,也普遍适用于各种专用通信网。

卫星通信是地球上(包括地面和低层大气中)的无线电通信站间利用卫星作为中继而进行的通信。卫星通信系统由卫星和地球站两部分组成。卫星通信系统实际上也是一种微波通信,它以卫星作为中继站转发微波信号,在多个地面站之间通信。卫星通信的主要目的是实现对地面的"无缝隙"覆盖,由于卫星工作于几百、几千甚至上万公里的轨道上,因此覆盖范围远大于一般的移动通信系统。

学习目标

(1) 了解微波的主要特性,熟悉微波中继通信系统、数字微波通信系统。
(2) 掌握微波通信系统的工作过程,了解微波站设备。
(3) 掌握卫星通信系统组成,了解卫星通信网络拓扑结构,熟悉卫星通信中的频率选择。
(4) 掌握卫星通信体制与关键技术,包括卫星通信传输技术、卫星通信多址连接方式、卫星通信信道分配方式。
(5) 了解国际卫星通信系统,熟悉各代"国际通信卫星"特点,了解"铱星"卫星通信系统、"全球星"卫星通信系统。
(6) 熟悉我国卫星通信的发展情况,了解我国通信卫星工程各阶段成就和广阔前景,熟悉我国"东方红"卫星平台的发展历程,学习北斗导航系统及北斗精神。

7.1 微波通信

微波是指频率在 300 MHz~300 GHz 的电磁波,对应波长为 1 mm~1 m,传播速度与光速相同。作为传输介质,微波有着其他传输介质无法比拟的特性。

微波的主要特性有以下几点。

(1) 微波能穿透高空电离层。这一特点为天文观测增加了一个"窗口",使得射电天文学研究成为可能。同时,此特点又可被用来进行卫星通信和宇航通信。也正是因为微波不能为电离层所反射,所以利用微波的地面通信只限于天线的视距范围之内,远距离微波通信需用中继站接力。

(2) 微波的波长短。微波的波长比一般宏观物体(如建筑物、船舰、飞机、导弹等)的尺寸短得多,因此当微波波束照射到这些物体上时将产生显著的反射。一般地说,电磁波的波长越短,其传播特性就走接近于光波。这一特点对于雷达、导航和通信等应用都是很重要的。此外,一般微波电路的尺寸可以和波长相比拟。由于延时效应,电磁波的传播特性将明显地表现出来,使得电磁场的能量分布于整个微波电路之中,形成所谓的"分布参数",这与低频时电场和磁场能量分别集中在各个元件中的所谓"集总参数"有原则上的区别。

(3) 微波的频带较宽,信息容量较大,故需要传送较大信息量的通信都可以用其作为载波。利用微波中继接力可以传送电视信号。

目前利用微波的通信系统主要有微波中继通信系统、微波宽带通信系统、卫星通信系统。本节主要讲微波中继通信系统、微波宽带通信系统。

微波中继通信是利用微波作为载波并采用中继(接力)方式在地面上进行的无线电通信。A、B 两地间的远距离地面微波中继通信系统如图 7-1 所示。

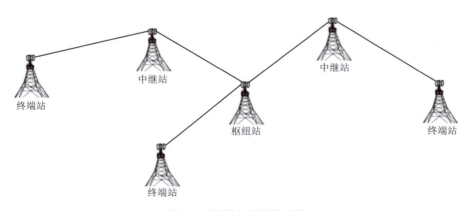

图 7-1 微波中继通信系统

对于地面上的远距离微波通信,采用中继方式的直接原因有两个。首先是因为微波波长短,接近于光波,使直线传播具有视距传播特性,而地球表面是个曲面,因此,若在两地直接通信,当通信距离超过一定数值时,电磁波传播将受到地面的阻挡,为了延长通信距离,需要在通信两地之间设立若干中继站,进行电磁波转接。

其次是因为微波传播有损耗,随着通信距离的增加信号衰减,有必要采用中继方式对信号逐段接收、放大后发送给下一段,延长通信距离。微波中继通信主要用来传送长途电话信号、宽频带信号(如电视信号)、数据信号、移动通信系统基地站与移动业务交换中心之间的信号等,还可用于山区、湖泊、岛屿等特殊地形的通信。

本地多点分配接入系统(LMDS)是一种微波宽带系统,它工作在微波频率的高端(10~40 GHz),使用的带宽可以达到1 GHz以上。LMDS可以在较近的距离(3~10 km)传输,可以实现用户远端到骨干网的宽带无线接入,能够实现从64 kbit/s~2 Mbit/s,甚至高达155 Mbit/s的用户接入速率。LMDS可以实现点到多点双向传输语音、视频和图像信号等多种宽带交互式数据及多媒体业务,也可作为互联网的接入网,支持ATM、TCP/IP和MPEG-2等标准。LMDS组网灵活,可靠性高,在网络投资、建设速度、业务提供上比光纤经济、快速、方便,能为运营商提供有效的网络服务,因此具有"无线光纤"的美称。特别是,随着互联网的快速发展,国内居民对家庭高速上网的需求也日益巨大,这使得LMDS发展日益蓬勃。出于大带宽、高容量的考虑,其使用的传输频率大体为24~38 GHz。如NEC公司的PASOLINK系列的微波通信产品,工作频率覆盖7~38 GHz,在26 GHz的工作频率上,采用QPSK调制方式,发射功率为20 dBm;P-COM公司的Tel-Link PMP系列的微波通信产品,工作频率覆盖10~38 GHz,在26 GHz的工作频率上,采用QPSK调制方式时发射功率为22 dBm,采用16 QAM时发射功率为20 dBm,采用64 QMA时发射功率为18 dBm。

数字微波通信系统的组成可以是一条主干线,中间有若干支线,其主干线可以长达几百千米甚至几千千米,除了在线路末端设置微波终端站外,还在线路中间每隔一定距离设置若干微波中继站和微波分路站,如图7-2所示。

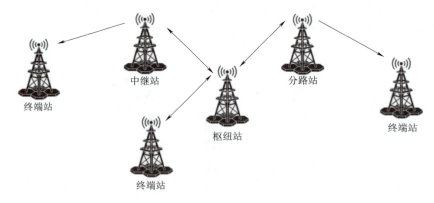

图7-2 数字微波通信系统

1. 微波通信系统的基本设备

广义地说,数字微波通信系统设备由用户终端、交换机、终端复用设备、微波站等组成。狭义地说,数字微波通信系统设备仅指微波站设备。

用户终端是逻辑上最靠近用户的输入/输出设备,如电话机、传真机等。用户终端主要通过交换机集中在微波终端站或微波分路站。交换机的作用是实现本地用户终端之间的业务互通,如实现本地语音,又可通过微波中继通信线路实现本地用户终端与远地(对端交换机所辖范围)用户终端之间的业务互通。交换机配置在微波终端站或微波分路站。终端复用设备的基本功能是将交换机送来的多路信号或群路信号适当变换,送到微波终端站或微波分路站的发信机;或者相反,将微波终端站或微波分路站的收信机送来的多路信号或群路信号适当变换后送到交换机。在民用数字微波通信中,数字微波通信系统的终端复用设备是脉冲编码调制时分复用设备。

微波站的基本功能是传输来自终端复用设备的群路信号。微波站分为终端站、分路站、枢纽站和中继站。处于主干线两端或支线路终点的微波站称为终端站,在此站可上、下全部支路信号。处于微波线路中间,除了可以在本站上、下某收、发信号波道的部分支路信号外,还可以沟通支线上两个方向之间通信的微波站称为分路站。配有交叉连接设备,除了可以在本站上、下某收、发信号波道的部分支路信号外,可以沟通干线上数个方向之间通信的微波站称为枢纽站。处于微波线路中间,不需要上、下话路的微波站称为中继站,只对信号进行解调、判决、再生至下一方向发信机。

2. 微波通信系统的简单工作过程

微波通信系统传输长途电话的简单工作过程是:甲地发端用户的电话信号,首先由用户所属的市话局送到该端的微波站(或长途电信局)。时分多路复用设备将多个用户电话信号组成基带信号,基带数字信号在调制/解调设备中对 70 MHz 的中频信号进行调制。调制器输出 70 MHz 中频已调波送到微波发信机,经发信混频得到微波射频已调波,这时已将发端用户的数字电话信号载到微波频率上。经发端的天线馈线系统,可将微波射频已调波发射出去,若甲、乙两地相距较远,需经若干个中继站对发端信号进行多次转发。信号到达收端后,经收端的天线馈线系统馈送到收信机,经过收信混频后,将微波射频已调波变成 70 MHz 中频已调波,再送到调制/解调设备进行解调,即可解调出多个用户的数字电话信号(即基带信号)。再经收端的时分多路复用设备进行分路,将用户电话信号送到市话局,最后到收端的用户终端(电话机),送给乙地用户。

3. 微波站设备

数字微波站的主要设备包括微波发信设备、微波收信设备、微波天线设备、电源设备、监测控制设备等。这里介绍数字微波收发信设备的组成、主要性能指标和中继设备及中继站的转接方式。

1)发信设备

在中频调制方式发信设备中,数字微波发信机将中频调制器送来的中频(70 MHz)数字调相信号经延时均衡和中频放大后送到发信混频器,与发信本振混频,经过边带滤波器取出所需微波信号,经微波功率放大器放大到所需功率,再通过分路滤波器送至天线发射。为保证末级功率放大器不超出自线工作范围,以免产生过大的非线性失真,需采用自动电平控制电路把输出功率维持在合适的电平上。在发信设备中,信号的调制方式可分为中频调制和微波直接调制。目前的微波中继系统中大多数采用中频调制方式,勤务信号经常采用微波调制方式。

2) 收信设备

微波收信设备包括射频系统、中频系统和群频系统(数字解调器等)三部分。收信机将分路滤波器选出的射频信号进入具有自动增益控制(AGC)的低噪声微波放大器放大后,送到收信混频器,混频器将射频信号变成中频信号,经前置中放、中频滤波、延时均衡和主中放得到中频调相信号,再送往解调器。延时均衡器将发信机、收信机、馈线和分路系统产生的群延时失真进行均衡。中频放大器中放有自动增益控制(AGC)电路,自动增益控制电路是微波中继收信机不可缺少的一部分,如果没有这部分电路,当发生传输衰落时,解调器就无法工作。以正常传输电平为基准,低于这个电平的传输状态称为下衰落,高于这个电平的传输状态称为上衰落。假定数字微波通信的上衰落为 5 dB,下衰落为 -40 dB,其动态范围为 45 dB。当收信电平变化时,若仍要求收信机的额定输出电平不变,就应在收信机的中频放大器内设有自动增益控制(AGC)电路,使之当收信电平下降时,中放增益随之增大;收信电平增大时,中放增益随之减小。

3) 中继设备

目前我国投入使用的中、小容量数字微波中继设备以三次群设备(34 Mbit/s,480 路)为主,大容量设备以四次群设备(140 Mbit/s,1 920 路)为主。

微波中继通信系统中间站的转接方式一般是按照收发信机转接信号时的接口频带划分的,分为三种方式:基带转接方式、中频转接方式和微波转接方式。

7.2 卫星通信系统介绍

当今社会,信息技术发展迅速,在通信领域中,各种新业务、新网络和新终端不断出现,为人与人、人与机器及机器与机器之间的通信提供了更加广泛的选择。单纯依靠有线通信网络和地面蜂窝通信系统已不能满足人们日益增长的通信需求,这为发展卫星通信提供了契机。卫星通信可为航空、海事和地面用户提供服务,把通信的覆盖范围扩展到空间、海域和地面边远地区,具有全球覆盖的独特优势。卫星通信具有的覆盖范围广、支持业务类型多和便于实现机动通信等优点,使之更加适用于军事通信,对国家安全具有重要意义。

卫星通信是指设置在地球上的无线电通信站之间利用人造地球卫星作为中继站的两个或多个站之间的通信。无线通信站包括地面、空中、水面和水下的各种站型,统称为地球站,地球站可能处于固定、机动和移动各种状态。卫星通信示意图如图7-3所示。

卫星通信是航天技术和现代通信技术相结合的重要成果,不仅在广播电视、移动通信及宽带互联网等民用领域应用广泛,而且是当今信息化战争中必不可少的军事通信方式之一。

卫星通信与地面微波中继通信的共同点是两者都是视距传播,实现的都是视距通信。卫星通信与地面微波中继通信的主要差别包括两个方面:一是通信卫星距离地面远,通信覆盖范围大,应用灵活;二是相比于地面微波中继通信,卫星通信的信号更微弱。

卫星通信可以及时、准确、有效地传输信息,与地面光纤通信及其他无线通信方式相比,具有如下优点:

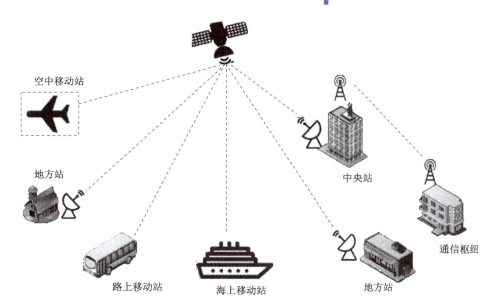

图 7-3　卫星通信示意图

（1）覆盖范围广。卫星通信的轨道高度虽然不同，但都具有较大的覆盖范围，在不需要地面设施的条件下能覆盖其他地面通信手段难以覆盖到的区域，如广阔的海洋、沙漠，因此，适合偏远地区和全球通信。

（2）信道条件比较好。卫星通信受环境和自然因素影响较小，信道条件比较好，不像短波通信那样容易受电离层的影响，可以获得比较稳定的通信质量。

（3）通信容量大。卫星通信的可用带宽比较宽，适合话音、数据、视频和图像等各种业务的综合传输。

（4）卫星通信具有广播能力。由于通信卫星距离地面高，单颗卫星的覆盖范围大，其覆盖范围内的各种终端均可通过该卫星实现通信，这一优点在军事通信中非常有吸引力，利用单颗卫星就可实现大范围内各类终端的灵活通信。

（5）支持移动通信。卫星通信是无线电通信，相对于地面有线通信，可实现对大地域范围内移动用户的支持能力，特别适合个人与各类移动武器平台的移动中通信。

由于卫星通信具有其他方式所不可替代的优点，因此卫星通信始终受到各军事强国的高度重视，军事卫星通信已成为实现信息作战的重要手段，是数字化战场信息传输系统的重要组成部分。卫星通信的重要作用在几次局部战争中得到证明，美军在伊拉克战争中，整个战场90%以上的通信任务都是由卫星通信完成的。

相比于其他通信方式，卫星通信存在如下缺点。

（1）卫星通信需要先进的空间和电子技术，用来保证通信卫星的发射和卫星在太空的运行。

（2）通信卫星需要测控，保证通信卫星在空间的姿态满足天线和太阳能电池板的方向要求，并确保卫星不偏离在轨道上的位置。

（3）卫星通信的轨道通常距离地面比较高，信号需要较大的传播时延，相比于高轨道卫星，中低轨道卫星的传播延时要小很多。

(4)卫星通信通常采用较高的频段,雨雪天气会对信号造成较大的衰减。

(5)对于高轨道卫星,由于卫星距离地面较高,信号传输距离长,传输损耗比较大,因此接收信号微弱。

7.2.1 卫星通信系统组成

相对于短波/超短波无线通信系统,卫星通信系统要复杂得多。实现卫星通信,首先需要发射人造地球卫星,还应配备保证卫星正常运行的地面测控设备;同时,还需要发射与接收无线电信号的各种通信地球站。

卫星通信系统由空间分系统(通信卫星)、跟踪遥测及指令分系统、监控管理分系统和通信地球站分系统四部分组成(见图7-4),其中有的部分直接用来进行通信,有的部分用来保障通信的顺利进行。

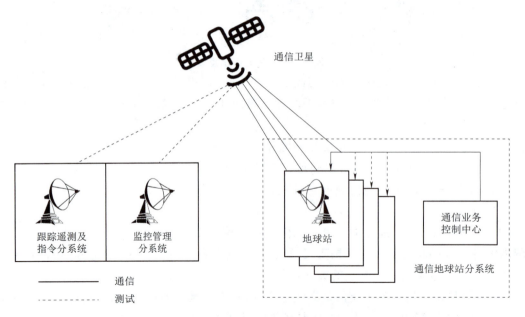

图 7-4 卫星通信系统的基本组成

(1)空间分系统:通信卫星内的主体是通信装置,其保障部分则是星体上的遥测指令、控制系统和能源装置等。通信卫星主要是起中继站的作用,它是靠星上通信装置中的转发器和天线来完成的。一个卫星的通信装置可以包括一个或多个转发器,每个转发器能同时接收和转发多个地球站的信号。

(2)跟踪遥测及指令分系统:其任务是对卫星进行跟踪测量;控制其准确进入轨道上的指定位置,待卫星正常运行后,要定期对卫星进行轨道修正和位置保持。

(3)监控管理分系统:其任务是对卫星在业务开通前后进行通信卫星和整个网络的性能监测和控制。

(4)通信地球站分系统:它们是装载在不同平台上的无线电收、发信机,用户通过它们接入卫星线路,进行通信。根据装载的平台不同,包括固定站、车载站、机载站、舰载站等。

装载在卫星上的设备根据功能可划分为有效载荷和公共舱。有效载荷是指卫星上用于提供通信业务的设备。公共舱不仅包括承载有效载荷的舱体，而且包括为有效载荷提供服务的电源、姿态控制、轨道控制、热控及指令和遥测功能等各种子系统。典型的通信卫星由五部分组成，即天线分系统，通信分系统，控制分系统，跟踪、遥测、指令分系统和电源分系统。

卫星地球站可分为固定站、机动站、移动站、背负站、便携站和手持站等。典型的固定地球站由接口设备、信道终端设备、发送接收设备、天线及馈线设备、伺服跟踪设备和电源设备组成。便携站和手持站等小型站不需要伺服跟踪设备。

(1) 接口设备：处理来自用户的信息，送往卫星信道设备；同时将来自信道终端设备的接收信息进行反变换，送给用户。

(2) 信道终端设备：处理来自接口设备的用户信息，使其适合在卫星线路上传输；同时将来自卫星线路上的信息进行反变换，送给接口设备。

(3) 发送接收设备：发送端将中频信号变为射频信号，并进行功率放大，必要时进行合路；接收端对来自天线的信号进行放大，并将射频信号转换为中频信号，必要时进行分路。

(4) 天线及馈线设备：将来自功率放大器的射频信号变成定向辐射的电磁波；同时收集卫星发来的电磁波，送至放大器。

(5) 伺服跟踪设备：即使是静止卫星，也不是绝对静止，而是在一个几立方千米的区域中随机飘移。对于方向性较强的天线，必须随时校正自己的方位角与仰角来对准卫星。

(6) 电源设备：卫星通信地球站的电源要求较高的可靠性，特别是大型站，一般有几组电源，除市电外，还应有柴油发电机和蓄电池。

进入 21 世纪以来，世界各国竞相发展一种小型卫星地球站，这种地球站的天线口径很小，具有结构紧凑、固体化、智能化、价格便宜、安装方便、对使用环境要求不高、组网灵活等特点。

我国通信卫星包括有效载荷和卫星平台两部分。其中有效载荷用于完成通信任务，一般由转发器分系统和天线分系统组成；对于跟踪与数据中继卫星，有效载荷还包括捕获跟踪分系统。卫星平台为有效载荷正常工作提供各方面的支持和保障，由结构分系统、热控分系统、姿态与轨道控制分系统、推进分系统、供配电分系统、测控分系统及数据管理等分系统组成。

(1) 转发器分系统：主要任务是将接收的上行信号经过放大和变频等处理，通过天线分系统向地面转发。根据工作方式的不同，转发器可以分为透明转发和处理转发两大类。透明转发是指转发器接收到地球站发来的信号，只进行低噪声放大、变频、功率放大，而不对信号做任何加工处理，仅单纯完成转发任务，对工作频带内的任何信号都是"透明"的通路。处理转发是指转发器对接收到的信号除进行转发外，还具有信号处理功能，可将收到的上行频率信号经解调得到所需的基带信号，进行再生、交换编码识别、帧结构重新排列等处理后，再调制到下行频率上发向地球站。

(2) 天线分系统：用于覆盖区接收上行信号，向服务区发送下行信号，主要完成空间电磁波和导行电磁波之间的转换。

(3) 捕获跟踪分系统：用于完成星间链路天线的指向控制，实现星间链路天线对用户星的捕获跟踪，以建立地面站与用户之间的通信链路。

(4)结构分系统:用于支撑、固定仪器设备,传递和承受载荷,并能在地面操作、发射和保持卫星系统在轨运行期间的完整。

(5)热控分系统:用于控制卫星内外的热交换过程,使其平衡温度处于所要求的范围内,为整星的各类仪器设备正常工作提供合适的温度环境,使卫星在极端的宇宙环境中能够存活下来。

(6)姿态与轨道控制分系统:用于控制卫星的轨道和姿态。其中,轨道控制又可以分为轨道机动和轨道保持两种功能,姿态控制则是用于完成卫星姿态测量并保持卫星在空间定向的过程。

(7)推进分系统:用于提供卫星轨道变换和保持、卫星指向变换和保持所需的力和力矩。

(8)供配电分系统:用于产生、存储、变换、调节和分配电能,为包括有效载荷在内的整颗卫星提供能源。

(9)测控分系统:包括遥测、遥控和测距三大部分,主要完成卫星内部各分系统和设备工作状态的采集,发送给地面站,实现地面对卫星工作的监视;接收地面遥控指令,传送给星上有关仪器设备,实现地面对卫星的控制;协同地面测控站,测定卫星运行的轨道参数。

(10)数据管理分系统:用于存储各种程序,采集、处理数据及协调管理卫星各分系统工作。

7.2.2 卫星通信网络拓扑结构

常用的卫星通信网络拓扑结构有星状网结构、网状网结构和混合网结构。

1. 星状结构

星状网结构如图 7-5 所示。在此结构中,一个中心站(也称为主站或关口站)对应若干小站(远端站),小站只能与中心站通信,小站之间的通信要通过中心站转接,经过双跳形式才能通信,故传播时延较大。

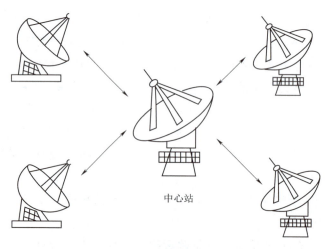

图 7-5 星状网结构

星状网主要有以下三种形式。

(1)星状单向广播网:中心站和小站之间是单向通信,中心站发送,小站接收。卫星电视广播系统就是一个典型的星状单向广播网。该网络结构充分利用了卫星通信的广播优势。在军事上主要用于战场态势信息的广播与分发。主站将侦察信息、情报信息、气象信息及其他战场态势等各种信息通过卫星不断向战场广播,大大提高作战方的态势感知能力,使前方的指战员能够得到战场的全景图像。

(2)星状信息采集网:中心站和小站之间是单向通信,小站发送,中心站接收。气象信息收集网就是典型的星状信息采集网。该网络结构充分利用了卫星通信的覆盖优势,可以将分布范围广的众多采集点的信息汇集到主站。在军事上,该网络结构主要用于气象信息的采集、位置信息回传,情报信息的回传。

(3)双向星状网:中心站和小站之间通过卫星双向通信,小站可以接收来自主站的信息,同时也可以发送信息到主站。各小站之间不能直接通信,一定要经过主站转接。商用的许多小型地球站(VSAT)通信系统、卫星数字广播系统(DVB-RCS)就是典型的双向星状网结构。双向星状网结构在军事上主要用于战术通信系统中,通过该结构可实现小口径战术终端之间的通信;但该结构增加小站之间的通信时延,特别是对时延敏感的话音业务。

2. 网状网结构

网状网结构如图 7-6 所示。此结构中,各站均可进行双向通信,它是目前军事卫星通信系统中最常见的组网应用方式。

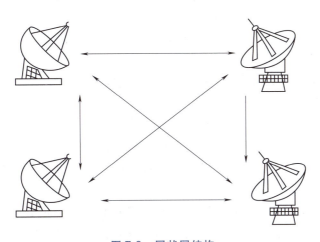

图 7-6　网状网结构

网状网结构通常有预分配和按需分配两种形式。在网状网结构中,通常有一个承担网络控制管理任务的主站(称为中心站),它负责完成全网地球站的监控和管理;对于按需分配建立的网状网结构,中心站还承担了根据各站业务的需要为地球站分配信道的任务。从业务信息的流向来看,网络是网状网,但管理信息又是以中心站为核心的星状网。采用网状网结构的好处是传播时延较小、抗毁性好。

3. 混合网结构

混合网结构如图 7-7 所示。其是星状网结构与网状网结构的结合。在一个较大的系统中,根据各站型的业务关系既存在星状网结构也存在网状网结构。在实际系统中,星状网结构主要应用于数据通信,网状网结构主要应用于话音通信和综合业务。

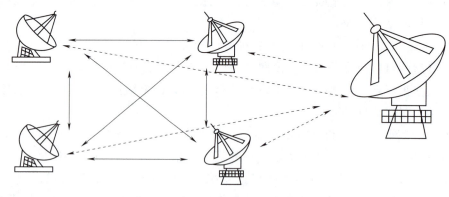

图 7-7 混合网结构

7.2.3 卫星通信中的频率选择

在卫星通信中,工作频段的选择是一个十分重要的问题,它不仅直接影响整个系统的通信容量、质量、可靠性、设备的复杂程度和成本的高低,而且将影响与其他系统的协调。一般来说,卫星通信频段的选择着重考虑下列因素。

(1)电波应能穿过电离层,传播损耗和外部附加噪声尽可能小。

(2)应具有较宽的可用频带,尽可能增大通信容量。

(3)合理地使用无线电频谱,防止各种通信业务之间产生干扰。

(4)通信技术与器件的进展情况。

由于卫星通信系统中的核心——卫星,处在外层空间中,因此信号在传播过程中必然遭受大气层传播损耗,如电离层中自由电子和离子的吸收,对流层中氧分子、水蒸气分子和云、雾、雨、雪等的吸收和散射,从而形成损耗。其除与天线仰角、气候有关外,还与电波频率有很大关系。

当频率低于 0.1 GHz 时,电离层中的自由电子或离子的吸收在大气损耗中起主要作用,频率越低损耗越严重;当频率高于 0.3 GHz 时,其影响小到可以忽略。

在 15~35 GHz 频段,水蒸气分子的吸收在大气损耗中占主要地位,并在 22.2 GHz 处发生谐振吸收而出现一个峰值。

在 15 GHz 以下和 35~80 GHz 频段主要是氧分子吸收,并且在 60 GHz 附近发生谐振吸收而出现一个较大的峰值。

雨、雾、云、雪等各种坏天气对电波的影响也比较严重,这种影响与频率基本上是呈正相关的,即频率越高,损耗越大。当工作频率大于 30 GHz 时,即使小雨造成的损耗也不能忽视。当频率低于 10 GHz 时,应考虑中雨以上的影响。

综合各种因素,在0.3～10 GHz频段,大气损耗最小,比较适合于电波穿过大气层传播,并且大体上可以把电波看作是自由空间传播。在30 GHz附近有一个损耗谷,损耗也相对较小,通常把此频段称为"半透明无线电频率窗口"。卫星通信中的常用频段见表7-1。

表7-1 卫星通信中的常用频段

名　称	频率范围/GHz
UHF 频段	0.3～1
L 频段	1～2
S 频段	2～4
C 频段	4～8
X 频段	8～12
Ku 频段	12～18
Ka 频段	27～40

L/S 频段特点如下:
(1) 不受天气影响。
(2) 用于低速通信(速率为若干千比特每秒)。
(3) 天线的方向性不强。
(4) 通常用于卫星移动通信及卫星导航系统。

C 频段的特点如下:
(1) 雨衰较小。
(2) 卫星间隔至少为2°,轨道上卫星比较拥挤。
(3) 与地面微波中继通信可能存在互相干扰。
(4) 一般用于民用固定通信业务。

Ku/Ka 频段的特点如下:
(1) 较大的雨衰。
(2) 天线波束宽度窄,卫星间隔小,有利于实现点波束通信。
(3) 天线增益高,有利于地球站的小型化。

对于不同的频段,随着频率越高,雨衰越大,天线的波束宽度越小,方向性越强。频段越高,可用的带宽越宽,系统容量越大,因此使用更高的频段是卫星通信的发展方向。

7.3 卫星通信体制与关键技术

7.3.1 卫星通信体制

通信系统的基本任务是传输和交换含有用户信息的信号。通信体制是指通信系统采用的信号传输、交换方式,也就是根据信道条件及通信要求,在系统中采用何种信号形式(包括时间波形与频谱结构)及怎样进行传输(包括各种处理和变换)、用什么方式进行交换等。

通信体制直接影响着通信系统及其通信线路的组成和性能。一种通信系统具体采用什么样的通信体制,其传输方式与信道特点都是非常重要的影响因素。

卫星通信是用卫星作为中继站的中继通信,可以实现大面积覆盖,以广播方式工作,便于实现多个地球站同时通信,其传输方式决定了其信道特点。

卫星通信信道具有以下特点:

(1)采用方向性天线,通常具有直射波,信道条件好,对于同步静止轨道卫星通信,可以看作是白噪声信道;对于中低轨道的星座卫星通信系统,由于存在多径与遮挡等影响,其信道条件比较复杂。

(2)对于高轨道卫星通信系统,由于电磁波传输距离远,传输损耗大,因此,接收信号微弱,需要解决低信噪比条件下的解调问题;在低轨卫星通信系统中,传输损耗要小很多。

(3)对于高轨道卫星通信系统,由于传输损耗大,卫星的功率资源更加稀缺,卫星转发器中的高功率放大器通常工作在非线性状态,在设计传输体制时,要考虑其非线性的影响;但对于低轨卫星通信系统,功率资源相对充足。

(4)对于高频段的卫星通信,雨、雪天气的影响比较大,会造成较大的衰减。

(5)由于多普勒效应,对于同步静止轨道卫星,通信卫星存在漂移,会产生多普勒频移;由于中低轨卫星运动速度很大,中低轨道卫星通信中存在更大的频移;当地球站为移动平台时,同样会造成频移。

卫星通信的信道特点决定了其对通信体制的要求,卫星通信体制必须解决卫星信道特点带来的问题,包括功率受限、高功率放大器非线性影响、雨衰等。

按照通信体制的定义,卫星通信体制是指卫星通信系统所采用的信号传输方式和信号交换方式,其基本内容主要包括基带信号形式、中频调制制度、多址连接方式、信道分配与交换制度、抗干扰技术等方面。

基带信号形式包括基带信号性质、信源编码方式、多路复用方式、信道编译码方式、加密、成形滤波的形式等方面。其中,基带信号性质可分为模拟信号与数字信号,目前在数字通信中基带信号通常为数字信号;信源编码方式通常包括基本的 PCM 方式及节省信号带宽的参数编码、预测编码等;多路复用方式可分为时分复用与频分复用;编译码方式很多,常用的包括分组码、卷积码、级联码与 Turbo 码、LDPC 码等新型的高效编码方式。

中频调制制度主要是指采用的调制解调方式,具体的调制解调方式按照不同的划分方式,可分为模拟调制与数字调制、非恒包络与恒包络调制、功率有效调制方式与带宽有效调制方式等,在具体的卫星通信系统中,需要根据具体要求进行设计。

对于军事卫星通信,需要考虑抗干扰体制及其信号处理技术。

卫星多址连接是指在同一颗卫星天线波束覆盖范围内的任何地球站通过卫星进行双边或多边的通信连接,主要有 FDMA、TDMA、CDMA、SDMA 及混合多址方式。

信道分配与交换制度主要解决信道资源分配问题,分配方式包括预分配、按申请分配、随机分配等。

另外,卫星通信体制还包括交换方式、转发器处理方式等。

7.3.2 卫星通信传输技术

卫星通信中的传输技术主要包括调制解调技术与差错控制技术，相对于其他通信系统，卫星通信中的传输技术需要适合卫星信道特点与传输方式。

调制是在发端把要传输的模拟信号或数字信号变换成适合信道传输的信号的过程，调制后的信号称为已调信号；解调是在接收端将收到的已调信号还原成要传输的原始信号的过程。

按照调制器输入信号（该信号称为调制信号）形式，调制可分为模拟调制和数字调制。模拟调制是利用输入的模拟信号直接控制改变载波的振幅、频率或相位，从而得到调幅（AM）、调频（FM）或调相（PM）信号。数字调制是利用数字信号来控制改变载波的振幅、频率或相位，从而有幅移键控（ASK）、频移键控（FSK）、相移键控（PSK）。

调制解调方式可以分为功率有效的调制方式和频带有效的调制方式两大类。通俗来说，在传输相同信息比特速率情况下，如果采用的某一种调制方式所占用带宽越窄，则认为其频带效率越高；为获得相同传输误码率情况下，如果采用的某一种调制方式所需要的接收信噪比越低，则认为其功率效率越高。

卫星通信中的调制技术主要考虑三个方面的特性：一是功率有效性，适用功率受限的系统；二是频带有效性，适用频带受限的系统；三是具有抗非线性能力，通常采用在非线性条件下性能比较好的恒包络调制方式。卫星通信系统通常是功率受限系统，此时卫星转发器中的高功率放大器有效载荷的信道条件常具有非线性特性；另外，根据具体应用场景，在某些情况下卫星通信系统是带宽受限系统。因此，在卫星通信的调制解调方式中，通常要考虑功率效率、带宽效率与抗非线性的要求。

由于卫星通信信道上存在各种干扰的影响，使得在接收数据中不可避免地会产生差错，当信道的差错率超过用户对信息要求的准确度时，就必须采取适当的措施来减少这种差错。在某些情况下，通过增大系统功率，选择抗干扰、抗衰落性能好的调制解调方式，采用信道均衡、分集接收技术等就可能使信息达到要求的准确度。在大部分情况下，采用差错控制技术减少这种差错。

差错控制技术的基本原理是，在发送端待传输的信息序列上附加一些额外的监督码元，这些额外的码元与信息码元之间以某种确定的规则相互关联（约束）。在接收端按照既定的规则检验信息码元与监督码元之间的关系，一旦传输过程中发生差错，信息码元与监督码元之间的关系就将受到破坏，从而可发现错误，乃至纠正错误。差错控制编码的检错和纠错能力是以增加所传信息的冗余度来换取的，以降低传输的有效性来换取传输可靠性提高。

按具体实现方法的不同，差错控制可以分为前向纠错法、自动请求重发法和混合法。

前向纠错法是在发送端发送能够纠正错误的编码，接收端收到后根据编码规则进行译码。通过译码发现并纠正传输过程中的错误，译码器可以纠正传输中带来的大部分差错而使接收端得到比较正确的序列。其优点是不需要反馈信道，适合于只能提供单向信道的场合；另外，不要求检错重发，因此延时小，实时性好，可用于对实时传输要求高的信号传输系统。其缺点是编译码设备较复杂。

自动请求重发法是在发送端发送能够发现错误但不能确定错码位置的编码,接收端如果检测到有错,则通过反馈信道通知发送端重发。重发的次数可能是一次,也可能是多次,直到接收端认为传输无错为止,如图 7-8 所示。其优点是工作原理简单、易于实现;缺点是有延时、需要反馈信道。其主要用于对实时传输要求不高的数据传输系统。

图 7-8　自动请求重发法

混合法是前向纠错法和自动请求重发法的结合,发送端发送既能纠错又能检错的码,接收端经纠错译码后如果检测无错码,则不再要求发送端重发;如果接收端经纠错译码后仍检测出有误码,则通过反馈信道要求发送端重发,如图 7-9 所示。

图 7-9　混合方法

目前,卫星通信系统中常用的前向纠错编码有卷积码、RS 码、级联码等及在卫星通信系统中获得越来越广泛应用的 Turbo 码和低密度校验码(LDPC)等香农极限码,常用的检错码主要为循环冗余校验码(CRC)。

通过编码获得信噪比上的好处常用编码增益来表示,编码增益用来衡量编码的纠错能力,定义为在给定编码和调制方式的情况下,为获得相同的误比特率,未使用编码时所需的信噪比与采用编码后所需的信噪比的分贝差值。假设对信息进行 BPSK 调制,为得到 10^{-6} 的误码率,未编码时所需信噪比不小于 10.6 dB,而当采用卷积码后,所需信噪比只要求不小于 6.6 dB,则采用卷积码带来的编码增益为 4 dB,意味着可大幅度降低终端发送功率。从另外一个角度来看,如果系统的容量主要受限于星上功率,则意味着采用该编码后,可以提高系统容量。目前广泛应用的 Turbo 码和 LDPC 码在误码率为 10^{-6} 时,编码增益则更高,从而大大提高系统容量,降低终端的发送功率。

Turbo 码的出现及其唤起的低密度校验码(LDPC 码)的研究热潮,加速了信道编码理论发展,使可实现的传输性能直逼香农极限码,标志着信道编码理论进入一个崭新阶段。1993 年,Turbo 码的出现标志着信道编码理论进入一个崭新的时代,被视为信道编码理论研究的重要里程碑。Berrou 等在 1993 年瑞士日内瓦召开的 ICC'93 会议上提出了 Turbo 码。他们将卷积码和随机交织器相结合,同时采用软输出迭代 MAP 算法,得到了惊人的效果。在 AWGN 信道条件下,在误码率 $P_e = 10^{-5}$ 时,信噪比 E_b/N_0 仅需 0.7 dB,性能优异。

随着 Turbo 码的出现,具有相似特征的 LDPC 码再度引起了人们的注意,LDPC 码最早由 Gallager 于 20 世纪 60 年代提出,Gallager 证明了 LDPC 码是一种性能非常好的码,并发明了一种基于硬判决的迭代译码算法,但当时的 LDPC 码的校验矩阵为规则矩阵,其性能相对卷积码而言并不具有太大的优势,这使得 LDPC 码在此后的 30 多年一直默默无闻。1995 年,MacKay 等将它重新发掘出来,对其编译码算法进行改进,使得 LDPC 码可以获得与 Turbo 码相近或更优异的性能。

LDPC 码具有许多比 Turbo 码更优良的特性。

(1) 纠错性能优于 Turbo 码,具有较高的灵活性和较低的误码平层。

(2) 由于 LDPC 码校验矩阵的稀疏性,其译码复杂度随码长的增加线性增长,译码复杂度低。

(3) LDPC 码的软判决迭代译码可以完全并行进行,与软判决 Turbo 迭代译码相比,具有更快的速度。

(4) 译码失败的码字可以通过校验矩阵得到检测,利用这个特点还可与 ARO 协议等手段相结合,实现更可靠的通信传输。

(5) 由于校验矩阵的稀疏特性,在长编码分组时,相距很远的信息比特参与统一校验,这使得连续的突发差错对译码的影响不大,编码本身就具有抗突发差错的特性。

由于 LDPC 码的优势,目前 LDPC 码已得到广泛应用。DVB-S2 标准采用了 LDPC 码和 BCH 码相级联作为前向纠错码,使其传输性能接近于香农极限码,同时在地面移动通信系统 5G 标准中作为信道编码方式。

7.3.3 卫星通信多址连接方式

卫星通信的一个基本特点是处在一颗通信卫星波束覆盖区内的所有地球站都能从该波束接收信号,也都能向该波束发射信号,即具有多址访问能力。具有灵活的多址访问能力是卫星通信的一个优点。但要实现多个地球站同时通信,必须使不同地球站的发射信号不会在卫星上重叠,同时,又能从卫星转发下来的所有信号中识别出发给本站的信号。因此,多址连接需要解决以下问题。

(1) 解决多站信号的共存和识别问题,允许多站信号同时共享有限的卫星资源。

(2) 不同地球站发送的信号有差别。

(3) 要求转发器中混合的来自不同地球站的信号间相互影响尽量小。

(4) 接收站能识别出发给本站的信号。

解决以上问题,需要进行合理的信号设计,其对信号的基本要求是信号之间具有可分割性与可识别性,不同地球站发送的信号具有正交性。可以实现信号正交性的特征包括射频频率、出现的时间、所处的空间和信号波形。

无线电信号可以从频率、时间、波形及所处的空间来加以区分,因而就构成频分多址、时分多址、码分多址及空分多址四种基本的多址连接技术。

1. 频分多址的原理和特点

频分多址(FDMA)是把卫星转发器的频带分成各自互不重叠的若干子带,不同子带分配给不同地球站使用,这些子带称为信道。所有地球站的发射信号在频率上互不重叠,接收站根据频率来接收发给自己的信号。卫星通信频分多址如图 7-10 所示。

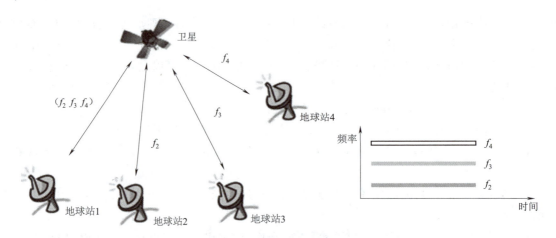

图 7-10　卫星通信频分多址

FDMA 体制应用最多的方式是单路单载波(SCPC)和多路单载波(MCPC),SCPC 系统中每一个载波传送一路话音和数据业务,在军事上,SCPC 方式同按需分配方式相结合主要应用于战术通信系统中;MCPC 采用多路复用技术,在一个载波上传送多路话音或数据业务,在军事上,MCPC 方式常用于支持群路业务,完成战场节点之间的固定连接。

FDMA 的特点是信号在频率域正交,不同地球站分配不同的频段,如果一个地球站要接收另外一个站的信号,它必须在其发送信号的频段接收。由于多个不同地球站分别发送不同频段的信号,就有多个载波同时通过卫星转发器,这种工作方式称为多载波方式。接收端所用的信号识别方法,就是频带选择,通过控制本地振荡器频率,把不同频带的信号下变频到同一个中频频率,然后通过一个固定的滤波器进行滤波。

FDMA 的优点如下：

(1)不需要全网同步,实现简单。

(2)传输速率与信息速率相适应,适合低速率小站接入卫星通信系统。

(3)只要满足带宽要求,对每个载波所采用的信号传输体制没有限制。

FDMA 的缺点如下：

(1)存在互调噪声,不能充分利用卫星转发器的功率和频带。

(2)为了避免不同信道间的干扰,需要设置足够宽的保护带,造成频带利用率下降。

(3)由于存在多个载波,需要对每个载波的上行链路功率进行精确控制,实现复杂。

(4)由于存在互调的影响,系统有效容量随载波数增多而急剧降低。

(5)每个信道带宽固定,业务调整不灵活。

2.时分多址的原理和特点

时分多址(TDMA)方式依据的是按时间分割的原理,不同地球站在相同载波的不同时间段发送数据,因此,分配给各地球站的不再是 FDMA 方式的某个频段,而是一个特定的时间间隔(称为时隙)。各地球站在统一的时间基准和定时同步控制下,只能在指定的时隙内向卫星发射信号,这样不同地球站的发送时间互不重叠,卫星转发器将各地球站发来的信号转发出去。TDMA 的特点是信号在时域正交、转发器单载波工作,其识别方法是时间阈选择。卫星通信时分多址如图 7-11 所示。

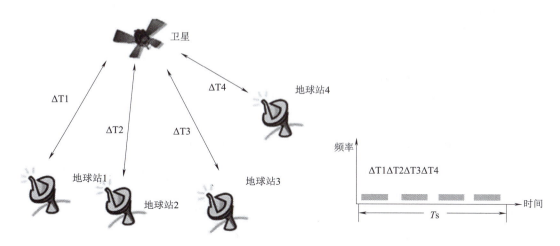

图 7-11　卫星通信时分多址

TDMA 方式信号是突发式发射和接收,需要将用户数据在规定时隙内发射或接收。但通信过程中用户数据是连续的,而信号发射是不连续的,因此,必须通过存储设备进行缓冲,通过缓冲实现连续到突发和突发到连续的变换。TDMA 中的数据发送和接收原理如图 7-12 所示。

图 7-12　TDMA 中的数据发送和接收原理

TDMA 的优点如下：
(1) 无互调问题,能充分利用卫星的功率和频带,站多时通信容量仍较大。
(2) 由于载波数较少,对单个载波的误差要求不像 FDMA 严格,功率控制精度要求不高。
(3) 由于是数字控制方式,业务分配灵活,并且由于突发速率一样,大小站易于兼容。

TDMA 的缺点如下：
(1) 为了避免不同地球站发送信号相互干扰,需要精确的全网同步。
(2) TDMA 接收机工作在突发模式,技术复杂度高,实现困难。
(3) 由于其传输速率比信息速率高得多,低速用户也需要和高速用户相同的 EIRP。

3. 码分多址的原理和特点

码分多址(CDMA)是按照所用的码序列不同来区分不同地球站的信号,码序列称为地址码。每个站配有不同的地址码,发送信号需要被地址码调制,接收不同站发送的信号时,只有知道其地址码,才能解调出相应的基带信号,而其他接收机因为地址码不同,无法解调出信号。由于作为地址码的码片速率远大于信息速率,使得地址码调制后的信号频谱远大于原基带信号的频谱,因此,CDMA 通常通过扩频技术实现,其识别方法是地址码相关器。

CDMA 的优点如下：

(1) 无须在各地球站之间进行频率和时间上的协调,灵活方便。
(2) 所用的扩频技术具有抗干扰能力。
(3) 由于通常采用扩频方式,信号功率谱密度低,具有抗截获能力。

CDMA 的缺点如下:
(1) 为了减小多址干扰,需要对系统内地球站发送功率进行严格控制。
(2) 由于扩频占用较宽的带宽,频带利用率低。

4. 空分多址的原理和特点

空分多址(SDMA)的原理是通过卫星上指向不同空间的波束来区分不同的地球站。同一波束内可用 FDMA、TDMA、CDMA 方式来区分用户,不同波束间则通过波束的空间隔离来区分,即不同波束的用户可以使用相同的频率、时间和地址码,而不会相互干扰。通过 SDMA 方式可以实现频率复用,因此,目前其已成为提高容量的手段。卫星通信空分多址如图 7-13 所示。

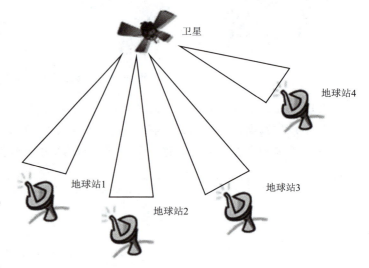

图 7-13 卫星通信空分多址

SDMA 的优点如下:
(1) 可以提高卫星频带利用率,增加系统容量。
(2) 提高卫星的 EIRP 和 G/T 值,降低地球站的发送要求。

SDMA 的缺点如下:
(1) 卫星上天线系统复杂,对卫星控制技术要求严格。
(2) 需要波束之间进行交换,增加了卫星上设备复杂度。

SDMA 通常与其他多址方式结合使用,如多波束 TDMA、FDMA 或 CDMA 卫星通信系统。

7.3.4 卫星通信信道分配方式

信道分配方式是将信道资源根据一定的规则分配给各地球站使用,因此信道分配的对象是按照多址方式划分的信道资源,如频带、时隙、窄波束、码型等。信道分配的目标是设法使分配给各地球站的通道数能随所要处理的业务量变化而变化,使系统既不发生阻塞又不浪费资源,尽可能提高整个系统的信道利用率。

1. 预分配的原理和特点

预分配方式是把信道资源分为若干子信道,按事先约定半永久地分给每个地球站,各地球站只能使用分给它的这些特定信道,其他地球站不能占用这些信道。在不同的多址体制下,分配给用户的信道的表现形式不一样,在 FDMA 方式下,是载波频率和带宽;在 TDMA 方式下,则是时隙。

预分配方式的优点：由于信道是专用的，地球站间建立连接简单、迅速，基本不需要控制设备。

预分配方式的缺点：使用不灵活，通道不能调剂，因此适合于业务量大的通道；但在业务量较轻时，信道利用率较低，不能适应业务量变化，存在浪费或者不足。该方式只有在每个信道大部分时间都在工作时，通信效率才高。

在卫星通信系统的组网应用中，该方式主要应用于节点间的中继链路、战场指挥所之间的链路。

2. 按申请分配的原理和特点

预分配的矛盾在于业务量通常是随机变化的，而信道的分配是固定的，两者很难达到匹配。对于业务量较小，且地球站较多的卫星通信网，最好采用分配资源可变的方式，即卫星信道不是或不完全是固定分配给各个地球站专用的，而是根据地球站的申请临时分配给其使用，使用完毕，通道资源收归公用，这就是按申请分配或称为按需分配（DA）。

按申请分配方式需要设置一个中心站集中控制信道分配，统一管理系统的所有信道，每个地球站只有在有业务传送需求时，向中心站申请，由中心站根据当前的信道使用情况为其分配信道。通信完毕后，又被收归公用，可以分配给其他地球站使用。这种分配方式灵活、信道利用率高，但需要专门信道进行信道分配，专门信道称为公用信令通道，因此实现比较复杂。

3. 随机分配方式

随机分配方式是系统中各地球站随机占用信道的一种信道分配方式，不需要信道控制系统，当用户需要通信时可以随机占用信道，适用于各用户通信量较小的情况。由于传送数据的时间很短，具有"猝发"的特点，采用随机占用信道方式，可大大提高信道利用率。随机分配方式存在不稳定现象，当系统中同时工作的用户过多时，会造成频繁的"碰撞"，造成系统不稳定。

4. 动态按需分配

无论是固定分配还是按需分配，用户一旦获得分配的信道后，信道就被该用户独享，即使该用户没有信息发送，其他用户也不能占用，对于突发性很强的数据业务必然造成信道资源的浪费。例如，在浏览网页过程中，当下载一个网页时需要使用信道，而在观看这个网页时信道则是空闲的，这时信道资源如果不能给其他用户使用，则会造成很大的浪费。动态按需分配就是解决信道资源浪费的一种信道分配方式，它体现在两个方面：一是初始信道分配时的带宽可以和网管中心协商确定；二是工作过程中信道带宽可以动态调整，即当用户的业务速率较高时，可以提高分配信道的带宽，当用户速率降低时可以减小信道的带宽。

在实际系统中，通常情况是多种分配制度结合使用。例如，网管外向信道是典型的单向预分配信道，网管内向信道又是随机分配方式，而业务信道则采用按需分配方式。

7.4　国际卫星通信系统

纵观整个航天产业，卫星通信产业是商业化程度最高、产业规模最大的一个分支，是全球卫星产业发展的支柱。从世界航天的发展历程来看,通信卫星较早地实现了商业运营。早在20世纪60年代,美国就开放了商业通信卫星市场,面向社会提供电视转播、长途通信等服务。随着需求的发展和技术的进步,通信卫星逐步面向政府、军队、行业用户、企业和普通大众提供移动通信、宽带通信、音频广播等各种服务,并且随着新兴互联网的发展,不断推出新的服务。

60余年间,卫星通信产业已经形成了成熟稳定的产业链,开拓并发展了涵盖陆地、海洋与天空的众多垂直市场,培育了众多企业和商业模式,成为推动商业航天乃至整个航天产业发展的重要动力。

7.4.1 国际通信卫星系统介绍

1965年4月6日,国际通信卫星组织将第一代的国际通信卫星-1(Intelsat-1,"晨鸟"),如图7-14所示,用美国德尔塔-D运载火箭在卡纳维拉尔角发射场发射升空。这是宇航界公认的世界上第一个国际商业通信卫星发射服务项目。该星运行在地球静止轨道,同年6月28日正式承担国际通信业务,开始商业化运营,标志着卫星通信由试验阶段进入实用阶段。

国际通信卫星-1通过5个地球站首次实现了横跨大洋的电视业务,为欧洲和北美洲提供越洋通信。卫星的业务包括电话、电视、电报和传真等。它的星体呈圆筒状,直径为

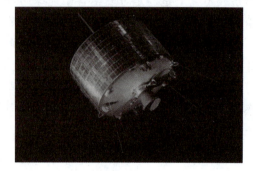

图7-14 国际通信卫星-1(Intelsat-1,"晨鸟")

0.72 m,长度为0.59 m,质量为39 kg,采用太阳能供电,最初的设计寿命为18个月,实际运行了将近4年。该星定位于大西洋上空,通信容量为240路电话或1路电视。该星于1963年11月开始研制,由于直接采用了美国第一颗静止轨道通信卫星"辛康"(Syncom)的技术成果,到发射时仅用了一年左右的时间。

1969年1月,该星停止服务,进入在轨备用状态。同年6月被再次唤醒,为阿波罗11号飞船任务提供支持,两个月后再次退出服务状态。整颗卫星并未安装蓄电池,完全依赖太阳能电池进行工作,这样降低了能源系统的复杂度,但在阴影区里卫星无法工作。

在此之前,美国已进行了多项卫星通信试验。1958年12月18日,美国用宇宙神火箭将斯科尔卫星射入椭圆轨道(近地点为200 km,远地点为1 700 km),星上的发射功率为8 W,工作频率为150 MHz,进行了实时与存储转发通信试验。卫星成功地工作了12天,因蓄电池耗尽停止了试验。1962年,美国国家航空航天局发射了中继卫星,并进入椭圆轨道(近地点为1 270 km,远地点为8 300 km)。该星射频发射功率为10 W,上、下行工作频率分别为1.7 GHz和4.2 GHz,在美国、欧洲、美洲进行了多次成功的通信试验。

1963年7月至1964年8月,美国国家航空航天局先后发射了3颗辛康卫星,其中最后一颗进入地球静止轨道,这是世界上第一颗静止轨道通信卫星,该星成功地进行了电话、电视、传真通信试验,还于1964年向美国转播了在日本东京举行的奥林匹克运动会的比赛实况。至此,卫星通信的试验阶段宣告结束。

1965年,国际通信卫星公司建立了世界上第一个商业化的全球卫星通信系统。2006年,该公司合并其对手泛美卫星公司,成为全球最大的商业通信卫星服务提供商,确定了其固定卫星服务提供商的霸主地位。到2017年年底,国际通信卫星公司麾下的55颗不同名字的在轨卫星和相应的光纤网、电信网等地面设施组成了全球卫星通信网,承担了大部分国际性通信业务和全球性电视、广播业务。

欧洲卫星全球公司成立于1985年,原名为欧洲卫星公司,总部设在卢森堡,是世界第二大卫星运营商。2005年12月,该公司出资7.6亿欧元收购世界第五大卫星公司新天卫星公司,使该公司拥有的卫星数量升至53颗,居欧洲首位、世界第二。该公司还参股WORLDSAT、NSAB等多家卫星运营商,卫星信号全球覆盖率超过95%。这50多颗地球静止轨道通信卫星用于向家庭提供广播电视和无线电频道,向企业和政府机构提供卫星通信服务,并为世界各地的海事、航空或偏远地区提供固定和移动卫星互联网和回传服务。截至2017年6月,欧洲卫星全球公司的卫星携带7 741个电视频道,其中包括2 587个高清频道。

欧洲通信卫星公司成立于1977年,当时是一家政府间组织,称为欧洲通信卫星组织,旨在建设和运行欧洲的卫星通信基础设施。后经历快速发展,使其覆盖范围扩大到了其他市场。1989年,其市场覆盖扩展到了中欧和东欧;20世纪90年代起,它又相继打入了中东、非洲大陆及亚洲和美洲的大片市场。1983年,欧洲通信卫星组织发射了其首颗卫星——欧洲通信卫星-1(后改称欧洲通信卫星-IF1),此后又相继发射了30余颗卫星,成为全球固定卫星业务行业的领头羊之一。欧洲通信卫星公司现为全球第三大卫星运营商,在全球市场上占有13%~14%的份额,欧洲市场份额为33%。它是欧洲最大的电视与数据业务卫星运营商,也是全球三大固定卫星业务运营商之一。公司经营的卫星容量涉及38颗卫星,覆盖欧洲、非洲、亚洲和美洲150余个国家,服务于超过2亿户有线和卫星电视家庭。

7.4.2 各代"国际通信卫星"特点

1964年8月20日,美国、加拿大、法国、联邦德国、澳大利亚、日本等14个国家联合组成临时性的国际通信卫星组织。1973年2月通过《关于国际通信卫星的协定》和《关于国际通信卫星营运的协定》之后,成为常设组织。中国于1977年加入该组织。2000年11月,国际通信卫星组织通过了私有化决议,目的是在日益激烈的竞争中增强公司的适应性和竞争力,并致力于客户的因特网服务和宽带业务。新成立的国际通信卫星有限公司拥有200多个股东,包括来自145个国家的公司,代表了大多数世界著名通信公司的经营者。

截至目前,可以认为"国际通信卫星"已经发展出十一代通信卫星。第一代卫星即"晨鸟",是最早的商业通信卫星。主要特点是单轴自旋稳定,两个6 W转发器,50 MHz带宽,能够传输240路电话,采用单址通信方式。

第二代卫星是应美国国家航空航天局要求,为保证当时"阿波罗"载人航天计划的可靠通信联络而应急设计的。卫星上使用了备份行波管和蓄电池,采用了多址接入技术。

第三代卫星主要用于转播全球电视业务,采用多址接入技术,有效载荷包括两个转发器,能够传输1 500路电话或者4路电视信号。第三代卫星最突出的技术成就是使用了机械消旋天线,为增大天线增益、提高通信容量起了重要作用。5颗卫星配置在三大洋上空,组成了全球性的商用卫星通信网。

第四代卫星的特点是使用陀螺仪旋转稳定技术,使双自旋稳定卫星技术趋于成熟,因而能在消旋平台上首次安装宽、窄两种波束的喇叭抛物面天线和12个通信转发器,使等效全向辐射功率增大,通信容量增加到4 000话路或12路彩色电视。点波束天线都可以独立控制,控制精度优于0.01°。第四代卫星经过改进成为国际通信卫星-ⅣA,首次利用空间波束隔离的方法实现了频率复用,通信转发器从12个增加到20个,通信容量增加50%。

第五代卫星使用三轴稳定姿态控制方式,从而为安装更多大型天线提供了有利条件。除上、下行使用C频段外,又采用了Ku新频段。首次在一颗卫星上同时应用空间波束隔离和正交极化隔离两种频率复用方式,使通信等效带宽比其前代改进型卫星展宽了2倍,从而可使一颗卫星的通信容量超过12 000话路。

第六代卫星采用了可控点波束Ku频段天线,通过使用先进的数字调制技术,使得每颗卫星可以传输36 000路双向语音和两路彩色电视信号。首次采用SS/TDMA技术,增强了不同波束之间的交叉连接能力。

第七代卫星包括两个独立的通信子系统,每个子系统可以交互工作在C和Ku频段。整星功率提高到4.8 kW,有效载荷包括26个C频段转发器和14个Ku频段转发器。

第八代卫星改进了C频段覆盖能力,具有2个可独立控制波束指向的Ku频段点波束,C频段和Ku频段转发器之间可以实现星上交链,实现不同频率业务的互操作。

第九代卫星进一步改善了覆盖性能,提高了信号强度,满足了全球对数字业务,VSAT系统的需求,可以支持宽带应用。

第十代卫星整星功率达到8 kW,C频段波束的等效各向同性辐射功率(EIRP)比第七代提高了4~6 dBW,通信容量更大。使用移动点波束天线技术,可以实现服务领域的灵活覆盖。

第十一代即Intelsat EpicNG,是最新一代"国际通信卫星"平台。它属于高通量卫星平台,覆盖C频段、Ku频段、Ka频段,采用宽波束、多点波束和频率复用,满足用户多样化的需求,单星吞吐量将达到60 Gbit/s,是传统通信卫星的10倍。Intelsat EpicNG平台的有效载荷技术可以实现任意带宽增量内的连接,以及任意波束之间的连接。这对于将高吞吐量功能集成到自身业务中的客户来说,在任意位置都可以进行上行链路和下行链路的连接。如果将这些功能结合起来,就可以在Ku频段提供一个高能的巨大的半波束覆盖。这样就消除了一个网络对于多枢纽的需求,同时还允许用户设置他们自己的网络拓扑结构来利用现有的地面硬件,并使用多频段来运营。

7.4.3 "铱星"卫星通信系统

"铱星"卫星通信系统是美国摩托罗拉公司等倡导发展的由66颗低轨卫星组成的全球卫星移动通信系统,是一个包括南、北极在内的真正全球覆盖系统。系统的名称源自星座中有77颗环绕地球旋转的卫星,就像化学元素"铱"中有77个电子环绕原子核旋转一样,因此取名"铱星"系统如图7-15所示。后来经过初始设计后,星座中的卫星数降为66颗,但保留了原来的名称。

"铱星"卫星通信系统由空间段(卫星星座)、地面段(系统控制段和信关站)和用户段组成。卫星星座共有66颗工作星,这些卫星均匀分布在大致南北方向的6条轨道上,每条轨道上均匀分布11颗卫星。另外每个轨道面还有一颗备份卫星,这样系统中总共有66颗主用卫星和6颗备用卫星。所有卫星均沿同一方向飞行,也就是说,在地球上的一侧都向北极方向飞行,在地球的另一侧都向南极方向飞行。每颗"铱星"卫星质量约689 kg,设计寿命为5~8年。卫星分别由美国麦克唐纳·道格拉斯公司用德尔塔Ⅱ型火箭以一箭五星方式、俄罗斯科罗尼切夫国家空间研究和生产中心用"质子"(Proton)火箭以一箭七星方式和中国长城公司用长征二号丙(LM2C/SD)火箭以一箭双星方式发射。"铱星"卫星具有复杂的星上处理和交换能力,通过每颗卫星上的4条星际链路,把整个"铱星"系统空间段构成一个能够不依赖于地面而能独立存在的天基传输和交换网络。整个卫星星座能够同时处理和控制超过7.2万个语音呼叫,支持超过200万个用户。

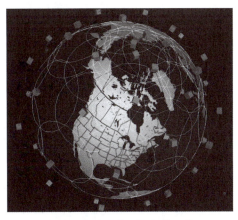

图7-15 "铱星"卫星通信系统

采用星际链路是"铱星"系统的一大特点。它用于在相邻卫星之间提供可靠、高速的通信,所有卫星协调工作,共同构成一个空中传输交换网络,使得任一卫星覆盖区内的任何用户通过星际链路都可以与其他覆盖区内的任何用户进行通信,而无须地面设备进行中继。星际链路的采用,使得可以在地球上任何地方设置信关站而不会影响系统的操作和用户的使用。信关站是"铱星"系统与地面公用电话网之间的接口,它可以使"铱星"系统用户终端与公用电话网中任何类型的电话、传真等终端通信,并为已登记的用户收集、存储通信记录及计费信息,以及跟踪用户位置。

"铱星"卫星通信系统提供的业务有为该系统设计的漫游方案,除了解决卫星网与地面蜂窝网间的漫游外,还解决地面蜂窝网间的跨协议漫游,这是"铱星"卫星通信系统有别于其他卫星移动通信系统的又一特点。

"铱星"系统是世界上第一个采用了星上处理和交换技术、星际链路等新技术的低轨道全球卫星移动通信系统,其基本目标是向携带有手持式移动电话的"铱星"用户提供全球个人通信能力。该系统用户在地球任何地方都可进行全球范围内直接通信,而不需通过地面通信网络中转。它提供电话、传真、数据和寻呼等业务,用户终端有双模手机、单模手机和寻呼机。该系统于1998年11月开始商业运营,2000年3月破产,2001年新铱星公司成立,并重新提供通信服务。"铱星"系统的设计目标是为移动用户提供全球范围的语音、消息和寻呼业务,能够在没有地面蜂窝系统的情况或电话网欠发达的区域提供类似蜂窝系统一样的电信业务。

重组后的铱星公司于2007年提出发展第二代低轨移动通信卫星系统"下一代铱星"(Iridium NEXT),与第一代系统轨道设计保持一致。"下一代铱星"基于泰雷兹·阿莱尼亚航天公司的ELiTeBus 1000平台研制,采用三轴稳定工作方式,发射质量860 kg,设计寿命为12.5年,最多可延长至15年,收拢状态下星体尺寸为3.1 m×2.4 m×1.5 m,太阳翼展开后长度达9.4 m,平均供电功率为2 200 W。2017年1月,第一批10颗"下一代铱星"成功发射。

7.4.4 "全球星"卫星通信系统

1991年6月3日,由美国劳拉公司与高通公司合资组成的劳拉·高通卫星业务公司(LQSS)向美国联邦通信委员会(FCC)提交了"全球星"(Global star)系统发展计划,为全球用户提供电话、数据、寻呼、定位等综合业务,1999年开始商业运营,如图7-16所示。

"全球星"卫星通信系统由三个部分组成:空间段、地面段、用户段。"全球星"卫星通信系统空间段由分布在8个轨道面上的48颗工作卫星组成,它是一个覆盖地球南北纬70°之间地区的网状星座,其运行模式是围绕全球随时都能保证均匀分布。48颗卫星分别按8个圆形倾斜轨道运行,每个轨道面有6颗卫星,其中一颗为备用星。轨道离地球表面高度约为1 400 km,用户对一颗卫星的可见时间平均为10～12 min。

"全球星"卫星结构简单、造价经济。卫星并非把一个"全球星"用户与另一个用户直接连接,而是在用户与关口站之间进行通信传递,从而能够充分利用低价格的现有地面通信设施。地面段的关口站把"全球星"卫星的无线网络与公共地面移动网相连,且支持各种标准协议。关口站的设计采用了灵活的模块式结构,因而可随着市场需求进行扩建。

作为一种先进的卫星移动通信手段,"全球星"卫星通信系统具有许多独特的优势。"全球星"卫星电话网是对现有通信网络的延伸和补充。由于采用与现有网络相结合的组网方式,保证了各国通信网的安全和主权,便于各国进行通信管理。系统采用了低地球轨道(轨道高度1 414 km)的卫星技术,使通信时延(包括处理时延和传输时延)小于300 ms,人耳感觉不到回声。星群和关口站系统的控制都在地面,减少了排除问题的时间,可以更加简易、快速地进行维护和升级。"全球星"卫星通信系统可以保证手机在通话时与多个卫星相互联系,实现了无缝隙软切换,在通话过程中用户体会不到卫星切换时的感觉。同时,该系统充分利用现有地面通信设施,将大量"空间操作"转移到地面,减少了运营成本,使空间的通话费大大降低,使地面长途费也处于一个合理的水平。

"全球星"卫星通信系统的用户终端包括使用"全球星"卫星通信系统业务的各类用户终端设备。用户终端有单模手机、双模手机、三模手机、车载终端和固定终端等。从低价格角度出发,"全球星"用户终端的设计选择了地面优先。当用户开机,手机自动寻找地面网络。在地面模式下,"全球星"双模和三模手机相当于一部现有地面模式手机。没找到地面网络时,手机切换到卫星模式。

"全球星"卫星通信系统不单独组网,不具备星上处理能力。换句话说,"全球星"卫星通信系统是一个没有星上处理、交换及星际链路的准全球覆盖的卫星移动通信系统。其作用是保证全球范围内任一移动用户随时通过该系统连接到地面网,与地面无线网与有线网联合组网,最大限度地扩展现有公共交换电话网和公用陆地移动通信网的使用范围。也就是说,"全球星"卫星通信系统并没有替代现有的地面电信网络,它是通过卫星网与现有地面电信网联合组成覆

图7-16 "全球星"卫星

盖全球的通信网络,从而提供几乎覆盖全球的、经济的通信服务。卫星能够向用户提供语音、数据、传真和定位等业务。"全球星"卫星通信系统从2000年5月25日开始在我国提供服务,已广泛应用于石油、天然气、水利、科考、运输、海上作业、地质勘探、考古、旅游等行业和部门。

7.5 我国卫星通信系统

我国对卫星通信的关注源于美国前总统尼克松访华。1971年10月,为妥善解决美国总统尼克松首次访华的通信问题,周恩来总理要求对总统的通信予以保证,对新闻报道尽可能满足需要。当时,我国尚无卫星通信能力,因此我国电信部门租用了美国设备,新中国的卫星通信由此开始。就是在这样薄弱的基础条件下,我国科研人员自力更生、艰苦奋斗,从探索到实践,从试验到实用,攻坚不止、创新不断,在国外出口禁运和技术封锁的阻截下,突出重围,突破并掌握了以大型平台与卫星的设计研制、航天器动力学设计与分析、航天器智能自主技术、机电一体化等为代表的核心关键技术,将发展的主动权牢牢掌握在自己手中,最终走出了一条中国通信卫星的研制之路。

我国通信卫星研制过程中相继突破了一系列关键航天技术,而航天技术是体现一个国家科技成就和综合国力的极为重要的方面。这些技术又被广泛应用于导航、探月等其他领域的卫星研制工作中。

20世纪80年代,一场"买星"与"造星"的争论在国内出现,国外通信卫星纷纷占领中国市场,中国通信卫星制造业面临生死存亡的严峻态势。中国航天人坚定研制自己的通信卫星并相继发射成功,一举扭转了通信卫星受制于人的局面。随着通信卫星技术的深入发展,我国的通信卫星已经可以充分满足我国通信广播的业务需求。

我国发展通信卫星积极促进了中国航天参与国际竞争活动,竞争是市场的常态,是倒逼市场参与主体发展、实现优胜劣汰、保证市场活力的重要机制。我国通信卫星迄今已获得遍及亚、非、拉美、东欧等地区的客户,以及国际成熟通信卫星运营商的青睐,国际商业卫星合同数量不断增多。与此同时,激烈的市场竞争又使我国通信卫星研制水平不断提高。

目前,我国在卫星通信领域正上演着精彩的"太空超车"。在不久的未来,空中上网聊天、远洋视频娱乐、偏远山区信号全覆盖都将成为现实,我国的综合实力和通信水平将迈向更高的台阶。

7.5.1 我国通信卫星工程各阶段成就

1970年4月24日,我国第一颗人造地球卫星——"东方红一号"成功发射,开启了中国人进军太空的序幕。以此为基础,我国通信卫星事业在自主创新发展、瞄准国际水平、科研结合实践的原则上,也走出了一条从探索到实践、从试验到实用、从国内应用到国际化推广的发展道路。我国通信卫星工程在各发展阶段都取得了巨大的成就。

通信卫星工程试验阶段,研制并成功发射"东方红二号"试验通信卫星。1984年4月8日,我国自行研制的"东方红二号"试验通信卫星发射升空,卫星携带2路C频段转发器,使用全球波束的喇叭天线,可进行全天时、全天候通信。

通信卫星工程应用阶段,我国研制并发射了"东方红二号甲"卫星和"东方红三号"卫星。"东方红二号甲"实用通信卫星分别于 1988 年 3 月 7 日、1988 年 12 月 22 日和 1990 年 2 月 4 日成功发射了 3 颗,显著促进了我国通信事业的发展,使我国的卫星通信和电视转播业务跨入一个新阶段,大大改变了边远地区收视难、通信难的状况。"东方红三号"卫星于 1997 年 5 月 12 日成功发射,标志着我国通信卫星技术跨上了一个新台阶。星上装有 24 台 C 频段转发器,极大地缓解了我国卫星通信的紧张状况,是我国第一颗面向全社会的民用卫星,促进了我国广播电视的产业发展。"东方红三号"通信卫星的研制成功,实现了我国地球静止轨道卫星从自旋稳定到三轴稳定的飞跃,特别是采用了公用平台设计思想,使卫星平台在一定质量和功耗范围内,可适用于不同有效载荷的多类型卫星,大大拓宽了"东方红三号"卫星平台的应用领域。

通信卫星工程发展阶段,主要任务是使我国通信卫星工程达到国际先进水平,从而使我国通信卫星逐步进入国际市场。一方面,开发大容量、长寿命、高可靠通信卫星公用平台。这期间的重要标志是我国新一代大型地球静止轨道卫星公用平台——"东方红四号"卫星平台的开发成功,并应用于国际商业通信卫星项目。"东方红四号"卫星平台于 2000 年正式立项研制,具有长寿命、高可靠、大载荷、大功率、高母线电压、高热耗等技术特点,平台能力和整星技术指标达到国外同类卫星先进水平,目前,"东方红四号"卫星平台不仅已成为捍卫我国通信卫星国际先进水平位的主力军,而且是我国航天器进军国际市场的重要产品。为适应逐步细分的市场格局,中国空间技术研究院通信卫星事业部又推出"东方红四号"增强型卫星平台等产品,与"东方红四号"卫星平台形成平台型谱,覆盖大中、中和中小载荷容量卫星市场,使我国通信卫星平台型谱得到补充和完善,平台产品结构合理,能力递增。2017 年,我国自主研发的新一代大型静地轨道卫星平台——"东方红五号"卫星平台研制获得突破性进展,可满足我国未来 15 年内地球静止轨道卫星的需求,适应多种载荷要求,填补了"东方红"系列大型卫星平台型谱的空白,将使我国地球静止轨道卫星平台技术达到国际先进水平。

另一方面,研制国际水平通信卫星,实现整星出口。目前,中国基于"东方红"系列平台已发射 38 颗通信广播和数据中继卫星,可向亚、非、欧、拉美等地区用户提供通信、广播电视、数据传输、数字宽带多媒体等业务服务。2008 年 10 月 30 日,中国空间技术研究院通信卫星事业部基于"东方红四号"卫星平台牵头研制的"委内瑞拉一号"通信卫星成功发射,使我国实现了向国外用户的整星出口和在轨交付服务,全面应用并验证了我国新一代地球静止轨道卫星公用平台及有效载荷技术,是中国通信卫星领域又一新的里程碑。

2016 年 8 月 6 日,由中国空间技术研究院通信卫星事业部牵头研制的我国首颗高轨移动通信卫星——"天通一号"01 星发射升空,卫星采用了成熟的"东方红四号"卫星平台,工作于 S 频段,将与地面移动通信系统共同构成一体化移动通信网络,为我国及周边相关地区,以及太平洋、印度洋大部分海域的用户提供全天候、全天时、稳定可靠的移动通信服务,支持语音、短消息和数据业务,填补了我国在卫星移动通信领域的空白。2016 年 11 月 22 日,我国中继卫星系统——"天链一号"04 星发射升空,卫星采用"东方红三号"卫星平台,为我国实现中继卫星系统的跨越式发展打下了坚实的基础。"天链一号"中继卫星系统填补了我国在数据中继卫星领域的空白,大大缩短了我国在该领域与世界航天技术的差距。我国成为继美国之后世界上第二个拥有对中、低地球轨道航天器全球覆盖中继卫星系统的国家。2017 年 4 月 12

日,由中国空间技术研究院通信卫星事业部牵头研制的我国首颗高通量通信卫星——"实践十三号"发射升空,标志着我国进入卫星互联网应用时代,进一步拓展了我国卫星技术新的应用领域,将对我国经济社会发展产生深远影响。该卫星工作在 Ka 频段,通信总容量达 20 Gbit/s,采用多点波束覆盖。2018 年 1 月 23 日,"实践十三号"在轨交付,正式投入使用,纳入"中星"卫星系列,命名为"中星十六号"。

自 2008 年 7 月以来,作为中国通信卫星工程主力军的中国空间技术研究院通信卫星事业部,完成了以 25 颗通信卫星发射为代表的宇航研制任务,向四大洲 7 个国家和地区出口了 9 颗国际商业通信卫星,覆盖全球 60% 的陆地和 80% 的人口。

7.5.2 我国通信卫星发展的广阔前景

21 世纪是通信技术迅猛发展的世纪,人类正从信息时代向数据时代迈进。随着航天技术的快速发展,通信卫星更加深入人们的生活,通信技术手段的不断进步,将彻底影响人类的生产和生活。通信卫星作为卫星应用产业的主力军和重要的空间基础设施,在促进国民经济、推动国家建设方面发挥着重要的作用。

我国大力加强通信卫星事业,国家政策为我国卫星通信创造了有利条件。西部地区和边远地区通信需求的增长,远程教育、远程医疗等公益性服务为卫星通信提供了广阔空间。我国广播电视、数据传输、数字宽带多媒体等业务,都对卫星通信提出了更多市场需求。同时,我国高速铁路、低碳经济、移动互联通信系统、互联网与物联网等新兴战略产业的发展,均为卫星通信提供了可持续发展的道路。

在平台研制方面,大型卫星公用平台将重点提升对有效载荷的适应能力。包括大功率输出能力、更高的有效载荷承载能力及卫星系统控制能力等。

中国新一代大容量通信卫星公用平台"东方红五号"是中国第四代通信卫星平台,其整星输出功率为 28 kW,有效载荷质量为 1 500 kg,可承载 120 路转发器,基于"东方红五号"卫星平台研制的卫星通信容量可超过数百吉比特每秒。全电推进卫星平台在国际上引发广泛关注,电推进系统是突破大容量通信卫星平台承载能力瓶颈的最重要的手段,是地球静止轨道通信卫星的重要发展方向。我国电推进系统研究已取得阶段性成果,应用 LIPS-200 离子电推进系统的我国首颗高通量卫星——"实践十三号",是我国首次将电推进技术正式应用于通信卫星,为我国高轨卫星带来革命性的技术突破,是电推进技术在我国通信卫星平台的首次正式应用。

在有效载荷方面,先进有效载荷将重点解决能够支持地面接收系统小型化、低功耗的能力,系统大容量能力,星上载荷低功耗、低热耗和小型化能力等。继续攻关高通量宽带通信卫星和高轨移动通信卫星,自上而下实现区域的全覆盖。

打造天地一体化信息网络工程,实现天基组网、地网跨带、天地互联。以地面网络为依托、天基网络为拓展、天地一体化为手段,通过天基骨干节点、天基接入节点及地面骨干节点构成全球覆盖的天地一体化网络。目前,我国已开始着手建设全球低轨卫星星座——鸿雁星座,整个试验系统将分 3 期建设,最终形成全球低轨移动互联网卫星系统,届时可以实现随时随地使用由卫星提供的互联网接入服务。

值得一提的是,除了传统的微波卫星通信外,我国已在量子卫星通信和激光卫星通信技术方面取得了巨大成功。2016年8月,我国成功发射了全球首颗量子科学实验卫星"墨子号",标志着中国将在世界上率先实践卫星与地面之间的量子通信,随着量子通信关键技术的研发,逐渐构建空地一体广域量子通信网络体系。我国卫星激光通信技术已达到世界领先水平,"实践十三号"卫星搭载的激光通信终端,成功进行了国际首次高轨卫星对地高速激光双向通信试验,标志着我国在空间高速信息传输这一航天技术尖端领域走在了世界前列。

7.5.3 我国"东方红"卫星平台的发展历程

"东方红一号"卫星是我国第一颗人造地球卫星,如图7-17所示。它的研制和发射成功在中国航天史上具有划时代的意义,是中国发展航天技术的一个良好开端。

1958年,毛主席在苏联发射第一颗人造地球卫星后提出:"我们也要搞人造卫星。"随后,中国开展了人造卫星有关问题的研究,直到1970年4月24日"东方红一号"卫星发射入轨,成功向地球传送《东方红》乐曲。关于"东方红一号"卫星的设计、研制工作前后长达12年。

20世纪60年代的中国处于国民经济恢复时期,基础工业正在逐步建设。当时中国的国际环境正面临以美国为首的西方国家封锁及苏联撕毁合同撤回专家的双重窘境当中。"东方红一号"卫星就诞生在这样艰苦的年代,中国航天人因陋就简,克服了重重困难。没有实验室,就借用海军大院的冷冻库房做试验;没有电子计算机,就用手摇计算机不停摇动几天几夜,算出一条轨道;找不到加工厂商,就拿着介绍信走遍祖国的各个工业重镇寻找工厂……就是在这样的艰苦环境中,中国航天人完成了中国航天史上一个又一个的第一。

"东方红一号"卫星作为中国第一颗人造地球卫星,在方案设计之初就被寄予了很高的期望。为了协调各方面的技术需求,选取最合适的方案,国防科委委托中国科学院召开了中国航天史上最长的一次方案论证会——第一颗人造地球卫星研制工作会议(代号"651"会议)。会议从1965年10月20日一直开到11月30日,120余位相关人员参加了会议。经过42天的讨论,最终明确了中国第一颗人造地球卫星的具体任务和方案设计,提出"东方红一号"卫星要达到"上得去、跟得上、看得见、听得到"的要求,计划1970年完成发射任务。"651"会议清晰勾勒了"东方红一号"卫星总体构想,确定了第一个运载火箭的方案,明确了地面站的建设内容,为中国航天事业的起步奠定了坚实的基础。

"东方红一号"卫星于1970年4月24日成功发射,使中国成为继苏联、美国、法国、日本之后世界上第五个独立研制并发射人造地球卫星的国家。"东方红一号"卫星作为中国的首发星,质量为173 kg,是苏联首发星人造地球卫星-1(Sputnik-1)、美国首发星探险者-1(Explorer-1)、法国首发星试验卫星A-1(Asterix-1)、日本首发星大隅-5(Ohsumi)四颗卫星的质量总和。"东方红一号"卫星因为出色的热控设计,保障了在轨工作的顺利进行,没有出现法国首发星"冻死"、日本首发星"热死"的情况。

图7-17 "东方红一号"卫星

我国的"东方红"卫星平台发展主要经历了"东方红二号"卫星平台阶段、"东方红三号"卫星平台、"东方红四号"卫星平台、"东方红五号"卫星平台四个阶段

从新中国成立一直到20世纪60年代末期,我国民用陆上通信主要依靠明线和短波,后逐步发展起同轴电缆和微波中继。由于此时经济和技术上的困难及地理条件限制,通信线路主要集中在大中城市和人口稠密地区,而在边远地区通信线路则极少覆盖。

早在中国第一颗人造卫星发射成功后不久,中国人民解放军就从军用角度,提出了利用通信卫星实现潜艇和远洋测量船通信及国内边远省区的军事通信等需求。1972年,美国总统尼克松访华,在周恩来总理的直接安排下,中方特意租用了一颗国际通信卫星,为随行的美国记者提供服务。1972年2月21日上午11时30分,尼克松与周恩来握手的影像仅在0.3 s之后,便被美国本土超1亿的观众目睹。当中国报纸等新闻媒体报道了这一消息后,受到了百姓的广泛议论,期盼着中国也能拥有这种技术。此次访问让邮电部、广播事业局认识到了卫星通信的优越性,开始从民用角度对通信卫星提出了使用要求。经过分析论证和多次协调,东方红二号卫星定位为"军民共用",并将最初计划的通信频段改为与国际通信卫星一致的频段。

1975年3月31日,中央军委第八次常委会讨论了《关于发展我国通信卫星问题的报告》,不久报告得到了党中央和毛主席的批准。从此我国通信卫星工程正式列入国家计划,正式开始了型号研制,"东方红二号"卫星平台由此应运而生。

经过多年的论证与探索,"东方红二号"卫星总体技术方案明确为"两个一步走"原则:卫星"一步"发射至地球静止轨道,卫星研制指标"一步"达到当时第三代国际通信卫星的技术水平,同时把卫星通信技术试验与实际应用结合起来一次完成。这是一个跨越式发展的方案,既不走美国那样先进行中低轨道卫星通信试验的模式,也不走苏联那样先发射大椭圆轨道卫星实施卫星通信试验的道路,而是直接发射地球静止轨道通信卫星进行卫星通信试验。这样做的技术难度虽然很大,但可以由试验、实用很快转入使用,将尽快缩小中国通信卫星在技术方面与发达国家的差距,较好地满足用户通信需求,并减少我国通信卫星网络建设的成本费用,实现较好的社会效益和经济效益。

1984年,中国首颗通信卫星"东方红二号"顺利升空,迈出了中国发展通信卫星的第一步,使中国成为世界上第五个独立研制、发射和运行地球静止轨道卫星的国家,实现了中国通信卫星从"无"到"有"的跨越。此后,中国又成功发射了1颗"东方红二号"卫星和3颗"东方红二号"甲实用通信卫星,它们都采用了中国第一代地球静止轨道卫星平台——"东方红二号"卫星平台。

如果说"东方红二号"卫星平台使我国掌握了地球静止轨道通信卫星技术,那么,"东方红三号"这个新一代通信卫星平台则让中国实现了"赶上20世纪80年代通信卫星国际水平"的目标。

进入20世纪80年代,原有的"东方红二号"卫星平台通信容量和卫星寿命已经不能满足中国卫星通信事业的迅速发展。于是在国内激烈地展开了关于中国卫星通信事业"买星"还是"造星"的争论。随着世界卫星通信技术应用浪潮的冲击和我国经济发展巨大的需求,国内各行各业对通信卫星有了更高的期待。但是我国电子元器件等基础工业水平与这种高期待之间又有一定的落差。因此,某些部门从价值规律出发,建议租用卫星或者购买卫星,用以解决

国内市场燃眉之急。但航天专家们认为中国在核心领域应当坚持自主发展的道路,通信卫星关乎国家的经济命脉和空间安全,应把"中国制造"作为国内用户的首选。中国一旦全面启动"买星"项目,国产卫星的研制生产能力将遭遇空前打击,通信卫星的市场乃至许多空间技术的发展机遇,将可能丧失殆尽。虽然"东方红二号"卫星平台的通信 C 频段转发器已经由 2 个增加至 4 个,可以承担 30 路对外广播,中央电视台一、二套节目和 8 000 多部卫星电话的传输任务,但是比起当时国外具有二三十个转发器的先进卫星,性能确实逊色不少。

1985 年 7 月,航天工业部提出:"要以我为主,尽快拿出通信卫星。"随即向国家上报《我国已具备以我为主研制发射通信卫星的能力》。1986 年 3 月 31 日,国务院下发文件,做出了迅速开展广播通信卫星工程研制工作的决策,要求设计瞄准同时代先进水平的通信卫星。中国第二代地球静止轨道卫星平台——"东方红三号"卫星平台由此走上了历史舞台。

"东方红三号"卫星平台属于中等容量通信卫星平台,经过 8 年的研制,首发星"东方红三号"卫星于 1994 年 11 月发射。与"东方红二号甲"相比,"东方红三号"卫星的转发器数量增加了 6 倍,设计寿命延长了两倍,不但缓解了中国卫星通信的紧张状况,更使中国通信卫星水平跨越了 20 年。"东方红三号"卫星的利用率非常高,24 个转发器全部投入使用,当时观众每周看到的全国足球甲级联赛就是利用这颗通信卫星转播的。

"东方红三号"卫星平台是中国目前经过最多次飞行考验的成熟、中等容量地球静止轨道卫星平台,在一定的质量和功耗范围内可适用于不同有效载荷的多类型卫星。2000 年以来,该平台还先后用于"中星"系列通信卫星、"鑫诺 3 号"通信卫星、"天链一号"数据中继卫星、"北斗"系列导航卫星、"嫦娥一号"月球探测卫星等多种型号。"东方红三号"卫星平台的研制成功,实现了中国地球静止轨道通信卫星从自旋稳定到三轴稳定的飞跃,有效载荷能力得到显著提升。通过对"东方红三号"卫星平台进行扩容与改进,又研制了"东方红三号"A 型卫星平台。

20 世纪 90 年代,随着中国国民经济的发展和西部大开发战略的实施,民、商用领域对于通信卫星的需求急剧扩大,国内通信卫星技术的发展水平已难以满足日益膨胀的市场需求。为适应地球静止轨道卫星向高可靠、长寿命、大容量发展的趋势,2000 年,中国正式立项研制第三代地球静止轨道卫星平台——"东方红四号"卫星平台。

2008 年 10 月 30 日,中国空间技术研究院通信卫星事业部基于"东方红四号"卫星平台牵头研制的"委内瑞拉一号"通信卫星成功发射,中国首次实现了在商用领域面向国外客户的整星出口和在轨交付。2011 年 6 月 21 日,中星 10 号卫星成功发射,该卫星装有 30 路 C 频段转发器和 16 路 Ku 频段转发器,发射质量为 5 220 kg,功率达 1 1450 W,设计工作寿命 13.5 年。这颗卫星不仅容量更大,覆盖范围和定点精度也要更优,这意味着在民用领域用户的地面天线设备可以更小、灵敏度更高、通信质量更好,而且价格更低。2013 年 5 月 9 日,中星 11 号卫星成功发射,主要服务于我国及西亚、南亚等国家和地区的广播电视、通信、数据传输、数字宽带多媒体及流媒体业务客户。随着基于"东方红四号"卫星平台研制的卫星陆续发射升空,"东方红四号"卫星平台在国际市场上颇得赞誉。

为了填补"东方红三号"卫星平台与"东方红四号"卫星平台之间的能力缝隙,我国又研制了"东方红三号"B 型卫星平台。通过对"东方红四号"卫星平台功率和载荷承载能力的提升,又诞生了"东方红四号"增强型卫星平台。"东方红四号"增强型卫星平台是以"东方红四号"卫星平台为基础研制的大容量地球同步轨道公用平台,主要采取结构扩展、功率增大及多层通信舱、重叠展开天线等新设计方法提高平台承载能力,它与"东方红四号"卫星平台、"东方红四号"灵巧型卫星平台共同构成"东方红四号"平台型谱,3 个平台分别覆盖中大、中和中小载荷容量卫星市场。

为提高通信卫星技术水平,引领我国大型卫星公用平台升级换代和能力跨越式提升,支撑民用空间基础设施和航天装备发展,形成参与国际商业卫星市场竞争的新优势,2015 年 4 月,"东方红五号"卫星平台正式获得立项批复,开启研制工作。2017 年,为支持国家"一带一路"倡议,保障"一带一路"沿途国家通信卫星信号全覆盖,中国对"一带一路"相关卫星需求进行了总体规划,计划利用"东方红五号"卫星平台在通信领域为"一带一路"铺平道路。

"东方红五号"卫星平台是中国第四代地球静止轨道卫星平台,在性能上达到甚至超越了国际上同类卫星的先进水平。目前"东方红五号"卫星平台已进入工程研制阶段,它能提供更大的功率,携带更多的载荷,将成为中国主力研制的大容量通信卫星平台。

7.5.4　北斗导航系统及北斗精神

独立的卫星导航系统,是政治大国、经济大国的重要象征。从 1994 年立项到 2000 年建成"北斗一号"系统,从 2012 年开始正式提供区域服务到 2020 年服务全球……26 年间,中国北斗人始终秉承航天报国、科技强国的使命情怀,探索出一条从无到有、从有到优、从有源到无源、从区域到全球的中国特色发展道路,从而使我国成为继美国、俄罗斯之后世界上第三个拥有自主全球卫星导航系统的国家。图 7-18 所示为北斗卫星导航系统。

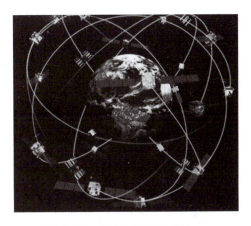

图 7-18　北斗卫星导航系统

2020 年 7 月 31 日,"北斗三号"全球卫星导航系统正式建成开通。它的建成开通,是国之大事喜事,很多人笑着笑着就哭了。当中,很多工程开创阶段时的科研人员,早已白发苍苍,但他们在建设北斗系统过程中孕育出来的"自主创新、开放融合、万众一心、追求卓越"的新时代北斗精神,已成为"两弹一星"精神、载人航天精神的血脉赓续,不断激励着新时代北斗人继续前行。

筹建北斗卫星导航系统之时,世界上已经建成全球卫星导航系统。起初,我们也想学习效仿其他国家,可是在这个过程中遇到了一些难题。国家安全利益高于一切,所以,北斗系统必须自主可控。

要想在地球上任何地点任何时间实现定位导航,就得保证用户在地球上任何地点任何时间至少"看到"4 颗定位导航卫星。GPS 就是由 24 颗工作卫星组成的。当时,我国底子薄,不可能"一步建全球"。1983 年,"863 计划"倡导者之一陈芳允院士,创造性地提出"双星定位"构想。这一方案,能以最小星座、最少投入、最短周期实现"从无到有"。后来,北斗系统首任工程总设计师孙家栋院士,进一步组织研究提出"三步走"发展战略,决定先建试验系统,再建区域系统,最后建成全球系统。1994年1月10日,国家批准"北斗一号"立项。6年后,我国建成"北斗一号"系统,正式成为世界上第三个拥有自主卫星导航系统的国家。

2004年,我国正式启动"北斗二号"工程建设。中国北斗人仍然没有采取其他全球卫星导航系统的单一轨道星座构型,又一次独树一帜地选择了混合星座的特色发展之路,在国际上首创以地球静止轨道和倾斜地球同步轨道卫星为骨干、兼有中圆地球轨道卫星的混合星座。对于以服务亚太地区为主的"北斗二号"来说,这种"混搭"组合可以用最少卫星数量实现最好覆盖效果,而使用的高轨卫星的抗遮挡能力更强,尤其在低纬度地区性能特点更为明显。此外,混合星座还可以提供多个频点的导航信号,能够通过多频信号组合使用等方式提高服务精度。

2007年4月14日,第一颗"北斗二号"卫星成功发射升空,我国正式进入到"北斗二号"区域布网时代。至2012年10月25日,我国在5年半的时间内先后将16颗"北斗二号"卫星送入太空。又两个月后的12月27日,我国正式宣布:自今日起,北斗系统在继续保留北斗卫星导航试验系统("北斗一号")有源定位、双向授时和短报文通信服务基础上,向亚太大部分地区正式提供连续无源定位、导航、授时等服务,这标志着我国"北斗二号"区域卫星导航系统建成并开始正式提供区域服务。

与其他全球卫星导航系统相比,2020年7月31日正式建成开通的"北斗三号"全球卫星导航系统确实有自己的"独门绝技":除提供全球定位导航授时服务外,还能提供短报文通信、星基增强、国际搜救、精密单点定位、地基增强等多样化服务,能更好地满足用户的多元化需求,是名副其实的"多面手"。特别是短报文服务,其他卫星导航系统用户只能知道"我在哪",北斗用户不但自己知道"我在哪",还能告诉别人"我在哪""在干什么",开创了通信导航一体化的独特服务模式。"在其他通信手段失效的情况下,北斗短报文通信可以成为传递求救信息、拯救生命的最后保险。"如今,"北斗三号"将这一特色服务的功能进行了大幅升级拓展,其中,亚太区域通信能力可达到每次14 000 bit(1 000汉字),既能传输文字,还可传输语音和图片,区域短报文通信能力一次提高近10倍,每次支持用户数量从50万提高到1 200万。此外,全球短报文通信能力每次可达到560 bit(40个汉字)。

星间链路技术让卫星之间可以互相通信,是"北斗三号"实现自主导航的关键。这是因为,北斗系统的运行需要地面站对卫星进行检测和信息注入,但有时卫星并不在地面站可覆盖的上空,而有了星间链路不仅实现了数十颗北斗卫星相互间的通信和数据传输,还能相互测距,自动"保持队形",对运动至境外的卫星进行"一站式测控"。

如今"高大上"的北斗卫星导航系统,已经不知不觉"飞入寻常百姓家"。据北斗卫星导航系统工程总设计师杨长风透露:"在中国入网的智能手机里面,已经有70%以上的手机提供了北斗服务。"如果仔细留意,其实不难发现,天上的北斗不仅与手机相连,我们日常生活很多地方都有它相伴。自2000年我国发射第一颗北斗导航试验卫星以来,历经20年建设发展,北斗系统已经广泛应用于国计民生各个领域。未来,随着北斗全球系统建成,"中国北斗"将进一步造福全球,也将更加广泛而深刻地影响人们的生活。北斗系统服务大众发展前景广阔。基于北斗的导航服务已被电子商务、移动智能终端制造、位置服务等厂商采用,广泛进入中国大众消费、共享经济和民生领域,深刻改变着人们的生产生活方式。在电子商务领域,国内多家电子商务企业的物流货车及配送员,应用北斗车载终端和手环,实现了车、人、货信息的实时调度;在智能穿戴领域,多款支持北斗系统的手表、手环等智能穿戴设备,以及学生卡、老人卡等特殊人群关爱产品不断涌现,得到广泛应用。北斗系统提供服务以来,已在交通运输、农林渔业、水文监测、气象测报、通信时统、电力调度、救灾减灾、公共安全等领域得到广泛应用,产生了显著的经济效益和社会效益。我国电网设备分布广泛,许多电力设施都在无通信公网地区,电网公司一线员工在这些地区进行电网建设或者巡检作业时,往往缺乏有效的通信手段与后方人员取得联系,北斗系统的出现彻底改变了这一状况。在交通运输方面,北斗系统广泛应用于重点运输过程监控、公路基础设施安全监控、港口高精度实时定位调度监控等领域。截至 2019 年年底,国内超过 650 万辆营运车辆、3 万辆邮政和快递车辆,36 个中心城市约 8 万辆公交车、3 200 余座内河导航设施、2 900 余座海上导航设施已应用北斗系统。在农林渔业方面,基于北斗的农机作业监管平台实现农机远程管理与精准作业,服务农机设备超过 5 万台,精细农业产量提高 5%,农机油耗节约 10%。从"梦想在望"变成"梦想在握",今日之北斗已完成"三

图 7-19 北斗导航系统在各领域的应用

步走"的战略。到 2035 年,以北斗系统为核心,我国还将建设更加泛在、更加融合、更加智能的国家综合定位导航授时体系。图 7-19 所示为北斗导航系统在各领域的应用。

"天作棋盘星作子",北斗系统凝结着几代航天人接续奋斗的心血,饱含着中华民族自强不息的本色。广大科技人员自力更生、发愤图强,攻克 160 余项关键核心技术,实现核心器部件百分之百国产化,首创全星座星间链路支持自主运行,创造两年半时间高密度发射 18 箭 30 星的世界导航卫星组网奇迹,展现着矢志不渝、自主创新的志气骨气;从"北斗一号"服务我国及周边地区,到"北斗二号"服务亚太地区,再到"北斗三号"服务全球,中国北斗始终立足中国、放眼世界,相关产品出口 120 余个国家和地区,全球总用户数超 20 亿,让中国的北斗成为世界的北斗,书写着开放融合的生动篇章;400 多家单位、30 余万名科研人员聚力攻关,2 名"两弹一星"元勋和几十名院士领衔出征,1.4 万余家企业、50 余万人从事系统应用推广,彰显着万众一心的团结伟力;全球范围定位精度优于 10 m、测速精度优于 0.2 m/s、授时精度优于 20 ns,不断提升的精度,映照着追求卓越的不懈努力。"调动了千军万马,经历了千难万险,付出了千辛万苦,要走进千家万户,将造福千秋万代",新时代北斗精神是以爱国主义为核心的民族精神和以改革创新为核心的时代精神在航天领域的生动诠释,是"两弹一星"精神、载人航天精神在新时代的赓续传承,是中国共产党人精神谱系的重要组成部分,必将激励我们继续迎难而上、勇攀新的高峰。

"满眼生机转化钧,天工人巧日争新。"当前,新一轮科技革命和产业变革深入发展,科技创新成为国际战略博弈的主要战场,围绕科技制高点的竞争空前激烈。习近平总书记强调:"我们比历史上任何时期都更接近中华民族伟大复兴的目标,我们比历史上任何时期都更需要建设世界科技强国。"奋进新征程、建功新时代,必须大力弘扬新时代北斗精神,坚持独立自主、自力更生,瞄准"卡脖子"难题,攻克关键核心技术,走中国特色自主创新道路;坚持开放包

容、互促共进、聚四海之气、借八方之力,在开放合作中提升创新能力、塑造发展优势,为世界贡献更多中国智慧、中国方案、中国力量;坚持万众一心、团结共进,充分发挥中国体制优势,集中力量办大事,心往一处想、劲往一处使,汇聚同心共筑中国梦的强大合力;坚持追求卓越、精益求精,不断向科学技术广度和深度进军,推进高水平科技自立自强。

仰望星空、北斗璀璨,脚踏实地、行稳致远。如今,一颗颗北斗卫星环绕地球,成为夜空中最亮的"星",照亮了一个民族走向复兴的伟大梦想。在前进道路上,我们要继续弘扬新时代北斗精神,以奋发有为的精神状态、不负韶华的时代担当、实干兴邦的决心意志,不懈探索、砥砺前行,继续走好攀登科技高峰、建设航天强国新长征,加快建设创新型国家和世界科技强国,奋力开创新时代中国特色社会主义事业新局面。

第 8 章 电信新技术

本章导读

通信是推动人类文明进步和经济发展的重要技术,人类在从野蛮向文明步进的过程中,人类的通信手段和通信方式也在不断地发展,在 20 世纪以来,随着人类在信息学、电子技术、软件能力等领域的不断开拓,通信的手段也不断更新。如今,通信技术不再是高深莫测的技术,每一个人都在接触最前沿的通信方式。

《国务院关于加快培育和发展战略性新兴产业的决定》中列了七大国家战略性新兴产业体系,其中包括"新一代信息技术产业"。关于发展"新一代信息技术产业"的主要内容是,"加快建设宽带、泛在、融合、安全的信息网络基础设施,推动新一代移动通信、下一代互联网核心设备和智能终端的研发及产业化,加快推进三网融合,促进人工智能、物联网、云计算的研发和示范应用。着力发展集成电路、新型显示、高端软件、高端服务器等核心基础产业。提升软件服务、网络增值服务等信息服务能力,加快重要基础设施智能化改造。大力发展数字虚拟等技术,促进文化创意产业发展"。

学习目标

(1) 了解通信技术的概念、应用领域和发展趋势。
(2) 了解电信新技术的范围,如 AIoT 与 5G 技术、大数据、人工智能技术等。
(3) 熟悉 AIoT 感知层、网络层和应用层的三层体系结构,了解每层在 AIoT 中的作用。
(4) 熟悉 AIoT 感知层关键技术,包括传感器、自动识别、智能设备等。
(5) 熟悉大数据和云计算中关键技术。
(6) 熟悉人工智能实现原理。
(7) 熟悉通信网络的发展演进。

8.1 AIoT 技术

8.1.1 AIoT 概述

AIoT 即 AI + IoT 的简称,是指人工智能技术与物联网在实际应用中的落地融合。AI + IoT = AIoT 就是 AI(人工智能)与 IoT(物联网)相结合产生的智联网,也就是赋予每一个物体"AI"的能力。换句话来理解,就是将"大数据时代"变成"大数据分析时代"。

AIoT 并不是新技术,而是一种新的 IoT 应用形态,从而与传统 IoT 应用区分开来。如果物联网是将所有可以行使独立功能的普通物体实现互联互通,用网络连接万物,那 AIoT 则是在此基础上赋予其更智能化的特性,做到真正意义上的万物互联。

1. 全面感知

全面感知是指利用无线射频识别(RFID)、传感器、定位器和二维码等手段,随时随地对物体进行信息采集和获取。全面感知解决的是人和物理世界的数据获取问题,这一特征相当于人的五官和皮肤,其主要功能是识别物体、采集信息。

2. 可靠传输

可靠传输是指通过各种电信网络和互联网融合,对接收到的感知信息进行实时远程传送,实现信息的交互和共享,并进行各种有效的处理。通常需要用到现有的电信运行网络,包括无线网络和有线网络。由于传感器网络是一个局部的无线网,因而 4G、5G 移动通信网络、Wi-Fi、ZigBee 也是作为承载 AIoT 的一个有力的支撑载体。

3. 智能处理

智能处理是指利用模糊识别、云计算等各种智能计算技术,对随时接收到的跨行业、跨地域、跨部门的海量信息和数据进行分析处理,提升对经济社会、物理世界各种活动和变化的洞察力,实现智能化的决策和控制。

8.1.2 AIoT 体系架构

AIoT 系统结构复杂,各种系统的功能、结构都存在差异性,但是我们根据计算机网络系统体系结构,能够总结出不同 AIoT 系统内部的共性特征。我们一般按照业界认可,将 AIoT 分为三层体系,从下至上依次是感知层、网络层、应用层,如图 8-1 所示。

1. 感知层

感知层位于 AIoT 体系结构的最底层,它是 AIoT 的基础,它让物品有了实时感知的能力,让物理世界和虚拟信息世界有了交流的渠道。感知层主要采集物理世界中的物理信息量和相关数据,包括物体信息、身份信息、位置信息、音频数据、视频数据等。

感知层所使用的关键技术包括传感器技术、RFID 技术、条码技术、GPS 技术等。

图 8-1　AIoT 体系结构

2. 网络层

网络层是 AIoT 数据传输的桥梁，网络层由互联网、私有网络、无线和有线通信网、网络管理系统和云计算平台构成。网络层主要是要负责数据的安全传递、可靠传输、无障碍通信。它还需要将不同网络环境中的感知层数据进行格式处理，对感知层数据进行预处理、数据清洗等操作。

3. 应用层

应用层是 AIoT 和用户（包括个人、组织或者其他系统）的接口，其主要任务是对感知和传输来的信息进行分析和处理，做出正确的控制和决策，从而实现智能化的管理、应用和服务。应用层必须与行业发展应用需求相结合，该层主要解决的是信息处理和人机界面的问题。

应用层的关键技术包括云计算、数据挖掘、人工智能等。

8.1.3　AIoT 技术的种类

1. RFID 技术

RFID 技术是非接触式的自动识别技术，它通过射频信号来识别目标对象并获取相关数据,识别工作无须人工干预。RFID 技术具有防水、防磁、耐高温、使用寿命长、读取距离大、标签上数据可以加密、存储数据容量更大、存储信息更改自如等优点。

RFID 技术可以应用于身份识别、门禁管制、停车场管制、生产线自动化、物料管理等。

一套完整的 RFID 系统,由电子标签(tag)、阅读器(reader)及应用系统软件三个部分所组成,其工作原理如图 8-2 所示:由阅读器通过发射天线发送特定频率的射频信号,当电子标签进入有效工作区域时产生感应电流,从而获得能量被激活,使得电子标签将自身编码信号通过内置射频天线发送出去;阅读器的接收天线接收到从标签发送来的调制信号,经天线调节器传送到阅读器信号处理模块,经解调和解码后将有效信号送至后台主机系统进行相关处理;主机系统根据逻辑运算识别该标签的身份,针对不同的设定做出相应的处理和控制,最终发出指令信号控制阅读器完成不同的读写操作。

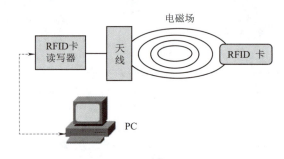

图 8-2　RFID 系统工作原理

1)电子标签

电子标签由耦合元件及芯片组成,每个标签具有唯一的电子编码,高容量电子标签有用户可写入的存储空间,附着在物体上标识目标对象。标签进入 RFID 阅读器扫描场以后,接收到阅读器发出的射频信号,凭借感应电流获得的能量发送出存储在芯片中的电子编码(被动式标签),或者主动发送某一频率的信号(主动式标签)。常见的电子标签如图 8-3 所示。

图 8-3　常见的电子标签

2)阅读器

阅读器由天线、耦合元件、芯片组成,读取(或者写入)标签信息的设备,可设计为手持式 RFID 读写器或固定式读写器。阅读器是 RFID 系统最重要也是最复杂的一个组件。因其工作模式一般是主动向标签询问标识信息,所以有时又被称为询问器(interrogator)。阅读器可以通过标准网口、RS232 串口或 USB 接口同主机相连,通过天线同 RFID 标签通信。有时为了方便,阅读器和天线及智能终端设备会集成在一起形成可移动的手持式阅读器。常见的 RFID

阅读器如图 8-4 所示。

图 8-4　常见的 RFID 阅读器

3）应用系统软件

RFID 系统的应用系统软件，一般位于主机、智能终端中，主要是将阅读器收到的数据，进行分析应用，应用软件可以根据 RFID 的数据，完成数据可视化，让操作者更方便的管理电子标签中的数据。

RFID 是一项易于操控、简单实用且特别适合用于自动化控制的灵活性应用技术，它既可支持只读工作模式也可支持读写工作模式，且无须接触或瞄准。它可自由工作在各种恶劣环境下：短距离射频产品不怕油渍、灰尘污染等恶劣的环境，可以替代条码，例如，用在工厂的流水线上跟踪物体；长距离射频产品多用于交通上，识别距离可达几十米，如自动收费或识别车辆身份等。

RFID 主要有以下几方面的优势。

(1) 读取方便快捷：数据的读取无须光源，甚至可以透过外包装来进行。有效识别距离更大，采用自带电池的主动标签时，有效识别距离可达到 30 m 以上。

(2) 识别速度快：标签一进入磁场，解读器就可以即时读取其中的信息，而且能够同时处理多个标签，实现批量识别。

(3) 数据容量大：数据容量最大的二维条形码（PDF417），最多也只能存储 2 725 个数字；若包含字母，存储量则会更少。RFID 标签则可以根据用户的需要扩充到上万个数字。

(4) 使用寿命长，应用范围广：其无线电通信方式，使其可以应用于粉尘、油污等高污染环境和放射性环境，而且其封闭式包装使得其寿命大大超过印刷的条形码。

(5) 标签数据可动态更改：利用编程器可以写入数据，从而赋予 RFID 标签交互式便携数据文件的功能，而且写入时间相比打印条形码更少；不仅可以嵌入或附着在不同形状、类型的产品上，而且可以为标签数据的读写设置密码保护，从而具有更高的安全性。

(6) 动态实时通信：标签以与每秒 50～100 次的频率与解读器进行通信，所以只要 RFID 标签所附着的物体出现在解读器的有效识别范围内，就可以对其位置进行动态的追踪、监控。

2. 传感器技术

传感技术就是传感器的技术，可以感知周围环境或者特殊物质，比如气体感知、光线感知、温湿度感知、人体感知等，把模拟信号转化成数字信号，给中央处理器处理，最终形成结果显示出来。传感器技术是迅猛发展的高新技术之一,也是当代科学技术发展的一个重要标志。

传感器技术是科学研究和工业技术的"耳目"。在基础学科和尖端技术的研究中,大到上千光年的茫茫宇宙,小到 10^{-13} cm 的微观粒子;长到数十亿年的天体演化,短到 10^{-24} s 的瞬间反应;低到 0.01 K 的超低温、10^{-13} Pa 的超真空……要测量或检测如此极端的信息,人的感觉器官和一般的电子设备已无能为力,必须借助于配有相应传感器的高精度测控仪器或大型测控系统才能完成。传感器是人类五官的延伸,故人们形象地把传感器称为"电五官"。

传感器的定义是感受被测量的量,并按照一定的规律转换为同种或者别种性质的输出信号的装置。电信号容易保存、处理、放大、计算、传输,且计算机可以直接处理,所以传感器的输出一般是电信号。

传感器的作用一般是把被测的非电量转换成电量输出,因此它首先应包含一个元件去感受被测非电量的变化。传感器中完成测量功能的元件称为敏感元件(或预变换器)。例如,应变式压力传感器的作用是将输入的压力信号变换成电压信号输出,它的敏感元件是一个弹性膜片,其作用是将压力转换成膜片的变形。敏感元件是直接感受被测量的部分。

传感器中将敏感元件输出的中间非电量转换成电量输出的元件称为转换元件(或转换器),它是利用某种物理的、化学的效应来达到这一目的的。例如,应变式压力传感器的转换元件是一个应变片,它利用电阻应变效应(金属导体或半体的电阻随着它所受机械变形的大小而发生变化的现象),将弹性膜片的变形转换为电阻值的变化。转换元件是将敏感元件被测量的信号转换成电信号的部分。但是对于一些传感器,它的敏感元件和转换元件是合二为一的,它的被测非电量可以直接转换成电量。例如,热电阻温度传感器的铜电阻可以直接将被测温度转换为电阻值的输出。

转换元件输出的电量常常难以直接进行显示、处理和控制,这时需要将其进一步变换成可直接利用的电信号,而传感器中完成这一功能的部分称为信号调理电路。它是把传感元件输出的电信号转换为便于显示、处理和控制的有用电信号的电路。例如,应变式压力传感器中的测量电路是一个电桥电路,它可以将应变片输出的电阻值转换为一个电压信号,经过放大后即可推动记录、显示仪表的工作。信号调理电路的选择视转换元件的类型而定,经常采用的有电桥电路、脉宽调制电路、振荡电路、高阻抗转输入电路等。

综上所述,传感器一般由敏感元件、转换元件、信号调理电路和辅助电源四部分组成,如图 8-5 所示。其中敏感元件和转换元件可能合二为一,而有的传感器不需要辅助电源。

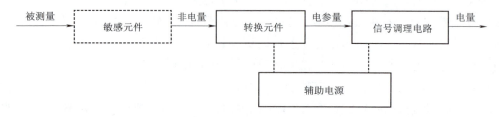

图 8-5 传感器的组成

常见的传感器类型有电阻式传感器、变频功率传感器、称重传感器、电阻应变式传感器、压阻式传感器、热电阻传感器、激光传感器、霍尔传感器、温度传感器、无线温度传感器、智能传感器、光敏传感器、生物传感器、视觉传感器、位移传感器、压力传感器、超声波测距离传感器、2.4 GHz雷达传感器、一体化温度传感器、液位传感器、真空度传感器、电容式物位传感器、电导传感器。

3. 通信技术

AIoT就是用新一代的信息通信技术(ICT)将分布在不同地点的物体互联起来使得相互之间的物体能够像人与人一样相互通信,以增强物体智能化。AIoT通信技术解决的是具有智能的物体在局域或者广域范围内信息可靠传递,让分处不同地域的物体能够协同工作。

现代通信技术是以电磁波、声波或光波的形式把信息通过电脉冲,从发送端(信源)传输到一个或多个接收端(信宿)。接收端能否正确辨认信息,取决于传输中的损耗功率高低。所以,现代通信技术最终的目的是去除外部影响,正确地传递信息。

AIoT中的通信,是建立在互联网通信的基础上,利用了互联网通信中的多种方法,如光纤通信技术、混合光纤同轴电缆通信技术(HFC)、移动通信技术(4G、5G)等,还有专门面向AIoT的通信技术,例如,窄带AIoT(NB-IoT)技术、蓝牙、ZigBee等技术。

1) 窄带AIoT技术

长距离通信技术NB-IoT是一种革新性的技术,是由华为主导,由3GPP定义的基于蜂窝网络的窄带AIoT技术。NB-IoT协议栈基于LTE设计,但是根据AIoT的低速率、低功耗的需求,去掉了一些不必要的功能,减少了协议栈处理流程的开销。NB-IoT相对于其他短距离高通信技术优势明显。

NB-IoT是在基于FDDLTE技术改的,物理层设计大部分沿用LTE系统技术,NB-IoT标准与LTE的空口标准有很多相同或相似之处,比如NB-IoT沿月LTE定义的频段号,Release13为NB-IoT指定了14个频段,用SC-FDMA,下行采用OFDM。高层协议设计沿用LTE协议,针对其小数据包、低功耗和大连接特性进行功能增强。核心网部分基于S1接口连接,支持独立部署和升级部署两种方式。

NB-IoT技术特点有低功耗和大容量。所以NB-IoT技术适合于大规模部署的水表、电表等设备。

2) 蓝牙技术

蓝牙是一种无线通信技术标准,实现两个设备之间的短距信息交换。蓝牙融了快速跳频、时分多址和短包等先进技术,提供了点对点和点对多点通信,同时提供了统一的通信接口协议,克服了数据同步的难题,简化设备之间和设备与Internet之间的通信,使得数据传输更加高速有效。

蓝牙技术的特点归纳为以下几个方面。

(1) 标准统一,使用2.4 GHz,无须申请许可。
(2) 采用电路交换和分组交换技术,可同时传输语音和数据。
(3) 采用跳频(frequency hopping)技术,抗干扰能力强。
(4) 提供了加密和认证功能,保证通信安全。
(5) 体积小,便于集成;功耗低,可以更好地融入嵌入式系统。
(6) 通信距离为10 m,根据设备需要扩展至100 m。

3) ZigBee 技术

ZigBee 是一种无线数传网络,可以工作在 2.4 GHz(全球通行)、868 MHz(欧洲流行)和 915 MHz(美国流行)3 个频段上,分别具有最高 250 kbit/s、20 kbit/s 和 40 kbit/s 的传输速率,它的传输距离在 10～75 m 的范围内,但可以继续增加。作为一种无线通信技术,其具有以下特点。

(1) 低功耗。ZigBee 的传输速率低,发射功率仅为 1 MW,支持休眠和唤醒模式。据估算,ZigBee 设备仅靠两节 5 号电池就可以维持长达 6 个月到 2 年的使用时间。

(2) 时延短。通信时延和从休眠状态激活的时延都非常短,典型的搜索设备时延 30 ms,休眠激活的时延是 15 ms,活动设备信道接入的时延 15 ms。因此 ZigBee 技术适用于对时延要求苛刻的无线控制(如工业控制场合等)应用。

(3) 网络容量大。ZigBee 是一个由可多到 65 535 个模块组成的一个无线数传网络平台,在整个网络范围内,每一个 ZigBee 模块之间可以相互通信,每个网络节点间的距离可以从标准的 75 m 无限扩展。

(4) 安全可靠。ZigBee 采取了碰撞避免策略,同时为需要固定带宽的通信业务预留了专用时隙,避开了发送数据的竞争和冲突。MAC 层采用了完全确认的数据传输模式,每个输送的数据包都必须等待接收方的确认信息。如果传输过程中出现问题可以进行重发。ZigBee 提供了基于循环冗余校验(CRC)功能,支持数据包完整性鉴权和认证,采用了 AES-128 的加密算法,各个应用可以灵活确定其安全属性。

4. M2M 技术

M2M(machine-to-machine)即"机器对机器"的缩写,也有人理解为人对机器、机器对人等,旨在通过通信技术来实现人、机器和系统三者之间的智能化、交互式无缝连接。

M2M 的核心目标就是使生活中所有的机器设备都具备联网和通信的能力,是 AIoT 实现的基础平台。M2M 是基于特定行业终端,以公共无线网络为接入手段,为客户提供机器到机器的通信解决方案,满足客户对生产过程监控、指挥调度、远程数据采集和测量、远程诊断等方面的信息化需求。M2M 不是简单的数据在机器和机器之间的传输,更重要的是,它是机器和机器之间的一种智能化、交互式的通信。也就是说,即使人们没有实时发出信号,机器也会根据既定程序主动进行通信,并根据所得到的数据智能化地做出选择,对相关设备发出正确的指令。可以说,智能化、交互式成为 M2M 有别于其他应用的典型特征,这一特征下的机器也被赋予了更多的"思想"和"智慧"。

8.1.4 AIoT 应用

1. 智慧城市

"智慧城市"在广义上指城市信息化,即通过建设宽带多媒体信息网络、地理信息系统等基础设施平台,整合城市信息资源,建立电子政务、电子商务、劳动社会保险等信息化社区,逐步实现城市国民经济和社会的信息化,使城市在信息化时代的竞争中立于不败之地。

智慧城市将人与人之间的 P2P 通信扩展到了机器与机器之间的 M2M 通信;通信网+互

联网+AIoT构成了智慧城市的基础通信网络;并在通信网络上叠加城市信息化应用。

全球有600多个城市正在建设"智慧城市"。美国的亚特兰大、波士顿、拉斯维加斯、洛杉矶、旧金山、西雅图、费城、奥斯汀、克利夫兰、马里恩、匹兹堡、密尔沃基等城市都在建设无线网络,新加坡、日本、韩国的首尔、仁川、釜山等城市及马来西亚的吉隆坡、澳大利亚的悉尼在积极建设无线数字城市。

智慧城市以构建面向未来的绿色智能城市为理念,提供平安城市、应急指挥、智能交通、政府热线、无线城市、数字城管、数字景区、数字医疗等丰富的城市信息化解决方案。智慧城市全景图如图8-6所示。

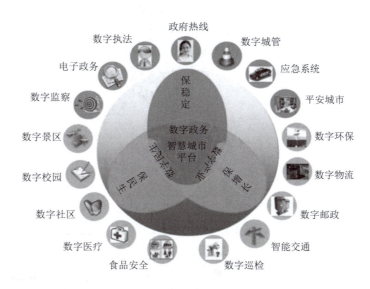

图8-6　智慧城市全景图

2. 智能家居

智能家居可以让用户使用更方便的手段来管理家庭电子电器设备,提高生活品质,如通过手机或PAD无线控器、电话、互联网控制家用设备(灯光、窗帘、电视及空调等),更可以执行场景操作,使多个设备形成联动。

另外,智能家居内的各种设备相互间可以通信,不需要用户指挥也能根据不同的状态互动运行,从而给用户带来最大限度的高效、便利、舒适与安全。

智能家居系统主要由安全防护系统、家电控制系统、照明管理系统、健康监测系统、环境调节系统、应急服务系统等组成,如图8-7所示。

总之,智能家居可以为人们带来更为惬意、轻松的生活。如今人们的工作生活节奏越来越快,智能家居可以为人们减少烦琐家务,提高效率,节约时间,让人们有更多的时间去休息、教育子女、锻炼身体和学习进修,使人们的生活质量有一个很大的提高。智能家居的解决方案有各种不同的方式,可以以互联网为中心,在家庭网络连接下结合多种智能家居功能,包括家居设施控制、信息服务、通信交流、商务、娱乐、教育、医疗保健、移动通信等来实现家居的各种智能化控制手段与功能。

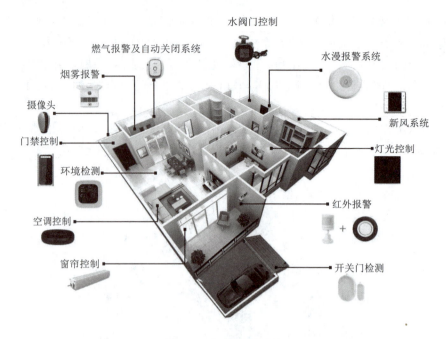

图 8-7 智能家居系统

3. 智能物流

智能物流就是利用条形码、射频识别技术、传感器技术、全球定位系统等先进的 AIoT 技术，通过技术平台广泛应用于物流业的活动流程，实现货物运输过程的自动化运作和效率优化管理，提高物流行业的服务水平，降低成本，减少自然资源和社会资源消耗。AIoT 将传统物流技术与智能化系统运作相结合，进而能够更好更快地实现智能物流的信息化、智能化、自动化、透明化的运作模式。智能物流在实施的过程中强调的是物流过程数据智慧化、网络协同化和决策智慧化。智能物流在功能上要实现六个"正确"，即正确的货物、正确的数量、正确的地点、正确的质量、正确的时间、正确的价格，在技术上要实现物品识别、地点跟踪、物品溯源、物品监控、实时响应。

物流业是较早接触 AIoT 的行业，也是较早应用 AIoT 技术的。智能物流理念的提出，符合 AIoT 发展的趋势。

智能物流的关键技术如下：

1）自动识别技术

自动识别技术是以计算机、光、机、电、通信等技术的发展为基础的一种高度自动化的数据采集技术。它通过应用一定的识别装置，自动地获取被识别物体的相关信息，并提供给后台的处理系统来完成相关后续处理的一种技术。它能够帮助人们快速而又准确地进行海量数据的自动采集和输入，在运输、仓储、配送等方面已得到广泛的应用。经过近 30 年的发展，自动识别技术已经发展成为由条码识别技术、智能卡识别技术、光字符识别技术、射频识别技术、生物识别技术等组成的综合技术，并正在向集成应用的方向发展。

2）GIS 技术

GIS 是打造智能物流的关键技术与工具，使用 GIS 可以构建物流一张图，将订单信息、网点信息、送货信息、车辆信息、客户信息等数据都在一张图中进行管理，实现快速智能分单、网点合理布局、送货路线合理规划、包裹监控与管理。

GIS 技术可以帮助物流企业实现基于地图的服务。

（1）网点标注：将物流企业的网点及网点信息（如地址、电话、提送货等信息）标注到地图上，便于用户和企业管理者快速查询。

（2）片区划分：从"地理空间"的角度管理大数据，为物流业务系统提供业务区划管理基础服务，如划分物流分单责任区等，并与网点进行关联。

（3）快速分单：使用 GIS 地址匹配技术，搜索定位区划单元，将地址快速分派到区域及网点，并根据该物流区划单元的属性找到责任人以实现"最后一公里"配送。

（4）车辆监控管理系统：从货物出库到到达客户手中全程监控，减少货物丢失；合理调度车辆，提高车辆利用率；各种报警设置，保证货物、司机、车辆安全，节省企业资源。

（5）物流配送路线规划辅助系统：用于辅助物流配送规划，合理规划路线，保证货物快速到达，节省企业资源，提高用户满意度。

3）人工智能技术

人工智能就是探索研究用各种机器模拟人类智能的途径，使人类的智能得以物化与延伸的一门学科。它借鉴仿生学思想，用数学语言抽象描述知识，用以模仿生物体系和人类的智能机制，主要的方法有神经网络、进化计算和粒度计算三种。

4）数据挖掘技术

数据挖掘是从大量的、不完全的、有噪声的、模糊的及随机的实际应用数据中，挖掘出隐含的、未知的、对决策有潜在价值的知识和规则的过程。一般分为描述型数据挖掘和预测型数据挖掘两种。描述型数据挖掘包括数据总结、聚类及关联分析等，预测型数据挖掘包括分类、回归及时间序列分析等。其目的是通过对数据的统计、分析、综合、归纳和推理，揭示事件间的相互关系，预测未来的发展趋势，为企业的决策者提供决策依据。

4. 智能交通

智慧交通是在智能交通的基础上，融入人工智能、物联网、云计算、大数据、移动互联网等新技术，通过汇集交通信息，提供实时交通数据的交通信息服务。大量使用了数据模型、数据挖掘等数据处理技术，实现了智慧交通的系统性、实时性、信息交流的交互性及服务的广泛性。将先进的信息技术、数据通信传输技术、电子传感技术、控制技术及计算机技术等有效地集成并运用于交通系统，从而提高交通系统效率的综合性应用系统。其目标在于提高运输效率，保障交通安全，缓解交通拥堵，减少空气污染。

智慧交通应用系统包括以下内容。

1）电子警察

高清闯红灯电子警察系统利用先进的光电、计算机、图像处理式识别、远程数据访问等技术。利用每一辆车对应唯一的车牌号的条件，对监控路面过往的每一辆机动车的车辆和车号牌图像进行连续全天候实时记录。

2)道路情况可视化

利用 GIS 和 GPS 系统,将道路信息和车辆信息同步到系统中,如图 8-8 所示。

图 8-8　道路情况可视化

3)交通信息发布系统

交通诱导信息屏主要对出行车辆进行群体性交通诱导,由出行车辆根据诱导信息自主选择出行路径。根据不同的设置地点可以选择以下三种交通诱导信息屏,如图 8-9 所示。

图 8-9　交通诱导信息屏

(1)可变信息标志屏。采用绿、黄、红分别表示路段畅通、拥挤、堵塞。

(2)图文+可变信息标志屏。交通信息提示事故、施工、交通管制等。

(3)可变图文 LED 显示屏。可以显示前方路段实施交通路况、滚动显示交通事件及公共交通安全信息宣传。

8.2 云计算与大数据

8.2.1 云计算概述

云计算是在社会经济发展需求、商业模式转变等 IT 应用行业的推动下,促进 IT 技术发生飞跃发展的产物。因此,云计算是网格计算(grid computing)、分布式计算(distributed computing)、并行计算(parallel computing)、网络存储(network storage technologies)、虚拟化(virtualization)、负载均衡(load balance)等传统计算机技术和网络技术发展融合的产物。

按照美国国家标准与技术研究院的定义:云计算是一种按使用量付费的模式,这种模式提供可用的、便捷的、按需的网络访问,进入可配置的计算资源共享池(资源包括网络、服务器、存储、应用软件、服务),这些资源能够被快速提供,只需投入很少的管理工作,或与服务供应商进行很少的交互。

按照维基百科定义:云计算是一种基于互联网的计算方式,通过这种方式,共享的软硬件资源和信息可以按需求提供给计算机和其他设备。云计算依赖资源的共享以达成规模经济,类似基础设施(如电力网)。

8.2.2 云计算体系结构

传统 IT 架构体系对于基础设施的硬件、软件、应用依赖性很强,而云计算体系构架经过虚拟化后,一方面降低了传统模式的系统资源依赖性,另一方面大大提高了服务质量,降低了成本,提高了效率,如图 8-10 所示。

与传统 IT 构架相比,云计算服务有以下几个重要的特征。

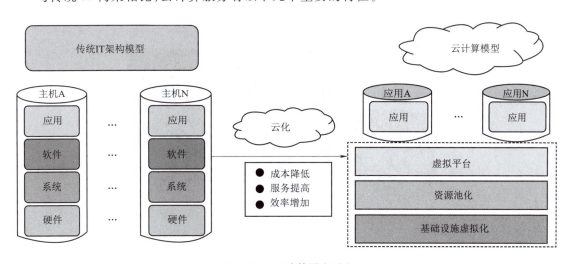

图 8-10 云计算服务特征

1. 按需自助服务的特征

云计算就像我们生活中使用水、电资源一样,根据自己的需求自主获取,用量的多少及什么时候要用,自由灵活。

2. 无处不在的网络访问

云计算提供了各种多渠道的网络访问模式,只要有网络的地方就可以使用云计算,不论是使用手机、笔记本、台式机或平板电脑均可自由访问。

3. 资源池化

服务提供者把资源汇聚后,解耦了传统 IT 模式对资源的依赖模式,所有资源均在资源池中获取,无须担心传统 IT 模式中依赖性极强的耦合模式带来的诸多问题。

4. 快速灵活

云计算服务可以根据用户需求快速且灵活地提供各种基础设施、软件、硬件、平台、数据方面的服务,根据用户需求提供的各类服务不但快速而且还有很强的灵活性。

5. 服务自动按量计费

云计算系统本身有很好的计量功能,可以自动根据用户使用的计费模式进行计费。具有很高的透明度和灵活性。

8.2.3 云计算应用

云计算作为一种商业模式向用户提供友好界面服务,各大云服务商都推出自己的服务产品,云计算企业都想抢占更多的市场份额,所以提供了云计算参考模型中,四层两域从基础设施层到应用层的服务,即提供了基础设施即服务(IaaS)、平台即服务(PaaS)、软件即服务(SaaS)三大类名目种类繁多的服务类型。云计算的三种模型如图 8-11 所示。

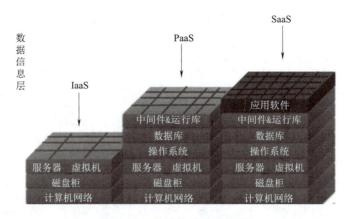

图 8-11 云计算的三种模型

1. 基础设施即服务

租用计算、存储、网络等基础计算资源,主要提供云操作系统、云安全、虚拟化管理、服务器、云硬盘、云网络、云服务等关于基础设施层的服务。

2. 平台即服务

在云上部署用户创建的应用软件,主要提供云数据库、中间件、其他通用组件等各种支撑平台服务。

3. 软件即服务

通过网络使用提供商的应用软件,主要提供协同办公、信息公开、网盘、电子邮件等各类应用。

云计算是在商业模式发生转变、应用需求不断提升、IT 技术的发展、网络技术提高等共同作用下催生的产物,而云计算技术的不断发展又反哺各行各业,为不同行业提供了更为强大和安全可靠、弹性伸缩、按需自助等服务,服务项目包括计算、网络、存储、管理、数据、软件等。大数据、区块链、AIoT、人工智能等均有云计算应用服务的相关内容。

云计算在工业云与智能制造、农业云与智慧农业、政务云与电子政务、金融云与智慧银行、商贸云与新零售、智慧城市、健康云医院、云机房等诸多领域均有应用。

8.2.4 大数据概述

从 20 世纪开始,各行业的信息化得到了空前发展,以此累计大量的数据,在这些数据中,大部分数据属于非结构化数据。虽然目前的硬件水平,能够很好地储存这些数据,但是如何让这些数据产生最大的商业价值,如何快速的管理、查询、分析数据,如何让软件层实现 ZB 级别的存储,这仍是目前所需要面临的问题。因此,大数据技术由此而生,进一步的解决目前的问题。

大数据不是一项单一的技术,而是一个概念,是一套技术,是一个生态圈。大数据技术和专业术语多达几十个,这些技术和术语记录了大数据从概念到成熟并进入主流应用的过程。数据挖掘、预测分析、分布式存储都属于大数据范畴。政府和企业希望从自己的数据中获得多的信息,软件厂商希望将"大数据解决方案"融入公司的产品之中。在大数据软件公司的助推下,政府和企业已经有能力利用廉价的服务器、开源技术和云计算来进行大数据部署。

对于什么是"大数据",不同的研究机构从不同的角度给出了不同的定义。研究机构 Gartner 认为:大数据是需要新处理模式才能具有更强的决策力、洞察发现力和流程优化能力来适应海量、高增长率和多样化的信息资产。麦肯锡全球研究所认为:大数据指的是大小超出常规的数据库工具获取、存储、管理和分析能力的数据集,但它同时强调,并不是说一定要超过特定数值的数据才能算是大数据。根据维基百科的定义,大数据是指无法在可承受的时间范围内用常规软件工具进行捕捉、管理和处理的数据集合。IDG 认为:大数据一般会涉及两种或两种以上数据形式,它要收集超过 100 TB 的数据,并且是高速实时数据流;或者是从小数据开始,但数据每年会增长 60% 以上。

1. 大数据的四大特性

大数据具有 4V 特征,即数据体量大(volume)、数据类型繁多(variety)、数据产生速度快(velocity)、数据价值密度低(value)。

1) 数据体量大

某导航一天产生的数据超过 1.5 PB(1 PB = 1 024 TB),如果全部打印出来,需要用到 5 000 千亿张 A4 纸。而目前人类记录的纸质资料,数据量仅 200 PB。

2）数据种类繁多

现在数据不仅仅是文字信息，更多的是音频、视频、图片、地理信息位置等多类型数据，个性化数据占比较大。

3）数据产生速度快

绝大多数数据遵循"一秒钟"原则，可以从大规模的数据中获取高价值数据。

4）数据价值密度低

以监控为例，1 h 数据有意义的仅有 2~3 s。

大数据并非是说有数百个太字节才算。在实际使用情况中，有时候数百个吉字节数据也可称为大数据，这主要考虑速度维度或者时间维度。假如能在 1 s 的时间内处理完通常需要花费 1 h 才能处理完的数据就会极大地增加数据的价值。所谓大数据技术，就是至少实现这四个判据（特征）中的几个。

2. 大数据的作用

第一，对大数据的处理分析正成为新一代信息技术融合应用的结点。移动互联网、物联网、社交网络、数字家庭、电子商务等是新一代信息技术的应用形态，这些应用不断产生大数据。云计算为这些海量、多样化的大数据提供存储和运算平台。通过对不同来源数据的管理、处理、分析与优化，将结果反馈到上述应用中，将创造出巨大的经济和社会价值。换而言之，如果把大数据比作一种产业，那么这种产业实现盈利的关键在于提高对数据的"加工能力"，通过"加工"实现数据的"增值"。

第二，大数据是信息产业持续高速增长的新引擎。面向大数据市场的新技术、新产品、新服务、新业态会不断涌现。在硬件与集成设备领域，大数据将对芯片、存储产业产生重要影响，还将催生一体化数据存储处理服务器、内存计算等市场。在软件与服务领域，大数据将引发数据快速处理分析、数据挖掘技术和软件产品的发展。

第三，大数据利用将成为提高核心竞争力的关键因素。各行各业的决策正在从"业务驱动"转变为"数据驱动"。对大数据的分析可以使零售商实时掌握市场动态并迅速做出应对；可以为商家制定更加精准有效的营销策略提供决策支持；可以帮助企业为消费者提供更加及时和个性化的服务；在医疗领域，可提高诊断准确性和药物有效性；在公共事业领域，大数据也开始发挥促进经济发展、维护社会稳定等方面的重要作用。在大数据时代，科学研究的方法手段将发生重大改变。例如，抽样调查是社会科学的基本研究方法。在大数据时代，可通过实时监测、跟踪研究对象在互联网上产生的海量行为数据，进行挖掘分析，揭示变化规律，提出研究结论和对策。

3. 大数据时代要面临的问题

随着大数据应用的爆发性增长，它已经衍生出了自己独特的架构，而且也直接推动了存储、网络及计算技术的发展。毕竟处理大数据这种特殊的需求是一个新的挑战。硬件的发展最终还是由软件需求推动的，就这个例子来说，我们很明显地看到大数据分析应用需求正在影响着数据存储基础设施的发展。

这一变化对存储厂商和其他 IT 基础设施厂商未尝不是一个机会。随着结构化数据和非结构化数据量的持续增长,以及分析数据来源的多样化,此前存储系统的设计已经无法满足大数据应用的需要。存储厂商已经意识到这一点,他们开始修改基于块和文件的存储系统的架构设计以适应这些新的要求。在这里,我们会讨论与大数据存储基础设施相关的属性,看看它们如何迎接大数据的挑战。

1)容量问题

这里所说的"大容量"通常可达到拍字节级的数据规模,因此,海量数据存储系统也一定要有相应等级的扩展能力。与此同时,存储系统的扩展一定要简便,可以通过增加模块或磁盘柜来增加容量,甚至不需要停机。基于这样的需求,客户现在越来越青睐 Scale-out 架构的存储。Scale-out 集群结构的特点是每个节点除了具有一定的存储容量之外,内部还具备数据处理能力及互联设备,与传统存储系统的烟囱式架构完全不同,Scale-out 架构可以实现无缝平滑的扩展,避免存储孤岛。

"大数据"应用除了数据规模巨大之外,还意味着拥有庞大的文件数量。因此如何管理文件系统层累积的元数据是一个难题,若处理不当会影响到系统的扩展能力和性能,而传统的 NAS 系统就存在这一瓶颈。所幸的是,基于对象的存储架构就不存在这个问题,它可以在一个系统中管理十亿级别的文件数量,而且还不会像传统存储一样遭遇元数据管理的困扰。基于对象的存储系统还具有广域扩展能力,可以在多个不同的地点部署并组成一个跨区域的大型存储基础架构。

2)延迟问题

"大数据"应用还存在实时性的问题,特别是涉及与网上交易或者金融类相关的应用。举个例子来说,网络成衣销售行业的在线广告推广服务需要实时地对客户的浏览记录进行分析,并准确地进行广告投放。这就要求存储系统在必须能够支持上述特性的同时保持较高的响应速度,因为响应延迟的结果是系统会推送"过期"的广告内容给客户。这种场景下,Scale-out 架构的存储系统就可以发挥出优势,因为它的每一个节点都具有处理和互联组件,在增加容量的同时处理能力也可以同步增长。而基于对象的存储系统则能够支持并发的数据流,从而进一步提高数据吞吐量。

有很多"大数据"应用环境需要较高的 IOPS(input/output operations per second),即每秒进行读写(I/O)操作的次数,适用于数据库等场合,可以用这个参数测试随机访问的性能,比如 HPC 高性能计算。此外,服务器虚拟化的普及也导致了对高 IOPS 的需求,正如它改变了传统 IT 环境一样。为了迎接这些挑战,各种模式的固态存储设备应运而生,小到简单的在服务器内部做高速缓存,大到全固态介质的可扩展存储系统等都在蓬勃发展。

3)安全问题

某些特殊行业的应用,比如金融数据、医疗信息及政府情报等都有自己的安全标准和保密性需求。虽然对于 IT 管理者来说这些并没有什么不同,而且都是必须遵从的,但是,大数据分析往往需要多类数据相互参考,而在过去并不会有这种数据混合访问的情况。因此大数据应用也催生出一些新的、需要考虑的安全性问题。

4)灵活性

大数据存储系统的基础设施规模通常都很大,因此必须经过仔细设计,才能保证存储系统的灵活性,使其能够随着应用分析软件一起扩容及扩展。在大数据存储环境中,已经没有必要再做数据迁移了,因为数据会同时保存在多个部署站点。一个大型的数据存储基础设施一旦开始投入使用,就很难再调整了,因此它必须能够适应各种不同的应用类型和数据场景。

8.3 人工智能

8.3.1 人工智能概述

人工智能(artificial intelligence,AI),是研究、开发用于模拟、延伸和扩展人的智能的理论、方法、技术及应用系统的一门新的技术科学。

人工智能是计算机科学的一个分支,它企图了解智能的实质,并生产出一种新的能以人类智能相似的方式做出反应的智能机器,该领域的研究包括机器人、语言识别、图像识别、自然语言处理和专家系统等。人工智能从诞生以来,理论和技术日益成熟,应用领域也不断扩大,可以设想,未来人工智能带来的科技产品将会是人类智慧的"容器"。人工智能是机器对人的思维方式的模拟。人工智能不是人的智能,但能像人那样思考,也可能超过人的智能。

人工智能是一门极富挑战性的科学,从事这项工作的人必须懂得计算机知识,心理学和哲学。人工智能是包括十分广泛的科学,它由不同的领域组成,如机器学习,计算机视觉等。总的说来,人工智能研究的一个主要目标是使机器能够胜任一些通常需要人类智能才能完成的复杂工作。但不同的时代、不同的人对这种"复杂工作"的理解是不同的。

1. 人工智能的研究内容

人工智能的研究是高度技术性和专业的,各分支领域都是深入且各不相通的,因而涉及范围极广。人工智能学科研究的主要内容包括知识表示、自动推理和搜索方法、机器学习和知识获取、知识处理系统、自然语言理解、计算机视觉、智能机器人、自动程序设计等方面,在金融、制造、汽车等行业广泛应用。人工智能的应用领域如图8-12所示。

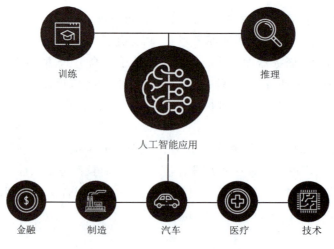

图 8-12 人工智能的应用领域

(1) 知识表示是人工智能的基本问题之一,推理和搜索都与表示方法密切相关。常用的知识表示方法有逻辑表示法、产生式表示法、语义网络表示法和框架表示法等。

(2) 常识,自然为人们所关注,已提出多种方法,如非单调推理、定性推理就是从不同角度来表达常识和处理常识的。

(3) 问题求解中的自动推理是知识的使用过程,由于有多种知识表示方法,相应地也有多种推理方法。推理过程一般可分为演绎推理和非演绎推理。谓词逻辑是演绎推理的基础。结构化表示下的继承性能推理是非演绎性的。由于知识处理的需要,近几年来提出了多种非演绎的推理方法,如连接机制推理、类比推理、基于示例的推理、反绎推理和受限推理等。

(4) 搜索是人工智能的一种问题求解方法,搜索策略决定着问题求解的一个推理步骤中知识被使用的优先关系。搜索可分为无信息导引的盲目搜索和利用经验知识导引的启发式搜索。启发式知识常由启发式函数来表示,启发式知识利用得越充分,求解问题的搜索空间就越小。典型的启发式搜索方法有蚁群算法、粒子群算法等。近几年,搜索方法研究开始注意那些具有百万节点的超大规模的搜索问题。

(5) 机器学习是人工智能的另一个重要课题。机器学习是指在一定的知识表示意义下获取新知识的过程,按照学习机制的不同,主要有归纳学习、分析学习、连接机制学习和遗传学习等。

(6) 知识处理系统主要由知识库和推理机组成。知识库存储系统所需要的知识,当知识量较大而又有多种表示方法时,知识的合理组织与管理是重要的。推理机在问题求解时,规定使用知识的基本方法和策略,推理过程中为记录结果或通信需设数据库或采用黑板机制。如果在知识库中存储的是某一领域(如医疗诊断)的专家知识,则这样的知识系统称为专家系统。为适应复杂问题的求解需要,单一的专家系统向多主体的分布式人工智能系统发展,这时知识共享、主体间的协作、矛盾的出现和处理将是研究的关键问题。

2. 人工智能的应用领域

1) 问题求解

人工智能的第一大成就是下棋程序,在下棋程序中应用的某些技术,如向前看几步,把困难的问题分解成一些较容易的子问题,发展成为搜索和问题归纳这样的人工智能基本技术。今天的计算机程序已能够达到下各种方盘棋和国际象棋的锦标赛水平。但是,尚未解决包括人类棋手具有的但尚不能明确表达的能力。如国际象棋大师们洞察棋局的能力,如图8-13所示。另外,一个问题是涉及问题的原概念,在人工智能中叫问题表示的选择,人们常能找到某种思考问题的方法,从而使求解变易而解决该问题。到目前为止,人工智能程序已能知道如何考虑它们要解决的问题,即搜索解答空间,寻找较优解答。

图8-13 人与机器对弈

2) 逻辑推理与定理证明

逻辑推理是人工智能研究中最持久的领域之一,其中特别重要的是要找到一些方法,只把注意力集中在一个大型的数据库中的有关事实上,留意可信的证明,并在出现新信息时适时修正这些证明。对数学中臆测的题目或者定理寻找一个证明或反证,不仅需要有根据假设进行演绎的能力,而且许多非形式的工作,包括医疗诊断和信息检索都可以和定理证明问题一样加以形式化,因此,在人工智能方法的研究中定理证明是一个极其重要的论题。

3）自然语言的处理

自然语言的处理是人工智能技术应用于实际领域的典型范例,经过多年艰苦努力,这一领域已获得了大量令人瞩目的成果。目前该领域的主要课题是:计算机系统如何以主题和对话情境为基础,注重大量的常识——世界知识和期望作用,生成和理解自然语言。这是一个极其复杂的编码和解码问题。

4）智能信息检索技术

信息获取和精化技术已成为当代计算机科学与技术研究中迫切需要研究的课题,将人工智能技术应用于这一领域的研究是人工智能走向广泛实际应用的契机与突破口。

5）专家系统

专家系统是目前人工智能中最活跃、最有成效的一个研究领域,它是一种具有特定领域内大量知识与经验的程序系统。近年来,在"专家系统"或"知识工程"的研究中已出现了成功和有效应用人工智能技术的趋势。人类专家因具有丰富的知识,所以才能达到优异的解决问题的能力。那么计算机程序如果能体现和应用这些知识,也应该能解决人类专家所解决的问题,而且能帮助人类专家发现推理过程中出现的差错,现在这一点已被证实。如在矿物勘测、化学分析、规划和医学诊断方面,专家系统已经达到了人类专家的水平。成功的例子如:PROSPECTOR系统（用于地质学的专家系统）发现了一个钼矿沉积,价值超过1亿美元。DENDRL系统的性能已超过一般专家的水平,可供数百人在化学结构分析方面的使用。MYCIN系统可以对血液传染病的诊断治疗方案提供咨询意见。经正式鉴定结果,对患有细菌血液病、脑膜炎方面的诊断和提供的治疗方案已超过了这方面的专家。

8.3.2 强人工智能和弱人工智能

人工智能的一个比较流行的定义,也是该领域较早的定义,是由当时麻省理工学院的约翰·麦卡锡在1956年的达特茅斯会议上提出的:人工智能就是要让机器的行为看起来就像是人所表现出的智能行为一样。但是这个定义似乎忽略了强人工智能的可能性。另一个定义指人工智能是人造机器所表现出来的智能。总体来讲,目前对人工智能的定义大多可划分为四类,即机器"像人一样思考""像人一样行动""理性地思考"和"理性地行动"。这里"行动"应广泛地理解为采取行动,或制定行动的决策,而不是肢体动作。

强人工智能观点认为有可能制造出真正能推理和解决问题的智能机器,并且,这样的机器能将被认为是有知觉的,有自我意识的。强人工智能可以有两种:

（1）类人的人工智能,即机器的思考和推理就像人的思维一样。

（2）非类人的人工智能,即机器产生了和人完全不一样的知觉和意识,使用和人完全不一样的推理方式。

弱人工智能观点认为不可能制造出能真正地推理和解决问题的智能机器,这些机器只不过看起来像是智能的,但是并不真正拥有智能,也不会有自主意识。

强人工智能的研究目前处于停滞不前的状态。人工智能研究者不一定同意弱人工智能,也不一定在乎或者了解强人工智能和弱人工智能的内容与差别。就现下的人工智能研究来看,研究者已大量造出看起来像是智能的机器,获取相当丰硕的理论上和实质上的成果,如 2009 年康乃尔大学教授 Hod Lipson 和其博士研究生 Michael Schmidt 研发出的 Eureqa 计算机程序,只要给予一些数据,这计算机程序自己只用几十个小时计算就推论出牛顿花费多年研究才发现的牛顿力学公式,等于只用几十个小时就自己重新发现牛顿力学公式,这计算机程序也能用来研究很多其他领域的科学问题。

8.3.3 人工智能的思考和发展

当前,我国人工智能发展的总体态势良好。但是我们也要清醒看到,我国人工智能发展存在过热和泡沫化风险,特别是在基础研究、技术体系、应用生态、创新人才、法律规范等方面仍然存在不少值得重视的问题。总体而言,我国人工智能发展现状可以用"高度重视,态势喜人,差距不小,前景看好"来概括。

1. 高度重视

党中央、国务院高度重视并大力支持发展人工智能。2017 年 7 月,国务院发布《新一代人工智能发展规划》,将新一代人工智能放在国家战略层面进行部署,描绘了面向 2030 年的我国人工智能发展路线图,旨在构筑人工智能先发优势,把握新一轮科技革命战略主动。国家发改委、工信部、科技部、教育部等国家部委和北京、上海、广东、江苏、浙江等地方政府都推出了发展人工智能的鼓励政策。

2. 态势喜人

据清华大学发布的《中国人工智能发展报告 2018》统计,我国已成为全球人工智能投融资规模最大的国家,我国人工智能企业在人脸识别、语音识别、安防监控、智能音箱、智能家居等人工智能应用领域处于国际前列。根据 2017 年爱思唯尔文献数据库统计结果,我国在人工智能领域发表的论文数量已居世界第一。近两年,中国科学院大学、清华大学、北京大学等高校纷纷成立人工智能学院,2015 年开始的中国人工智能大会已连续成功召开四届并且规模不断扩大。总体来说,我国人工智能领域的创新创业、教育科研活动非常活跃。

3. 差距不小

目前我国在人工智能前沿理论创新方面总体上尚处于"跟跑"地位,大部分创新偏重于技术应用,在基础研究、原创成果、顶尖人才、技术生态、基础平台、标准规范等方面距离世界领先水平还存在明显差距。在全球人工智能人才 700 强中,中国虽然入选人数名列第二,但远远低于约占总量一半的美国。2018 年,市场研究顾问公司 Compass Intelligence 对全球 100 多家人工智能计算芯片企业进行了排名,我国没有一家企业进入前十。另外,我国人工智能开源社区和技术生态布局相对滞后,技术平台建设力度有待加强,国际影响力有待提高。我国参与制定人工智能国际标准的积极性和力度不够,国内标准制定和实施也较为滞后。我国对人工智能可能产生的社会影响还缺少深度分析,制定完善人工智能相关法律法规的进程需要加快。

4. 前景看好

我国发展人工智能具有市场规模、应用场景、数据资源、人力资源、智能手机普及、资金投入、国家政策支持等多方面的综合优势,人工智能发展前景看好。全球顶尖管理咨询公司埃森哲公司于 2017 年发布的《人工智能:助力中国经济增长》报告显示,到 2035 年人工智能有望推动中国劳动生产率提高 27%。我国发布的《新一代人工智能发展规划》提出,到 2030 年人工智能核心产业规模超过 1 万亿元,带动相关产业规模超过 10 万亿元。在我国未来的发展征程中,"智能红利"将有望弥补人口红利的不足。

8.4 未来通信发展

8.4.1 电子通信发展现状

当前,电子通信技术已经成为电子信息行业领域中的支撑技术,人们对电子通信技术的应用层出不穷。尽管很多展望还处于理论阶段,但是无穷的想象力也成为电子通信技术发展的重要助推力。现阶段,由于电子通信技术发展迅猛,带动了宽带技术的蓬勃发展,从有线宽带技术到无线宽带技术已经成为现实,并且广泛被应用到市场中,获得了亿万用户的青睐。基于无线宽带技术的发展,现在 UWB、WLAN 等无线宽带接入技术已经成功投入到电子通信领域使用之中,发挥出其快、稳、流畅的作用,给网络用户带来了更好的体验。

在电子通信技术之上的移动通信技术,也在蓬勃发展,从 2010 年开始,我国接入移动互联网端的人数不断攀升,截止到 2023 年,我国移动互联网用户突破 12 亿。未来,随着电子通信技术的持续发展,还会对涉及电子通信技术的行业产生更大的影响,促进更多用户参与到通信业务领域之中。

8.4.2 未来电子通信发展趋势

透过当前电子通信技术发展现状,可以想象到未来电子通信技术发展的迅猛程度,其将会给社会带来更多的新奇变化。

1. 电子通信技术朝向多元化发展

未来电子通信技术将会渗透到更多的领域之中,从方方面面进行改进和发展,实现多元化的目的。电子通信技术是基于计算机技术与电子网络技术的发展而发展的,这些技术的发展会直接反映在电子通信技术研究成果之中。当前智能软件系统已经成为现实,相信在未来的一段时间内,智能网络系统将会逐渐步入家庭的计算机系统,给人们的生活带来改变。智能系统融入电子通信技术后,会朝向多种感官体验技术方向发展,为客户提供视觉感官体验、听觉感官体验、触觉感官体验,达到多位一体的综合技术效果。

2. 电子通信技术朝向数字化发展

未来,电子通信技术还会在数字化上取得更加突出的成果,随着计算机技术的深入研发,和人们对计算机接受程度的加深,越来越多的人成为计算机用户,从计算机中接收更多的信息资源。这为电子通信技术数字化发展提供了条件,也是计算机用户期待的效果。未来电子通信技术将会开发更快的数字化信息资源传递功能,扩大信息传递渠道,同时增加传送的信息和资源容量,满足用户对速度的追求。在探索数字化发展道路之中,还会进一步提高信息传递的安全性,确保在传递过程中的网络安全性能,为计算机用户提供更加可靠的安全保障。

3. 电子通信技术朝向更高程度发展

在当前生活中,人们接触电子通信技术最为直接的途径是移动通信业务,从2016年开始移动通信业企业已经开始通知移动用户到营业厅办理3G、4G网络到5G网络过渡的业务,这正表明电子通信技术已经开始朝向更高程度发展。5G技术是无线通信技术的外在体现,其对电子通信技术的发展具有重大影响,未来这一技术将会成为变化更快的电子通信技术。虽然目前移动通信业务还是以4G技术为主体,但是已经开始进入到过渡5G技术的阶段,并且5G用户已经逐渐增加,享受到流畅的5G网络业务。与4G技术相比,5G技术不仅有更高的等级、更大的空间、更广泛的领域、更快的速度,还具备更好的质量,能够为用户提供满意服务,促进通信业务的成熟和发展。可见,未来电子通信技术时代将快速朝向更高程度发展,迈向5G空间,打开6G技术大门。

8.4.3 网络的新型模型

随着网络通信技术和计算机技术的发展,"互联网+"、网络融合、云计算服务等新兴产业对互联网在可扩展性、安全性、可控可管等方面提出了越来越高的要求。软件定义网络(software-defined networking,SDN)/网络功能虚拟化(network function virtualization,NFV)作为一种新型的网络架构与构建技术,其倡导的控制与数据分离、软件化、虚拟化思想,为突破现有网络的困境带来了希望。在欧盟公布的5G愿景中,明确提出将利用SDN/NFV作为基础技术支撑5G网络发展。

SDN架构的核心特点是开放性、灵活性和可编程性。其主要分为3层:基础设施层位于网络最底层,包括大量基础网络设备,该层根据控制层下发的规则处理和转发数据;中间层为控制层,该层主要负责对数据转发面的资源进行编排,控制网络拓扑、收集全局状态信息等;最上层为应用层,该层包括大量的应用服务,通过开放的API对网络资源进行调用。

SDN将网络设备的控制平面从设备中分离出来,放到具有网络控制功能的控制器上进行集中控制。控制器掌握所有必需的信息,并通过开放的API被上层应用程序调用。这样可以消除大量手动配置的过程,简化管理员对全网的管理,提高业务部署的效率。SDN不会让网络变得更快,但会让整个基础设施简化,降低运营成本,提升效率。5G网络中需要将控制与转发分离,进一步优化网络的管理,以SDN驱动整个网络生态系统。

目前,无线网络面临着一系列的挑战。首先,无线网络中存在大量的异构网络,如5G、LTE、UMTS、WLAN等,异构无线网络并存的现象将持续相当长的一段时间。目前,异构无线网络面临的主要挑战是难以互通,资源优化困难,无线资源浪费,这主要是由于现有移动网络采用了垂直架构的设计模式。此外,网络中的一对多模型(即单一网络特性对多种服务)无法针对不同服务的特点提供定制的网络保障,降低了网络服务质量和用户体验。因此,在无线网络中引入SDN思想将打破现有无线网络的封闭僵化现象,彻底改变无线网络的困境。

软件定义无线网络保留了 SDN 的核心思想,即将控制平面从分布式网络设备中解耦,实现逻辑上的网络集中控制,数据转发规则由集中控制器统一下发。在软件定义无线网络中,控制平面可以获取、更新、预测全网信息,如用户属性、动态网络需求及实时网络状态。因此,控制平面能够很好地优化和调整资源分配、转发策略、流表管理等,简化网络管理,加快业务创新的步伐。

8.4.4 通信发展方向

随着社会信息化程度的深入,信息交流是人们每时每刻的需求,而如何快速、准确地传递交流信息,是通信发展的最终目标。目前信息的传递,已经由单一的通信设备、技术发展到了集光纤通信、移动通信、卫星通信等多种通信方式于一身的复杂通信网络,以满足人们的通信需求。

1. 光纤通信

光载波的频率约 100 THz,远远高于微波载波频(1~10 GHz),使得光纤通信系统的信息容量增加约 100 倍,每芯光纤的通话路数高达百万。这种巨大的带宽潜力,再加上光纤通信成本低、不怕电磁干扰等优点,推动了光纤通信系统在全球的开发与应用。

自 1977 年世界上第一个光纤通信系统在芝加哥投入运行以来,光纤通信的发展速度极快。目前光纤通信主要用于全球电信通信网中的数字语音通信、局部区域网中的计算机数据和传真信息的传输及在广播电视与共用天线(CATV)系统中传送宽带高质量图像等。

我国近几年来光纤通信也已得到了快速发展,目前已有的光缆长度累计近千万千米,且已决定不再敷设同轴电缆,所有新工程将全部采用光纤通信技术。光纤线缆内部结构如图 8-14 所示。

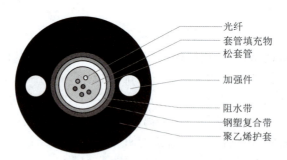

图 8-14 光纤线缆内部结构

随着光、电器件和产品加工工艺技术的不断更新,系统的通信距离进一步增加,设备价格进一步下降,系统的性价比日胜一日,光纤通信将被用于更加广泛的通信领域,完成更多的通信业务种类。

目前,光纤通信主要应用在以下几个领域中,如密集波分复用(DWDM)、智能光网络(ASON)、光纤入户(FTTH)、多业务传送平台(MSTP)等,我国企业都已经形成了强大的产业能力,具备了竞逐全球市场的实力。

2. 卫星通信

卫星通信主要是指各地球站之间或地球站跟航天器之间通过通信卫星进行信号转发的无线电通信,卫星通信主要包括卫星中继通信、卫星直接广播、卫星移动通信和卫星固定通信四大块。第一个是地球站和航天器之间通过通信卫星进行信号转发的无线通信,后面三个是各地球站之间通过通信卫星进行信号转发的无线通信。卫星通信主要有以下优点。

1)适应性强

因卫星距离地面很远,所以说通信范围不受地球表面的地理环境影响。无论是在山区、海洋或者森林,卫星都可以接收到通信卫星的信号。这样基本上全球各地都可以使用卫星通信的设备。而其他的设备与技术就不能与之媲美了。这种技术主要运用在军事战争和设备上,甚至可以通过它来进行跨大洋的通信。在我们的实际生活中,卫星通信存在少量的应用,例如,电视信号传播。

2)容量大

卫星通信的还有一个突出的优点,那就是通信容量大。通过加大扩大传播的频率,使得在一个同步卫星的覆盖面下的所有地面设备都可以接收到信号,而且因微波在太空中传播稳定,所以通信质量很好,地面上有什么突发情况也不会干扰到人们的正常通信。

3)成本低

卫星通信与其他通信方式比较,它的第三个显著优点是它通信成本不高。有线网都是靠长长的网线将信号传到用户的家里。而地面设备和卫星之间是没有线路的,这样就少了线路维护的大量费用。

3. 量子通信

量子通信又称量子隐形传送,量子通信是由量子态携带信息的通信方式,它利用光子等基本粒子的量子纠缠原理实现保密通信过程。量子通信是一种全新通信方式,它传输的不再是经典信息而是量子态携带的量子信息,是未来量子通信网络的核心要素。

量子隐形传送所传输的是量子信息,它是量子通信最基本的过程。人们基于这个过程提出了实现量子因特网的构想。量子因特网是用量子通道来联络许多量子处理器,它可以同时实现量子信息的传输和处理。相比于经典因特网,量子因特网具有安全保密特性,可实现多端的分布计算,有效地降低通信复杂度等一系列优点。

量子通信与成熟的通信技术相比,量子通信具有巨大的优越性,具有保密性强、大容量、远距离传输等特点,是21世纪国际量子物理和信息科学的研究热点。

量子信息学告诉人们,在微观世界里,不论两个粒子间距离多远,一个粒子的变化都会影响另一个粒子的现象叫作量子纠缠,这一现象被爱因斯坦称为"诡异的互动性"。科学家认为,这是一种"神奇的力量",可成为具有超级计算能力的量子计算机和量子保密系统的基础。

量子态的隐形传输在没有任何载体的携带下,只是把一对携带信息的纠缠光子分开来,将其中一个光子发送到特定的位置,就能准确地推测出另一个光子的状态,从而达到"超时空穿越"的通信方式和"隔空取物"的运输方式。

1997年,在奥地利留学的中国青年学者潘建伟与荷兰学者波密斯特等合作,首次实现未知量子态的远程传输。这是国际上首次在实验上成功地把一个量子态从甲地的光子传送到乙地的光子上。实验里传输的只是表达量子信息的"状态",作为信息载体的光子本身并不被传输。

2012年,中国科学家潘建伟等在国际上首次成功实现百公里量级的自由空间量子隐形传输和纠缠分发,为发射全球首颗"量子通信卫星"奠定技术基础。"在高损耗的地面成功传输100 km,意味着在低损耗的太空传输距离将可以达到1 000 km以上,基本上解决量子通信卫星的远距离信息传输问题。"研究组成员彭承志介绍说,量子通信卫星核心技术的突破,也表明未来构建全球量子通信网络具备技术可行性。8月9日,国际权威学术期刊《自然》杂志重点介绍了这一成果,代表其获得了国际学术界的普遍认可。《自然》杂志称其"有望成为远距离量子通信的里程碑""通向全球化量子网络"。

参 考 文 献

[1] 石文孝.通信网理论与应用[M].北京:电子工业出版社,2016.
[2] 陈金鹰.通信导论[M].北京:机械工业出版社,2019.
[3] 鲜继清,刘焕淋,蒋青,等.通信技术基础[M].北京:机械工业出版社,2018.
[4] 姚军,毛昕蓉.现代通信网[M].北京:人民邮电出版社,2010.
[5] 彭英,王珺,卜益民.现代通信技术概论[M].北京:人民邮电出版社,2010.
[6] 苗长英.现代通信原理[M].北京:人民邮电出版社,2012.
[7] 李怀军,黄红艳,孙群中,等.现代通信技术及应用[M].北京:人民邮电出版社,2014.
[8] 唐纯贞.现代电信网[M].北京:人民邮电出版社,2014.
[9] 王达.深入理解计算机网络.北京:机械工业出版社,2013.
[10] 谢希仁.计算机网络[M].6版.北京:电子工业出版社,2019.
[11] 丁龙刚,马虹.卫星通信技术[M].北京:机械工业出版社,2016.
[12] 刘国良.卫星通信及地面站设备[M].北京:人民邮电出版社,2005.
[13] 刘修文.卫星数字电视直播接收技术[M].北京:机械工业出版社,2017.
[14] 潘申富.宽带卫星通信技术[M].北京:国防工业出版社,2015.
[15] 陈求发.世界航天器大全[M].北京:中国宇航出版社,2018.
[16] 夏克文.卫星通信[M].西安:西安电子科技大学出版社,2018.
[17] 魏红.移动通信技术[M].北京:人民邮电出版社,2021.
[18] 陈爱军.深入浅出通信原理[M].北京:清华大学出版社,2018.
[19] 啜钢,王文博,常永宇.移动通信原理与系统[M].北京:北京邮电大学出版社,2015.
[20] 沙利军,吴宣利,何晨光.移动通信原理、技术与系统[M].北京:电子工业出版社,2013.
[21] 王元杰,杨宏博,方道铿,等.电信网新技术 IPRAN/PTN[M].北京:人民邮电出版社,2014.
[22] 迟永生,杨宏博,裴小燕.电信网分组传输技术 IPRAN/PTN[M].北京:人民邮电出版社,2017.
[23] 杨一荔.PTN 技术[M].北京:人民邮电出版社,2014.
[24] 黄晓庆,唐剑锋,徐荣.PTN-IP 化分组传输[M].北京:北京邮电大学出版社,2009.
[25] 王晓义,李大为.PTN 网络建设及其应用[M].北京:人民邮电出版社,2010.
[26] 容会.信息技术[M].北京:机械工业出版社,2022.
[27] 龚倩,邓春胜,王强,等.PTN 规划建设与运维实战[M].北京:人民邮电出版社,2010.
[28] 杨靖,原建森,刘俊.分组传送网原理与技术[M].北京:北京邮电大学出版社,2015.
[29] 张海懿.宽带光传输技术[M].北京:电子工业出版社,2012.
[30] 田文博.接入网技术[M].西安:西安电子科技大学出版社,2018.
[31] 余智豪.接入网技术[M].2版.北京:清华大学出版社,2017.